Reihe Betriebswirtschaftslehre in Übersichten Band 2

WP/StB Prof. Dr. Bettina Schneider
StB Prof. Dr. Wilhelm Schneider

Jahresabschluss und Jahresabschlussanalyse

Systematische Darstellung in Übersichten
5. Auflage – Studienausgabe

Cuvillier Verlag

Bibliografische Information der Deutschen Bibliothek
Die Deutsche Bibliothek verzeichnet diese Publikation in der Deutschen Nationalbibliografie; detaillierte bibliografische Daten sind im Internet über http://dnb.ddb.de abrufbar.
5. Auflage - Göttingen: Cuvillier, 2014; ISBN 978-3-95404-828-1

© CUVILLIER VERLAG, Göttingen 2014
   Nonnenstieg 8, 37075 Göttingen
   Telefon: 0551-54724-0
   Telefax: 0551-54724-21
   www.cuvillier.de

Alle Rechte vorbehalten. Das Werk und seine Teile sind urheberrechtlich geschützt. Ohne ausdrückliche schriftliche Genehmigung des Verlages ist es nicht gestattet, das Buch oder Teile daraus in anderen als den gesetzlich zugelassenen Fällen zu nutzen oder auf fotomechanischem oder elektronischem Weg zu vervielfältigen.

Gedruckt auf säurefreiem Papier

Den Gesellschaftern der Björnchen und Nilsebär oHG

Vorwort der Herausgeber

Dieses Buch ist als Band 2 der Reihe „Betriebswirtschaftslehre in Übersichten" erschienen.

Herausgeber der Reihe sind:
WP/StB Prof. Dr. Bettina Schneider, FH Aachen, StB Prof. Dr. Wilhelm Schneider, HS Bonn-Rhein-Sieg, Prof. Dr. Angelika Wiltinger, Frankfurt University of Applied Sciences, Prof. Dr. Kai Wiltinger, HS Mainz

Die in dieser Reihe veröffentlichten Werke sind keine Lehrbücher im eigentlichen Sinne. Aus Vorlesungsskripten entstanden, verfolgen sie das Ziel, den Studenten der Wirtschaftswissenschaften an (Fach-) Hochschulen und Universitäten eine systematische, auf das Wesentliche konzentrierte Lernhilfe mit Übungen zur Vorbereitung auf schriftliche und mündliche Prüfungen in den jeweiligen Fachgebieten anzubieten. Hierzu wurde versucht, in Ergänzung der Standardwerke den Stoffumfang zu straffen und durch die Gestaltung von Übersichten didaktisch neu aufzubereiten.

In Zeiten, in denen sich Deutschland großen demographischen Problemen gegenübersieht, kommt der Förderung der Vereinbarkeit von Familie und Beruf große Bedeutung zu. Als „Herausgeberkollektiv" fungieren deshalb zwei „Familiengesellschaften", die Lehrstühle an unterschiedlichen Hochschulen innehaben, und mit ihren Fachrichtungen große Teile der Betriebswirtschafslehre abdecken.

Danken möchten wir zum einen dem Cuvillier Verlag für die nunmehr zehnjährige angenehme Zusammenarbeit und last but not least unseren vier Söhnen für die zumindest teilweise Freistellung jeweils der Hälfte der Herausgeber von ihren familiären Pflichten.

Wir würden es begrüßen, wenn das Konzept der Reihe an weiteren Hochschulen Verbreitung fände. Über eine Kontaktaufnahme von Kollegen würden wir uns freuen.

Aachen / Idstein, Oktober 2014

Bettina und Wilhelm Schneider
schneider@fh-aachen.de
wilhelm.schneider@h-brs.de

Angelika und Kai Wiltinger
wilting@fb3.fh-frankfurt.de
kai.wiltinger@hs-mainz.de

Vorwort zur 5. Auflage

Nach der umfassenden Reform der Rechnungslegungsvorschriften, dem Bilanzrechtsmodernisierungsgesetz (BilMoG), gab es im HGB seit 2009 nur wenige Änderungen. Allerdings hat die praktische Anwendung dieser Vorschriften zu vielen Kommentaren und der Klärung mancher Auslegungsfragen geführt. Die neue Bilanzrichtlinie des Europäischen Parlaments und des Rates vom 26. Juni 2013 (2013/34/EU) wird voraussichtlich im nächsten Jahr zu einigen Änderungen führen, auf die in dieser Neuauflage basierend auf dem Referentenentwurf des Bundesjustizministeriums jeweils hingewiesen wird. Wie schon in der Vergangenheit gab es bei den internationalen Rechnungslegungsvorschriften umfangreichere Änderungen, wenngleich einige Projekte (z.B. Leasing) immer noch nicht abgeschlossen sind.

Danken möchten wir den langjährigen Lehrbeauftragten an der Hochschule Bonn-Rhein-Sieg, Frau StB Stephanie Kinder, B.A. und Frau Dr. rer. pol. Kerstin Meinhardt, die uns viele – aus ihrer Lehrpraxis mit der Vorauflage resultierende – Hinweise für diese Neuauflage geben konnten. Zu danken bleibt weiterhin den Rheinbacher und den Aachener Studenten, die uns wiederum auf viele Optimierungsmöglichkeiten im Detail aufmerksam gemacht haben. Weitere Verbesserungsvorschläge und Korrekturen nehmen die Verfasser gerne entgegen.

Danken möchten wir wiederum unserer langjährigen Verlegerin, Frau Jentzsch-Cuvillier, die seit nunmehr genau 10 Jahren mit ihrem Team des Cuvillier Verlages unsere Veröffentlichungen persönlich und sachkundig betreut. Ihr ist diese Neuauflage gewidmet.

Wir würden es begrüßen, wenn dieses Buch auch an anderen Hochschulen Verbreitung fände. Über eine Kontaktaufnahme von Kollegen würden wir uns freuen.

Aachen / Rheinbach, Oktober 2014

WP/StB Prof. Dr. Bettina Schneider
FH Aachen

schneider@fh-aachen.de

StB Prof. Dr. Wilhelm Schneider
Hochschule Bonn–Rhein–Sieg
Standort Rheinbach

wilhelm.schneider@h-brs.de

Vorwort zur 1. Auflage

Dieses Buch ist kein Lehrbuch im eigentlichen Sinne. Aus Vorlesungsskripten entstanden, verfolgt es das Ziel, den Studenten der Wirtschaftswissenschaften an Fachhochschulen und Universitäten eine systematische, auf das Wesentliche konzentrierte Lernhilfe mit Übungen zur Vorbereitung auf Prüfungen im Fach „externes Rechnungswesen" anzubieten.

Insbesondere in Bachelor- und Master-Studiengängen kommt dem veranstaltungsbegleitenden Literaturstudium große Bedeutung zu. Präsenzveranstaltungen sollen hier in erster Linie der Vertiefung des Gelernten durch Übungen dienen. Aus diesem Grund findet der Leser zu jedem in sich abgeschlossenen Themengebiet Literaturangaben der Standardwerke von Baetge, Coenenberg und Küting/Weber. Mit dem Werk von Baetge ist bereits der Verfasser qualifiziert an die externe Rechnungslegung herangeführt worden, dies ist dem vorliegenden Buch anzumerken.

Die systematische – im Sinne Erich Schäfers typologisierende – Herangehensweise an betriebswirtschaftliche Probleme haben beide Verfasser bei ihrem Doktorvater Prof. Dr. Helmut Kurt Weber in Göttingen gelernt. Hierfür wie auch für die Begleitung des privaten und beruflichen Lebensweges gilt unser Dank.

Danken möchten wir weiterhin den Rheinbacher und den Aachener Studenten, die durch ihre konstruktive Kritik und Diskussionsbereitschaft insbesondere zur didaktischen Weiterentwicklung des Werkes beigetragen haben. Weitere Verbesserungsvorschläge und Korrekturen nehmen die Verfasser gerne entgegen.

Wir würden es begrüßen, wenn dieses Buch auch an anderen Hochschulen Verbreitung fände. Über eine Kontaktaufnahme entsprechender Kollegen würden wir uns freuen.

Aachen/Rheinbach, März 2004

WP/StB Prof. Dr. Bettina Schneider
Fachhochschule Aachen

schneider@fh-aachen.de

Prof. Dr. Wilhelm Schneider
Fachhochschule Bonn-Rhein-Sieg
Standort Rheinbach
wilhelm.schneider@fh-bonn-rhein-sieg.de

Inhaltsverzeichnis

Vorwort der Herausgeber	IV
Vorwort zur 5. Auflage	V
Vorwort zur 1. Auflage	VI
Inhaltsverzeichnis	VII
Literaturverzeichnis	XV
Einführung	XVII
Übungsaufgaben	XLVII
Stichwortverzeichnis	LXXXIX

1	Grundlagen der handelsrechtlichen Rechnungslegung		1
	1.1	Handelsrechtliche Rechnungslegung als Teil des betrieblichen Rechnungswesens (BB 1– 6)	1
	1.2	Rechtsgrundlagen der handelsrechtlichen Rechnungslegung (BB 26 – 51)	13
	1.3	Rechnungslegungstheorien (BB 12 – 25)	23
	1.4	Zwecke der handelsrechtlichen Rechnungslegung (BB 93 – 104)	25
		1.4.1 Dokumentation	26
		1.4.2 Rechenschaft / Information	27
		1.4.3 Zahlungsbemessung	30
		1.4.4 Beziehungen der Zwecke untereinander	32
	1.5	Grundsätze ordnungsmäßiger Buchführung (GoB) (BB 105 – 144, 171 f., 354 f.)	33
		1.5.1 Grundlagen	33
		1.5.2 Dokumentationsgrundsätze	35
		1.5.3 Systemgrundsätze	37
		1.5.4 Informationsgrundsätze	40
		1.5.5 Ansatzgrundsätze	43
		1.5.6 Erfolgsbemessungsgrundsätze	51
		1.5.7 Kapitalerhaltungsgrundsätze	56
		1.5.8 GoB–System	58
	1.6	Grundfragen der Bilanzierung (C 77)	60

Inhaltsverzeichnis

2	Bilanzierung der Aktiva	61
2.1	Abstrakte und konkrete Aktivierungsfähigkeit (BB 158 – 171)	61
2.1.1	Abstrakte Aktivierungsfähigkeit	63
2.1.2	Konkrete Aktivierungsfähigkeit	64
2.1.3	Zusammenhänge zwischen abstrakter und konkreter Aktivierungsfähigkeit	66
2.2	Ansatz und Ausweis von Vermögensgegenständen	67
2.2.1	Grundlagen (BB 281 - 283)	67
2.2.2	Anlagevermögen (BB 237 – 250; 317 – 324)	71
2.2.2.1	Immaterielle Vermögensgegenstände	73
2.2.2.2	Sachanlagen	78
2.2.2.3	Finanzanlagen	80
2.2.3	Umlaufvermögen (BB 353 – 355; 324 – 326, 331 f.)	84
2.2.3.1	Vorräte	84
2.2.3.2	Forderungen und sonstige Vermögensgegenstände	86
2.2.3.3	Wertpapiere	89
2.2.3.4	Kassenbestand, Bundesbankguthaben, Guthaben bei Kreditinstituten, Schecks	90
2.3	Bewertung von Vermögensgegenständen	91
2.3.1	Bewertungsanlässe (BB 189 – 193)	91
2.3.2	Anschaffungskosten (BB 193 – 200)	94
2.3.2.1	Begriff und Umfang	94
2.3.2.2	Anschaffungspreis	97
2.3.2.3	Anschaffungspreisminderungen	99
2.3.2.4	Anschaffungsnebenkosten	104
2.3.2.5	Nachträgliche Anschaffungskosten	106
2.3.3	Herstellungskosten (BB 201 – 208, 252 – 255)	107
2.3.3.1	Begriff und Umfang	107
2.3.3.2	Handelsrechtliche Einbeziehungspflichten	109
2.3.3.3	Handelsrechtliche Einbeziehungswahlrechte	113
2.3.3.4	Handelsrechtliche Einbeziehungsverbote	117
2.3.3.5	Nachträgliche Herstellungskosten	120
2.3.3.6	Herstellungskosten im Steuerrecht	121

Inhaltsverzeichnis

	2.3.4	Planmäßige Abschreibungen (BB 256 – 276)	123
		2.3.4.1 Grundlagen	123
		2.3.4.2 Abschreibungsausgangswert	125
		2.3.4.3 Abschreibungszeitraum	126
		2.3.4.4 Abschreibungsmethoden	128
		2.3.4.4.1 Grundlagen	128
		2.3.4.4.2 Lineare Abschreibung	131
		2.3.4.4.3 Degressive Abschreibung	132
		2.3.4.4.4 Leistungsabschreibung	134
		2.3.4.5 Kombination verschiedener Abschreibungsmethoden	136
		2.3.4.6 Nachträgliche Änderungen des Abschreibungsplans	138
	2.3.5	Außerplanmäßige Abschreibungen (BB 210 – 215; 276 – 278; 322 f.; 366 – 368)	140
	2.3.6	Zuschreibungen / Wertaufholungen (BB 278 f.)	154
	2.3.7	Anlagenspiegel (BB 283 – 289)	155
	2.3.8	Bewertungsvereinfachungsverfahren (BB 357 – 366)	159
		2.3.8.1 Grundlagen	159
		2.3.8.2 Festbewertung / Gruppenbewertung	160
		2.3.8.3 Sammelbewertung	164
	2.3.9	Bewertung von Forderungen (BB 326 – 331)	172
3	Bilanzierung der Passiva		183
	3.1 Abstrakte und konkrete Passivierungsfähigkeit (BB 172 – 180)		183
		3.1.1 Abstrakte Passivierungsfähigkeit	184
		3.1.1.1 Verpflichtung	185
		3.1.1.2 Wirtschaftliche Belastung	186
		3.1.1.3 Selbständige Bewertbarkeit	187
		3.1.2 Konkrete Passivierungsfähigkeit	188
		3.1.3 Zusammenhänge zwischen abstrakter und konkreter Passivierungsfähigkeit	190

Inhaltsverzeichnis

3.2	Ansatz und Ausweis von Schulden			191
	3.2.1	Ansatz und Ausweis von Verbindlichkeiten (BB 389 – 393; 402 - 407)		191
		3.2.1.1	Grundlagen	191
		3.2.1.2	Anleihen	194
		3.2.1.3	Verbindlichkeiten gegenüber Kreditinstituten	194
		3.2.1.4	Erhaltene Anzahlungen auf Bestellungen	195
		3.2.1.5	Verbindlichkeiten aus Lieferungen und Leistungen	195
		3.2.1.6	Wechselverbindlichkeiten	196
		3.2.1.7	Konzernverbindlichkeiten	197
		3.2.1.8	Sonstige Verbindlichkeiten	198
		3.2.1.9	Vermerk– und Erläuterungspflichten	199
	3.2.2	Ansatz und Ausweis von Rückstellungen (BB 415 – 425; 455 - 457)		201
		3.2.2.1	Grundlagen	201
		3.2.2.2	Verbindlichkeitsrückstellungen	203
		3.2.2.3	Drohverlustrückstellungen	208
		3.2.2.4	Kulanzrückstellungen	211
		3.2.2.5	Aufwandsrückstellungen	212
		3.2.2.6	Inanspruchnahme und Auflösung	216
		3.2.2.7	Vermerk– und Erläuterungspflichten	222
3.3	Bewertung von Schulden			223
	3.3.1	Bewertung von Verbindlichkeiten (BB 215 – 217, 393 – 401)		223
		3.3.1.1	Erfüllungsbetrag	223
		3.3.1.2	Fremdwährungsverbindlichkeiten	229
	3.3.2	Bewertung von Rückstellungen (BB 425 – 454)		231
		3.3.2.1	Erfüllungsbetrag	231
		3.3.2.2	Drohverlustrückstellungen aus schwebenden Absatzgeschäften	237
		3.3.2.3	Pensionsrückstellungen	239

Inhaltsverzeichnis

4	Bilanzierung des Eigenkapitals		241
	4.1	Grundlagen (BB 471 – 480)	241
	4.2	Ausweis des Eigenkapitals von Kapitalgesellschaften	244
		4.2.1 Gezeichnetes Kapital (BB 480 – 497)	244
		4.2.2 Rücklagen (BB 498 – 509)	250
		4.2.2.1 Kapitalrücklage	251
		4.2.2.2 Gewinnrücklagen	252
		4.2.2.2.1 Begriff und Arten	252
		4.2.2.2.2 Gesetzliche Rücklage	254
		4.2.2.2.3 Rücklage für Anteile an einem herrschenden oder mehrheitlich beteiligten Unternehmen	255
		4.2.2.2.4 Satzungsmäßige Rücklagen	257
		4.2.2.2.5 Andere Gewinnrücklagen	258
		4.2.3 Jahresergebnis (BB 509 – 512)	259
		4.2.4 Nicht durch Eigenkapital gedeckter Fehlbetrag (BB 514 f.)	261
5	Bilanzierung besonderer Bilanzposten		263
	5.1	Rechnungsabgrenzungsposten (BB 533 – 542)	263
	5.2	Derivativer Geschäfts oder Firmenwert (BB 249 f.; 255)	267
	5.3	Latente Steuern (BB 543 – 564)	271
		5.3.1 Grundlagen der Steuerabgrenzung	271
		5.3.2 Ansatz	274
		5.3.3 Ausweis	275
		5.3.4 Bewertung	275
6	Schuldähnliche Verpflichtungen (BB 572 – 586)		276
	6.1	Vermerk von Haftungsverhältnissen	276
	6.2	Angabe sonstiger finanzieller Verpflichtungen	277

Inhaltsverzeichnis

7	Gewinn- und Verlustrechnung		279
	7.1	Grundlagen (BB 587 – 594)	279
	7.2	Gliederungsgrundsätze (BB 595 f.)	280
	7.3	Inhaltliche Gliederung (BB 597 – 642)	281
		7.3.1 Grundlagen	281
		7.3.2 Produktionserfolgsrechnung / Absatzerfolgsrechnung	284
		7.3.3 Gesamtkostenverfahren	287
		7.3.3.1 Posten des Betriebsergebnisses	287
		7.3.3.2 Posten des Finanzergebnisses	300
		7.3.3.3 Ergebnis der gewöhnlichen Geschäftstätigkeit	308
		7.3.3.4 Posten des außerordentlichen Ergebnisses	309
		7.3.3.5 Posten des Steuerergebnisses	312
		7.3.3.6 Jahreserfolg	314
		7.3.4 Umsatzkostenverfahren	315
		7.3.4.1 Grundlagen	315
		7.3.4.2 Posten des Betriebsergebnisses	316
		7.3.4.3 Posten des Finanzergebnisses	321
		7.3.4.4 Ergebnis der gewöhnlichen Geschäftstätigkeit	322
		7.3.4.5 Posten des außerordentlichen Ergebnisses	322
		7.3.4.6 Posten des Steuerergebnisses	322
		7.3.4.7 Jahreserfolg	322
8	Anhang (BB 715 – 749)		323
	8.1	Grundlagen	323
	8.2	Inhalt	325
		8.2.1 Pflichtangaben	325
		8.2.2 Wahlpflichtangaben	327
		8.2.3 Freiwillige Angaben	328
	8.3	Gliederung	329

Inhaltsverzeichnis

9	Lagebericht (BB 753 – 803)		330
	9.1	Grundlagen	330
	9.2	Inhalt	331
		9.2.1 Bestandteile nach § 289 I HGB	331
		9.2.2 Bestandteile nach § 289 II HGB	332
10	Konzernrechnungslegung		333
	10.1	Konzernrechtliche Grundlagen (BK 1 – 7)	333
	10.2	Grundlagen des Konzernabschlusses (BK 7 – 12; C 609 – 615)	337
	10.3	Pflicht zur Aufstellung eines Konzernabschlusses (C 615 – 625)	352
	10.4	Abgrenzung des Konsolidierungskreises (C 625 – 632)	362
	10.5	Vollkonsolidierung	365
		10.5.1 Kapitalkonsolidierung (C 632 – 639; 667 – 686)	365
		10.5.2 Schuldenkonsolidierung (C 724 – 730)	384
		10.5.3 Zwischenergebniseliminierung (C 730 – 749)	390
		10.5.4 Aufwands– und Ertragskonsolidierung (C 752 – 763)	397
	10.6	Grundlagen der Quotenkonsolidierung (BK 317 – 338; C 712 f.)	402
	10.7	Grundlagen der Einbeziehung at Equity (BK 341 – 366; C 715 – 721)	404
11	Rechnungslegung nach IFRS (BB / C passim)		415
	11.1	Grundlagen	415
	11.2	Ansatz (*recognition*)	422
		11.2.1 Aktiva	422
		11.2.2 Passiva	426
	11.3	Ausweis (*presentation*)	431
	11.4	Bewertung (*measurement*)	433
		11.4.1 Erstmalige Bewertung	433
		11.4.2 Folgebewertung	437

Inhaltsverzeichnis

12	Jahresabschlussanalyse		463
12.1	Grundlagen (KW 1 – 12; 68 – 80)		463
12.2	Postenanalyse		476
	12.2.1 Analyse der Bilanz (KW 81 – 114)		476
		12.2.1.1 Analyse der Aktiva	478
		12.2.1.2 Analyse der Passiva	483
		12.2.1.3 Fristenstrukturbilanz	490
	12.2.2 Analyse der Gewinn– und Verlustrechnung (KW 212 – 281)		497
		12.2.2.1 Analyse der Aufwendungen und Erträge	497
		12.2.2.2 Erfolgsspaltung	504
	12.2.3 Analyse von Anhang und Lagebericht (KW 402 – 421)		513
12.3	Kennzahlenanalyse		515
	12.3.1 Grundlagen (KW 13 – 16, 51 – 53)		515
	12.3.2 Analyse der Vermögenslage (KW 122 – 148)		517
		12.3.2.1 Strukturanalyse der Aktiva	517
		12.3.2.2 Bindungsanalyse der Aktiva	527
		12.3.2.3 Strukturanalyse der Passiva	532
		12.3.2.4 Bindungsanalyse der Passiva	538
	12.3.3 Analyse der Finanzlage (KW 114 – 122, 149 – 212)		540
		12.3.3.1 Analyse der Fristenkongruenz	542
		12.3.3.2 Analyse der Zahlungsströme	553
	12.3.4 Analyse der Ertragslage (KW 54 – 67; 281 – 322)		563
		12.3.4.1 Analyse der Aufwands– und Ertragsstruktur	563
		12.3.4.2 Analyse der Rentabilität	579

Literaturverzeichnis

Kommentare

- Adler/Düring/Schmaltz (ADS): Rechnungslegung und Prüfung der Unternehmen, bearb. v. Karl-Heinz Forster u.a., 6. Auflage, Stuttgart ab 1995
- Beck'scher Bilanzkommentar, hrsg. v. Gerhard Förschle u.a., 9. Auflage, München 2014
- IDW (Hrsg.): WP–Handbuch 2012, Bd. I, 14. Auflage, Düsseldorf 2012
- Lüdenbach, Norbert u.a. (Hrsg.): Haufe IFRS–Kommentar, 12. Auflage, Freiburg i. Br. 2014

Lehrbücher

- Baetge, Jörg u.a.: Bilanzen, 12. Auflage, Düsseldorf 2012 (BB)
- Baetge, Jörg u.a.: Konzernbilanzen, 10. Auflage, Düsseldorf 2013 (BK)
- Buchholz, Rainer: Grundzüge des Jahresabschlusses nach HGB und IFRS, 8. Auflage, München 2013
- Buchholz, Rainer: Internationale Rechnungslegung, 11. Auflage, Berlin 2014
- Coenenberg, Adolf G. u.a. Jahresabschluss und Jahresabschlussanalyse, 23. Auflage, Stuttgart 2014 (C)
- Gräfer, Horst u.a.: Bilanzanalyse, 12. Auflage, Herne / Berlin 2012
- Grefe, Cord: Kompakt–Training Bilanzen, 8. Auflage, Ludwigshafen 2014
- Kerth, Albin / Wolf, Jakob: Bilanzanalyse und Bilanzpolitik, 2. Auflage, München / Wien 1993
- Kirsch, Hanno: Einführung in die internationale Rechnungslegung nach IFRS, 9. Auflage, Herne / Berlin 2013
- Küting, Karlheinz / Weber, Claus–Peter: Die Bilanzanalyse, 10. Auflage, Stuttgart 2012 (KW)
- Leffson, Ulrich: Die Grundsätze ordnungsmäßiger Buchführung, 7. Auflage, Düsseldorf 1987
- Pellens, Bernhard u.a.: Internationale Rechnungslegung, 9. Auflage, Stuttgart 2014
- Quick, Reiner / Wolz, Matthias: Bilanzierung in Fällen, 5. Auflage, Stuttgart 2012

Literaturverzeichnis

Sonstige Quellen

- Bundesrecht im Internet: http://www.gesetze-im-internet.de/
- Bundesministerium der Justiz (Hrsg.): Referentenentwurf des Bilanzrichtlinie-Umsetzungsgesetz – BilRUG, http://www.bmjv.de/SharedDocs/Downloads/DE/pdfs/Gesetze/RefE_BilanzRichtlinieUmsetzungsGesetz.pdf
- Von der EU–Kommission übernommene IASB Standards und Interpretationen, Veröffentlichung im Amtsblatt der EU: http://ec.europa.eu/internal_market/accounting/ias/index_de.htm
- Deutsche Bundesbank (Hrsg.): Verhältniszahlen aus Jahresabschlüssen deutscher Unternehmen von 2010 bis 2011, Statistische Sonderveröffentlichung 6, Mai 2014, http://www.bundesbank.de/Redaktion/DE/Downloads/Veroeffentlichungen/Statistische_Sonderveroeffentlichungen/Statso_6/statso_6_2014_05_2010_2011.pdf

Zeitschriften

- Betriebs–Berater (BB)
- Der Betrieb (DB)
- Internationale und kapitalmarktorientierte Rechnungslegung (KoR^{IFRS})
- BBK - NWB Rechnungswesen (Buchführung, Bilanz, Kostenrechnung)
- PiR - NWB Internationale Rechnungslegung (Praxis der internationalen Rechnungslegung)
- Die Wirtschaftsprüfung (WPg)

Einführung

Mit den folgenden Ausführungen soll versucht werden, wesentliche Übersichten in einen größeren Zusammenhang zu stellen, um damit die „Lesbarkeit" zu erhöhen. Dabei kann aus Platzgründen nicht auf jede Übersicht einzeln eingegangen werden.

Grundlagen

Die handelsrechtliche Rechnungslegung ist *Teil des betrieblichen Rechnungswesens*, das sich mit der Erfassung, Verarbeitung und Analyse betriebswirtschaftlich relevanter Informationen über vergangene und zukünftig erwartete Geschäftsvorfälle und Unternehmensergebnisse beschäftigt. Es umfasst im Einzelnen die *Investitionsrechnung*, die mit diskontierten Aus-/Einzahlungen die Wirtschaftlichkeit von Projekten ermittelt, die *Finanzplanung*, die mit ähnlichen Rechengrößen die Aufrechterhaltung der Liquidität sichern soll und die *Kostenrechnung*, die der Kalkulation und der Preisgestaltung der Produkte dient.

Hinzu tritt die *Finanzbuchführung*, die die Grundlage für den Jahresabschluss bildet, indem sie in der Bilanz stichtagsbezogen Vermögen und Schulden zur Ermittlung des Eigenkapitals und zeitraumbezogen Aufwendungen und Erträge in der Gewinn- und Verlustrechnung (GuV) zur Ermittlung des erwirtschafteten Erfolgs eines Geschäftsjahrs gegenüberstellt. Handelsrechtlich wird dieser *Jahresabschluss* für Kapitalgesellschaften um den Anhang erweitert sowie um den Lagebericht ergänzt.

Konkrete Bilanzierungsprobleme sind zunächst mit Hilfe des HGB, subsidiär mit Hilfe der Grundsätze ordnungsmäßiger Buchführung (GoB) zu lösen. Die Regelungen des HGB resultieren grundsätzlich aus in deutsches Recht umgesetzten EG–Richtlinien. Hieraus jedoch auf ein EU-einheitliches Bilanzrecht zu schließen, wäre verfehlt. Die im dritten Buch des HGB versammelten Vorschriften unterscheiden im Wesentlichen nach der Rechtsform des bilanzierenden Unternehmens. Grundsätzlich ist dabei zwischen den „Vorschriften für alle Kaufleute" (§§ 238–263 HGB) sowie den durch größenspezifische Vorschriften (§ 267 HGB) differenzierten „Ergänzende[n] Vorschriften für Kapitalgesellschaften" (§§ 264–335b HGB) zu unterscheiden.

Sowohl HGB als auch GoB leiten sich letztlich aus den *Zwecken der Buchführung und des Jahresabschlusses* ab. Diese wurden zunächst im Rahmen von *Rechnungslegungstheorien* – Idealvorstellungen zu Aufgaben, Inhalt und Darstellung des Jahresabschlusses – formuliert. Zu den postulierten Zwecken gehört zunächst die Dokumentationsfunktion der Buchführung, in der die Güterbewegungen und Zahlungsvorgänge richtig und systematisch aufgezeichnet und archiviert werden sollen. Dadurch werden die Grundlagen für den Jahresabschluss und die Besteuerung geschaffen.

Einführung

Hierauf aufbauend zielt *die Rechenschafts-/Informationsfunktion des Jahresabschlusses* auf einen zutreffenden Einblick in die wirtschaftliche Lage des Bilanzierenden und damit auf eine Grundlage für Entscheidungen der Adressaten (Unternehmensleitung, Eigentümer, Gläubiger, Staat, Dritte) ab, die so ggf. ihre Rechte durchsetzen können. Die *Zahlungsbemessungs- bzw. Kapitalerhaltungsfunktion* zeigt sich insbesondere dadurch, dass durch vorsichtige Bewertung der auszuweisende (und damit der ggf. auszuschüttende) Gewinn unter Einschränkung der Informationsfunktion begrenzt wird. Dies schützt die Gläubiger. Andererseits wird aber auch eine Mindestausschüttung gesichert, so dass auch die Eigentümer geschützt werden.

Aus den Zwecken des Jahresabschlusses deduktiv abgeleitet werden die *Grundsätze ordnungsmäßiger Buchführung (GoB)*. Sie werden als unbestimmter Rechtsbegriff im Gesetz genannt, aber nicht definiert und dienen unabhängig von der Rechtsform der Konkretisierung/Ergänzung der gesetzlichen Vorschriften. Sie lassen sich im Wesentlichen analog zu den Zwecken des Jahresabschlusses gliedern.

Als *Dokumentationsgrundsätze*, z.B. als Beleggrundsatz, fordern sie einen systematischen Aufbau der Buchführung sowie vollständige, verständliche und für Dritte nachvollziehbare Aufzeichnungen.

Systemgrundsätze sollen die Einheitlichkeit des GoB–Systems sicherstellen und dienen in Zweifelsfällen der Auslegung/Konkretisierung der anderen GoB. Zu ihnen gehören die Grundsätze der Fortführung der Unternehmenstätigkeit (*going concern*), der *Pagatorik* sowie der *Einzelbewertung*.

Informationsgrundsätze gestalten die Abbildung des wirtschaftlichen Geschehens entsprechend den Anforderungen der Informationsvermittlung. Sie stellen dies durch die Grundsätze der *Richtigkeit/Willkürfreiheit*, der *formellen und materiellen Vergleichbarkeit/Stetigkeit*, der *Klarheit/Übersichtlichkeit* sowie der *Vollständigkeit* sicher. Das Stichtagsprinzip gewährleistet insbesondere, dass alle Geschäftsvorfälle bis zum Bilanzstichtag berücksichtigt und seine Verhältnisse für die Bewertung maßgeblich sind. Dabei müssen *wertaufhellende* und dürfen keine *wertbegründenden* Informationen Berücksichtigung finden.

Ansatzgrundsätze bestimmen, was als Vermögensgegenstand (VG) und Schuld anzusehen ist sowie welche VG und Schulden in der Bilanz zu aktivieren und zu passivieren (=anzusetzen) sind. Als VG ist ein selbständig verwertbares Gut des Betriebsvermögens anzusehen, das nach dem Konzept des wirtschaftlichen Eigentums dem Kaufmann zuzuordnen ist. Eine rechtliche oder wirtschaftliche Verpflichtung gegenüber Dritten, die eine quantifizierbare wirtschaftliche Belastung darstellt, ist als Schuld zu qualifizieren.

Einführung

Zum Betriebsvermögen zählen VG, die dem Bilanzierenden *personell zuzuordnen* sind, d.h. grundsätzlich solche, an denen er rechtliches Eigentum hat. Weicht das rechtliche Eigentum vom wirtschaftlichen Eigentum ab, d.h. übt der Bilanzierende die tatsächliche Sachherrschaft in der Form aus, dass der rechtliche Eigentümer wirtschaftlich („Chancen und Risiken") auf Dauer von der Einwirkung ausgeschlossen wird, ist *wirtschaftliches Eigentum* entscheidend. Bei Leasinggeschäften ist bei Miet-/Pachtverträgen der Leasinggeber rechtlicher und wirtschaftlicher Eigentümer, bei Finanzierungsverträgen ist der Leasingnehmer wirtschaftlicher Eigentümer.

Erfolgsbemessungsgrundsätze bestimmen, ob Ein- und Auszahlungen erfolgswirksam in der GuV oder erfolgsneutral in der Bilanz erfasst werden. Zu ihnen zählt das *Vorsichtsprinzip*, das im *Realisationsprinzip* konkretisiert wird. Es besagt als *Anschaffungskostenprinzip*, dass selbsterstellte und erworbene Güter in der Bilanz höchstens mit ihren Anschaffungs- oder Herstellungskosten (AK/HK) zu bewerten sind. Ein höherer Wert wird erst als Umsatzerlös in der GuV realisiert; „schwebende Geschäfte" sind nicht bilanzierungsfähig. Die entsprechenden Aufwendungen werden gemäß dem *Grundsatz der Abgrenzung der Sache nach* den realisierten Erträgen zugerechnet („*matching principle*").

Kapitalerhaltungsgrundsätze wie das Niederstwertprinzip verhindern die Ausschüttung unrealisierter Gewinne sowie eine Ausschüttung bei unrealisierten Verlusten. Hierzu werden unrealisierte Verluste bereits in der abzuschließenden Periode antizipiert, indem sie (imparitätisch zu den Gewinnen) als Aufwand in der GuV gebucht werden.

Im Rahmen der Bilanzierung sind somit drei Grundfragen zu beantworten. Zunächst ist zu analysieren, ob ein Posten überhaupt in Bilanz bzw. GuV aufzunehmen ist (Ansatz). Anschließend muss geklärt werden, wo der anzusetzende Posten zu zeigen ist (Ausweis) und in welcher Höhe der Ausweis erfolgen muss (Bewertung). Im Folgenden wird die Bilanzierung zunächst in der Bilanz und anschließend in der GuV erläutert.

Bilanzierung der Aktiva

Das HGB folgt grundsätzlich der Aktivierungskonzeption der GoB (Aktivierungsgrundsatz ⇒ abstrakte/theoretische Aktivierungsfähigkeit), definiert aber zusätzlich für einzelne Posten eine konkrete/praktische Aktivierungsfähigkeit. Abstrakt aktivierungsfähig sind alle Güter, die einzeln verwertbar sind, d.h. die ein wirtschaftlich selbständig verwertbares Nutzenpotentials zur Deckung der Schulden aufweisen.

Abstrakt, jedoch nicht konkret aktivierungsfähig sind somit bestimmte firmenwertähnliche, nicht entgeltlich erworbene immaterielle VG des AV (Aktivierungsverbot, z.B. für Marken). Demgegenüber sind z.B. aktive RAP konkret, jedoch nicht abstrakt aktivierungsfähig, da sie nicht einzeln verwertet werden können. Im Regelfall sind VG, wie z.B. alle materiellen Güter, sowohl konkret als auch abstrakt aktivierungsfähig. Die übrigen, nur konkret aktivierungsfähigen Aktiva werden als „restliches Vermögen" bezeichnet.

Einführung

Ansatz und Ausweis

Unter dem Begriff *Ansatz* werden die Aktivierung des Vermögens und die Passivierung der Schulden zusammengefasst. Die Zuordnung der in den Jahresabschluss aufzunehmenden (=anzusetzenden) VG/Schulden zu den Posten des (nur für Kapitalgesellschaften verpflichtenden) Gliederungsschemas wird als *Ausweis* bzw. Gliederung bezeichnet.

Auf der Aktivseite der Bilanz sind Anlagevermögen (AV) und Umlaufvermögen (UV) sowie aktive Rechnungsabgrenzungsposten (RAP) getrennt auszuweisen. Der Ausweis von VG erfolgt nach abnehmender Fristigkeit, es werden zunächst die langfristigen, dann die kurzfristigen Aktiva gezeigt. Als AV gelten diejenigen VG, die dazu bestimmt sind, dauernd dem Geschäftsbetrieb zu dienen; das UV ergibt sich als Residualgröße. Die Zuordnung zum AV oder UV ist abhängig von der Art des VG, dem Willen des Kaufmannes („Widmung") und der Art des Unternehmens.

Als *immaterielle VG* sind alle Gegenstände, die nicht körperlich fassbar sind, auszuweisen. Hierzu gehören vor allem „Selbstgeschaffene gewerbliche Schutzrechte […]", „Entgeltlich erworbene Konzessionen, gewerbliche Schutzrechte […] sowie Lizenzen […]" und der „Geschäfts– oder Firmenwert".

Bilden immaterielle VG mit materiellen eine Einheit (z.B. Software auf einem Datenträger), ist ein getrennter Ausweis nicht gestattet. Für die Zuordnung zu den materiellen oder immateriellen VG ist das Wertverhältnis zwischen dem immateriellen (Software) und dem materiellen (Datenträger) Bestandteil entscheidend. Für entgeltlich erworbene immaterielle VG des AV und des UV besteht ein Aktivierungsgebot, für selbstgeschaffene des AV ein Aktivierungswahlrecht, jedoch verbunden mit einer Ausschüttungssperre. Selbst geschaffene Marken oder vergleichbare firmenwertähnliche immaterielle VG des AV dürfen nicht, selbst geschaffene immaterielle VG des UV müssen bilanziert werden. Der erworbene Geschäfts- oder Firmenwert (GoF) gilt laut HGB als VG, ist also ansatzpflichtig, der *originäre* ist weder abstrakt noch konkret aktivierungsfähig.

Zu den *Sachanlagen* gehören vom Unternehmen langfristig genutzte materielle VG, u.a. „Grundstücke […] und Bauten […]", „technische Anlagen und Maschinen" sowie „andere Anlagen, Betriebs– und Geschäftsausstattung". Dabei ist zu beachten, dass technische Anlagen, die als wesentliche Bestandteile in engem Funktionszusammenhang mit dem Grundvermögen stehen, nur dann als solches ausgewiesen werden, wenn sie nicht direkt der Produktion dienen.

Als *Finanzanlagen* werden Anteile bzw. Ausleihungen an andere Unternehmen gezeigt. Getrennt auszuweisen sind solche, die in einem besonderen Verhältnis zum Bilanzierenden stehen („verbundene Unternehmen"/„Beteiligung"). Verbundene Unternehmen sind solche, die aufgrund eines Beherrschungsverhältnisses grundsätzlich als Mutter- und Tochterunternehmen in den Konzernabschluss des Mutterunternehmens aufzunehmen sind. Beteiligungen sind Anteile an anderen Unternehmen, die dazu bestimmt sind, dem eigenen Geschäftsbetrieb durch Herstellung einer dauernden Verbindung zu dienen. Hierzu zählen im Zweifel Anteile an einer Kapitalgesellschaft, die 20 % des Nennkapitals dieser Gesellschaft übersteigen.

Einführung

Ein wesentlicher Posten des UV sind die Vorräte, d.h. u.a. die „Roh–, Hilfs– und Betriebsstoffe" (RHB-Stoffe), „unfertige Erzeugnisse, unfertige Leistungen" sowie „fertige Erzeugnisse und Waren". Hinzu treten die Forderungen und sonstige VG, d.h. „Forderungen aus Lieferungen und Leistungen", Forderungen gegen verbundene Unternehmen bzw. Beteiligungen und „sonstige Vermögensgegenstände", die Wertpapiere sowie die flüssigen Mittel. Restlaufzeiten von mehr als einem Jahr sind gesondert anzugeben.

Bewertung

Die Bewertung von VG erfolgt zunächst bei Zugang (Erst-/Zugangsbewertung) sowie anschließend an jedem Abschlussstichtag sowie bei ihrem Abgang (Folgewertung). Ein Zugang kann entweder durch Anschaffung von Dritten oder eigene Herstellung erfolgen. Bei der Folgebewertung können grundsätzlich Wertminderungen oder Werterhöhungen im Vergleich zum Buchwert eintreten. Wertminderungen können entweder durch planmäßigen Gebrauch entstehen, oder ungeplante (außerplanmäßige) Ursachen haben. Wertsteigerungen beruhen auf Marktpreissteigerungen oder Gründe für frühere außerplanmäßige Wertminderungen sind entfallen.

Im Rahmen der Erstbewertung sind VG höchstens mit den AK/HK, ggf. vermindert um Abschreibungen zu bewerten. Dies soll sowohl bei externem (AK) als auch bei internem Zugang (HK) dessen Erfolgsneutralität gewährleisten.

Basis der *Anschaffungskosten* ist der Anschaffungspreis, d.h. der tatsächlich für die Beschaffung gezahlten Betrag ohne Umsatzsteuer. Wurden VG in Fremdwährung erworben, ist diese zum Devisenkassakurs (zu dem sie erworben werden kann, [sog. Geldkurs]) des Tages, ab dem wirtschaftliche Verfügungsmacht (= selbständige Verwertbarkeit) bestand, umzurechnen. Im Tausch erworbene VG sind zum Wert des hingegebenen Gutes zu bewerten. Dabei können (HGB) bzw. müssen (Steuerrecht) stille Reserven aufgelöst werden.

Vom Anschaffungspreis sind Anschaffungspreisminderungen abzusetzen, sofern diese einzelnen VG zugerechnet werden können. Dies gilt für Rabatte und Skonti, jedoch nicht für Boni. Anschaffungsnebenkosten, d.h. Ausgaben bei der Beschaffung und Herstellung der Verwendungsfähigkeit, sind dann einzubeziehen, wenn sie im Zeitraum des Anschaffungsvorganges als Einzelkosten angefallen sind. Abschließend können nachträgliche AK, d.h. Ausgaben / Einnahmen, die in sachlichem jedoch nicht in zeitlichem Zusammenhang zur Anschaffung stehen, die AK modifizieren.

Zu den *Herstellungskosten* gehören als *Pflichtbestandteile* diejenigen Aufwendungen, die nach dem Abschluss der Forschungsphase für die Erstellung eines VG, seine Erweiterung oder wesentliche Verbesserung entstehen. Hierzu gehören die Materialeinzelkosten (MEK), Fertigungseinzelkosten (FEK) und die Sondereinzelkosten der Fertigung (SEF) sowie angemessene Materialgemeinkosten (MGK, z.B. Beschaffungs–, Lagerungs- und Transportgemeinkosten für Material) und Fertigungsgemeinkosten (FGK, z.B. Betriebsstoffe, Gemeinkostenmaterial (Hilfsstoffe), Zeitlöhne, Energiekosten,). In die HK dürfen keine betriebsfremden oder außergewöhnlichen Aufwendungen einbezogen werden (z.B. keine außerplanmäßigen Abschreibungen) sowie nur Nutzkosten, nicht jedoch Leerkosten.

Einführung

Wahlbestandteile der HK sind neben den Kosten der allgemeinen Verwaltung (VerwGK, z. B. Aufwendungen für die Geschäftsleitung), den freiwilligen sozialen Aufwendungen (z.b. Aufwendungen für soziale Einrichtungen des Betriebs) auch die auf den Zeitraum der Herstellung entfallenden Fremdkapitalzinsen.

Nicht einbezogen werden dürfen *Forschungs– und Vertriebskosten*. Insbesondere bei den Forschungskosten ergeben sich dabei Abgrenzungsprobleme bzw. Ermessensspielräume, da Forschungs- und Entwicklungsphasen nicht zwingend sequentiell, sondern u.U. alternierend aufeinander folgen.

Nachträgliche HK, d.h. die Erweiterung (Substanzmehrung) bzw. wesentliche Verbesserung eines VG, müssen einbezogen werden, während der der Aufrechterhaltung der Betriebsbereitschaft dienende Erhaltungsaufwand (z.B. Reparaturkosten) nicht einbezogen werden darf.

Planmäßige Abschreibungen dienen der Verteilung der AK/HK abnutzbarer VG des AV auf ihre angenommene Nutzungsdauer (Aufwandsperiodisierung/matching principle). Nicht planmäßig abgeschrieben werden demnach nicht abnutzbare VG des AV (z.B. Grundstücke oder Beteiligungen) sowie VG des UV.

Im Rahmen *planmäßiger Abschreibungen* wird der Abschreibungsausgangswert (idR. die AK/HK) über den Abschreibungszeitraum (die geplante Nutzungsdauer) mit Hilfe einer Abschreibungsmethode planmäßig verteilt. Als *Abschreibungsmethoden* kommen vor allem die lineare Abschreibung, die degressive Abschreibung, die Leistungsabschreibung oder eine im Abschreibungsplan nachvollziehbare Kombination von ihnen in Frage. Nachträgliche Änderungen des Abschreibungsplans sind z.B. nach einer außerplanmäßigen Abschreibung oder Zuschreibung erforderlich.

Außerplanmäßige Abschreibungen dienen der Verlustantizipation (Imparitätsprinzip). Im AV (*gemildertes Niederstwertprinzip*) ist nur die Abschreibung auf den voraussichtlich *dauerhaft* niedrigeren Wert verpflichtend, lediglich Finanzanlagen dürfen auch bei voraussichtlich nicht dauerhafter Wertminderung abgeschrieben werden. Im UV (*strenges Niederstwertprinzip*) muss auf einen niedrigeren Börsen- oder Marktpreis bzw. beizulegenden Wert am Abschlussstichtag abgeschrieben werden.

Der beizulegende Wert wird im Gesetz nicht definiert, als Vergleichswert können *Wiederbeschaffungswerte* („Beschaffungsmarkt") bzw. *Einzelveräußerungspreise* („Absatzmarkt") dienen. Dabei wird der Wiederbeschaffungszeitwert i.d.R. im AV herangezogen, im UV nur für die RHB–Stoffe. Der retrograd abzüglich noch entstehender Kosten zu ermittelnde Veräußerungswert ist regelmäßig bei den fertigen Erzeugnissen des UV anzuwenden, im AV spielt er nur bei beabsichtigter Veräußerung des VG in naher Zukunft eine Rolle. Bei Waren wird ein „doppelter Niederstwerttest" (niedrigerer Wert aus Wiederbeschaffungszeitwert und Veräußerungswert) durchgeführt.

Entfällt nach außerplanmäßiger Abschreibung der Abschreibungsgrund, so ist bis zur Obergrenze der fortgeführten AK/HK zuzuschreiben (*Wertaufholungsgebot*); nur für den derivativen GoF ist dies verboten (*Wertaufholungsverbot*).

Einführung

Die AK/HK vermindert um Abschreibungen und ggf. erhöht um Zuschreibungen führen zu den fortgeführten AK/HK. Die Entwicklung der einzelnen Posten des AV ist in einem Anlagenspiegel ("Anlagengitter") wahlweise in der Bilanz oder im Anhang darzustellen *(künftig (BilRUG) nur noch im Anhang)*.

Bestimmte VG des UV können, um die Abschlusserstellung zu erleichtern, mit Hilfe von *Bewertungsvereinfachungsverfahren* bewertet werden. Neben den Verfahren der Festbewertung und der Gruppenbewertung kommen Sammelbewertungsverfahren in Frage. Diese Verbrauchsfolgeverfahren für gleichartige VG des Vorratsvermögens unterstellen, dass die VG in einer festgelegten, u.U. fiktiven Folge verbraucht oder veräußert werden. Zu ihnen gehören das Fifo– (*"first in – first out"*) und Lifo–Verfahren (*"last in – first out"*) sowie die Durchschnittsbewertung.

Neben der Durchschnittsmethode ist allein das Lifo–Verfahren steuerlich zulässig. Es unterstellt, dass die zuletzt angeschafften oder hergestellten VG zuerst verbraucht oder verkauft werden. Mit der tatsächlichen Verbrauchs– oder Veräußerungsfolge muss es nicht übereinstimmen, es darf jedoch nicht völlig unrealistisch sein (z.B. bei leicht verderblichen Waren). Bei steigenden Preisen verhindert es die Entstehung von Scheingewinnen, dafür entstehen stille Reserven, die den Einblick in die Vermögens– und Ertragslage des Unternehmens erschweren können.

Bei der *Bewertung von Forderungen* besteht neben der Behandlung von Skonti u.U. das Problem der *Fremdwährungsumrechnung*. Als Umrechnungskurs ist der Devisenkassakurs des Umsatztages (Zugang der Forderung), zu dem Fremdwährung verkauft werden kann (sog. Briefkurs) zu wählen, es sei denn, es wurde ein günstigerer Sicherungskurs vereinbart. Bei der Folgebewertung ungesicherter Forderungen ist dagegen grundsätzlich der Devisenkassamittelkurs zu verwenden, so dass eine negative Entwicklung des Devisenkassamittelkurses immer (außerplanmäßige Abschreibung), eine positive - unter Verstoß gegen das AK/HK-Prinzip - nur bei einer Restlaufzeit bis zu einem Jahr erfolgswirksam zu berücksichtigen ist. Bei einer Restlaufzeit von mehr als einem Jahr ist dagegen das Realisationsprinzip zu beachten, d.h. ein Ertrag wird erst später bzw. bei Ausgleich der Forderung realisiert.

Forderungen, die mit einem geringeren Betrag als dem Nominalbetrag ausgezahlt oder mit einem höheren Betrag getilgt werden (*Auszahlungsdisagio*) sind grundsätzlich mit dem Auszahlungsbetrag (=AK) unter zeitanteilige Zinszuschreibung über die Darlehenslaufzeit zu bewerten. Alternativ kann auch der Rückzahlungsbetrag unter Bildung eines passiven RAP in Höhe des Disagios herangezogen werden; dann ist das Disagio zeitanteilig ertragswirksam über die Laufzeit aufzulösen.

Unverzinsliche oder nicht marktüblich (niedrig) verzinsliche Darlehen sind außerplanmäßig auf den niedrigeren beizulegenden Wert abzuschreiben, der als Barwert der zukünftigen Zahlungsströme zu ermitteln ist. *Zweifelhafte Forderungen* sind einzeln wertzuberichtigen (Abschreibung), das Risiko des Gesamtportfolios der übrigen Forderungen ist durch eine Pauschalwertberichtigung (Abschreibung, kein passivischer Ausweis) zu erfassen.

Einführung

Bilanzierung der Passiva

Auf der Passivseite der Bilanz sind Schulden und passive RAP anzusetzen. Die Differenz zu Vermögen und aktiven RAP nennt man Eigenkapital (EK), das im Regelfall als positive Residualgröße auch auf der Passivseite auszuweisen ist. Auch hier folgt das HGB zunächst der Passivierungskonzeption der GoB (Passivierungsgrundsatz $\Rightarrow$ abstrakte/theoretische Passivierungsfähigkeit), definiert aber zusätzlich durch Einzelfallregelungen für einzelne Posten eine konkrete/praktische Passivierungsfähigkeit. Abstrakt passivierungsfähig sind Schulden, wenn mit dem Abgang von VG zu ihrer Tilgung gerechnet werden muss. Dies ist der Fall, wenn sich der Bilanzierende zu dieser Schuld Dritten gegenüber verpflichtet hat, die Erfüllung der *Verpflichtung* zu einer *wirtschaftlichen Belastung* führt und diese Belastung *selbständig bewertbar*, d.h. mindestens schätzbar ist.

(Außen-)Verpflichtungen beinhalten einen hinreichend konkreten Zwang zur Leistungserbringung gegenüber Dritten, der aus (bürgerlich-/öffentlich-)rechtlichen oder aus wirtschaftlichen Gründen bestehen kann. Verpflichtungen müssen mit einer wirtschaftlichen Belastung, d.h. einer künftig sicheren oder zumindest vorhersehbaren Vermögensminderung des Bilanzierenden einhergehen. Nach ihrer Eintrittswahrscheinlichkeit lassen sich sichere *Verbindlichkeiten*, vorhersehbare *Rückstellungen* sowie nicht vorhersehbare aber mögliche *Haftungsverhältnisse* unterscheiden, die ihrer Höhe nach quantifizierbar, d.h. mindestes schätzbar, also selbständig bewertbar sind.

Da es im HGB keine Passivierungsverbote für Schulden gibt, sind alle abstrakt passivierungsfähigen Schulden auch konkret passivierungsfähig. Darüber hinaus sind bestimmte Aufwandsrückstellungen konkret passivierungspflichtig, jedoch nicht abstrakt passivierungsfähig.

Ansatz und Ausweis von Verbindlichkeiten und Rückstellungen

Verbindlichkeiten zur Erbringung einer Leistung stehen dem Grunde und der Höhe nach sicher fest; sie erlöschen bei Erfüllung bzw. Erlass der geschuldeten Leistung und werden ausgebucht. Sie können nach unterschiedlichen Kriterien (z.B. Entstehungsgrund, Fristigkeit, Empfänger der Leistung) systematisiert werden. In der Bilanz ausgewiesen werden: „Anleihen […]", „Verbindlichkeiten gegenüber Kreditinstituten", „erhaltene Anzahlungen auf Bestellungen", „Verbindlichkeiten aus Lieferungen und Leistungen", Wechselverbindlichkeiten, Verbindlichkeiten gegenüber verbundenen Unternehmen bzw. Beteiligungen sowie „sonstige Verbindlichkeiten". Wie auf der Aktivseite hat die Zuordnung bei Geschäften mit verbundenen Unternehmen bzw. Beteiligungen Vorrang. Beträge mit einer Restlaufzeit bis zu einem Jahr sind jeweils zu vermerken, über fünf Jahren anzugeben. Die erhaltenen Anzahlungen dürfen auch offen von den Vorräten abgesetzt werden.

Rückstellungen sind ebenso wie die Verbindlichkeiten Schulden, allerdings ist die Verpflichtung dem Grunde und/oder der Höhe nach ungewiss. Zu unterscheiden sind Verbindlichkeitsrückstellungen, Rückstellungen für drohende Verluste aus schwebenden Geschäften, Kulanzrückstellungen und Aufwandsrückstellungen, für die mit Ausnahme bestimmter Pensionsrückstellungen eine Passivierungspflicht besteht. Mit Ausnahme der Drohverlustrückstellungen (Verbot) gilt dies auch steuerlich.

Fallen die antizipierten Verpflichtungen bzw. Verluste an, wird die Rückstellung *in Anspruch* genommen. Ist die Rückstellung zu niedrig bemessen, wird der fehlende Betrag über das (Aufwands–)Konto, über das die Rückstellung gebildet wurde, nachgebucht. War die Rückstellung zu hoch bemessen bzw. ist mit einer Inanspruchnahme nicht mehr zu rechnen, wird sie (teilweise) erfolgswirksam aufgelöst. In der Bilanz werden Pensions-, Steuer- und sonstige Rückstellungen getrennt ausgewiesen.

Bewertung von Verbindlichkeiten und Rückstellungen

Verbindlichkeiten sind mit ihrem *Erfüllungsbetrag*, d.h. dem zur Ablösung einer Verpflichtung erforderlichen Betrag zu bewerten. Bewertungsprobleme ergeben sich, wenn der Auszahlungsbetrag niedriger ist als der Erfüllungsbetrag. Das hieraus resultierende *Auszahlungsdisagio* stellt eine einmalige Zinszahlung an den Kreditgeber dar und ist nach dem Grundsatz der Abgrenzung der Zeit nach durch Bildung eines aktiven RAP über die Laufzeit zu periodisieren. Handelsrechtlich besteht ein Ansatzwahlrecht, so dass, wenn erhebliche Unterschiedsbeträge nicht angesetzt werden, die Ertraglage wesentlich verzerrt werden kann. Zerobonds können alternativ bei Zugang mit dem Auszahlungsbetrag unter jeweils erfolgswirksamer Zuschreibung des auf ein Jahr entfallenden Unterschiedsbetrages bilanziert werden.

Analog zum Niederstwertprinzip gilt für die Bewertung von Verbindlichkeiten ein *Höchstwertprinzip*: Liegt der Stichtagswert über dem ursprünglichen Erfüllungsbetrag, ist dieser anzusetzen, liegt er darunter, wird die Verbindlichkeit weiterhin zum ursprünglichen Erfüllungsbetrag bewertet. Sonderregelungen gelten für die *Fremdwährungsumrechnung*. Als Umrechnungskurs ist der Devisenkassakurs des Umsatztages zu wählen, zu dem die Fremdwährung gekauft werden kann (sog. Geldkurs), es sei denn, es wurde ein günstigerer Sicherungskurs vereinbart. Bei der Folgebewertung ungesicherter Verbindlichkeiten ist dagegen grundsätzlich der Devisenkassamittelkurs zu verwenden, so dass eine negative Entwicklung des Devisenkassamittelkurses immer (Erhöhung der Verbindlichkeit), eine positive - unter Verstoß gegen das Höchstwert-Prinzip - nur bei einer Restlaufzeit bis zu einem Jahr erfolgswirksam zu berücksichtigen ist. Bei einer Restlaufzeit von mehr als einem Jahr ist dagegen das Realisationsprinzip zu beachten, d.h. ein Ertrag wird erst später bzw. bei Tilgung der Verbindlichkeit realisiert.

Rückstellungen sind mit dem nach vernünftiger kaufmännischer Beurteilung notwendigen Erfüllungsbetrag zu bewerten, der in Abhängigkeit von der Rückstellungsart berechnet oder zumindest geschätzt werden kann und bei Rückstellungen mit einer Restlaufzeit von mehr als einem Jahr mit dem restlaufzeitadäquaten durchschnittlichen Marktzinssatz abzuzinsen ist. Bei der Ermittlung des Erfüllungsbetrages sind künftige Preis-/Lohnsteigerungen zu berücksichtigen.

Einführung

Besonderheiten der Bewertung ergeben sich bei *Drohverlustrückstellungen aus schwebenden Absatzgeschäften*, da bei bereits erfolgter Aktivierung unfertiger Erzeugnisse/Leistungen diese zunächst retrograd abzuschreiben sind, wenn der drohende Verlust ihnen eindeutig zuzuordnen ist. *Pensionsrückstellungen* sind ratierlich anzusammeln, in der GuV ist lediglich der Saldo aus Zuführungen und Inanspruchnahmen auszuweisen.

Bilanzierung des Eigenkapitals

Die Residualgröße EK kann in der Vergangenheit entweder von außen durch die Eigentümer als Einlagen zur Verfügung gestellt worden sein oder im Unternehmen durch die Thesaurierung von Gewinnen entstanden sein; durch Verluste wird es gemindert.

Das *Gezeichnete Kapital* ist der auf den Einlagen der Gesellschafter beruhende Teil des EK, auf den „die Haftung der Gesellschafter für die Verbindlichkeiten der Kapitalgesellschaft gegenüber den Gläubigern beschränkt ist" (§ 272 1 S. 1 HGB). Der Ausweis erfolgt zum Nennbetrag und nicht eingeforderte *ausstehende Einlagen* sind offen abzusetzen, während das eingeforderte, aber noch nicht eingezahlte Kapital unter den Forderungen des UV auszuweisen ist. Erwirbt die Gesellschaft *eigene Anteile*, so ist ihr Nennbetrag vom gezeichneten Kapital offen abzusetzen, eine Differenz zwischen den Anschaffungskosten und dem Nennbetrag ist mit frei verfügbaren Rücklagen zu verrechnen.

Bei Veräußerung ist die Differenz zwischen dem Veräußerungserlös und dem Nennbetrag der eigenen Anteile bis zur Höhe des mit den frei verfügbaren Rücklagen verrechneten Betrages in die jeweiligen Rücklagen, der darüber hinausgehende Differenzbetrag in die Kapitalrücklage einzustellen.

Rücklagen dienen dem Verlustausgleich und damit der Schonung des gezeichneten Kapitals. Als *Kapitalrücklage* sind dabei Beträge, die dem Unternehmen von außen zusätzlich zum gezeichneten Kapital zufließen, auszuweisen, z.B. ein Agio bei Aktien. *Gewinnrücklagen* werden aus Jahresüberschüssen i.d.R. bei der Ergebnisverwendung oder bereits bei der Aufstellung des Jahresabschlusses unter Berücksichtigung der vollständigen oder teilweisen Ergebnisverwendung dotiert. Die *gesetzliche Rücklage* ist nur bei der AG/KGaA zu bilden: In sie sind 5 % des um einen evtl. Verlustvortrag bereinigten Jahresüberschusses einzustellen, bis gesetzliche und Kapitalrücklage zusammen 10 % des Grundkapitals erreicht haben (§ 150 II AktG). *Satzungsmäßige Rücklagen*, zu deren Bildung Satzung bzw. Gesellschaftsvertrag verpflichten, spielen gegenüber dem Sammelposten der *anderen Gewinnrücklagen* nur eine untergeordnete Rolle.

Das *Jahresergebnis* kann in Abhängigkeit von der Berücksichtigung seiner Verwendung unterschiedlich ausgewiesen werden. Der Bilanzgewinn/-verlust ergibt sich dann als Saldo der Überleitungsrechnung aus dem Jahresergebnis.

Einführung

Ist das bilanzielles EK durch aufgelaufene Verluste aufgezehrt, also die Summe aus Schulden, passiven RAP und passiven latenten Steuern größer als die Summe der Aktiva, ist der Saldo auf der Aktivseite am Schluss der Bilanz als „Nicht durch Eigenkapital gedeckter Fehlbetrag" gesondert auszuweisen.

Dies bedeutet jedoch lediglich eine bilanzielle (formelle) Überschuldung. Eine Insolvenzanmeldung muss ggf. nur bei einer insolvenzrechtlichen Überschuldung (materielle Überschuldung, § 19 InsO), die anhand eines Überschuldungsstatus auf Basis von Zeitwerten/Zerschlagungswerten zu ermitteln ist, erfolgen.

Bilanzierung besonderer Bilanzposten

Rechnungsabgrenzungsposten (RAP) dienen als Korrekturposten der Periodisierung von Einzahlungen/Auszahlungen und Aufwendungen/Erträgen, wenn diese in verschiedene Perioden fallen. Hierzu zählen zunächst transitorische RAP, bei denen die Zahlung zeitlich vor dem Erfolg liegt. Sie sind als aktiver oder passiver RAP in der Bilanz auszuweisen. Demgegenüber entstehen antizipative RAP, wenn der Erfolg zeitlich vor der Zahlung liegt, sie werden als „sonstige VG" bzw. „sonstige Verbindlichkeiten" bilanziert.

Ein *derivativer Geschäfts– oder Firmenwert* (GoF) entsteht, wenn zwischen der Gegenleistung für das übernommene Unternehmen (Anschaffungskosten) und dem Saldo der Zeitwerte der übernommenen VG und Schulden im Rahmen eines *asset deal* eine Differenz besteht. Der GoF enthält nicht einzeln bilanzierungsfähige Werte des übernommenen Unternehmens. Obwohl er keinen VG darstellt (nicht selbständig verwertbar), wird er dennoch im HGB zum zeitlich begrenzt nutzbaren VG gekoren, der im AV unter den immateriellen VG anzusetzen und planmäßig über seine individuelle betriebliche Nutzungsdauer abzuschreiben ist.

Latente Steuern dienen der Anpassung des Ertragsteueraufwandes aufgrund künftiger Steuerbe– und -entlastungen, die aus (dem Abbau von) Differenzen zwischen Handels– und Steuerbilanz erwartet werden (temporary–Konzept). Sie entstehen, wenn im Rahmen einer Gesamtdifferenzenbetrachtung unterschiedliche Ansatz– und Bewertungsvorschriften in der Handels- und Steuerbilanz dazu führen, dass der aus der Steuerbilanz übernommene Steueraufwand sowie die Steuerposition nicht zur Handelsbilanz passt und sich diese Unterschiede im Zeitablauf ausgleichen; zusätzlich sind Verlustvorträge zu berücksichtigen. Für den Ansatz aktiver latenter Steuern besteht im Jahresabschluss ein Wahlrecht, im Konzernabschluss eine Ansatzpflicht. Passive latente Steuern sind in beiden Rechenwerken anzusetzen und netto oder brutto auszuweisen. Die Bewertung erfolgt mit den künftigen, da diese jedoch meist unbekannt sind, hilfsweise mit dem gegenwärtigen Steuersatz („*liability method*").

Schuldähnliche Verpflichtungen

Zu den schuldähnlichen Verpflichtungen zählen zunächst die *Haftungsverhältnisse*, d.h. potentielle Verpflichtungen gegenüber Dritten, bei denen (noch) mehr gegen als für eine Inanspruchnahme spricht und die somit nicht abstrakt

Einführung

passivierungsfähig sind. Sie werden deshalb unter der Bilanz vermerkt. Demgegenüber erfolgt für die *sonstigen finanziellen Verpflichtungen* eine Anhangangabe. Sie beinhaltet zukünftige sichere oder wahrscheinliche Verpflichtungen aus Dauerschuldverhältnissen und schwebenden Geschäften, d.h. Sachverhalte, die weder passivierungsfähig noch Haftungsverhältnisse sind, aber künftige Zahlungsverpflichtungen gegenüber Dritten begründen können.

Gewinn- und Verlustrechnung

Die GuV stellt als Zeitraumrechnung Aufwendungen und Erträge des Geschäftsjahrs zur Darstellung der Ertragslage durch Analyse der Erfolgskomponenten gegenüber, sie ist von Kapitalgesellschaften in Staffelform als Produktionserfolgsrechnung (Gesamtkostenverfahren/GKV) bzw. als Absatzerfolgsrechnung (Umsatzkostenverfahren/UKV) aufzustellen. Im Rahmen des *GKV* erfolgt die Gliederung nach Aufwandsarten. Alle der Produktion zurechenbaren Aufwendungen und Erträge des Geschäftsjahrs werden erfasst und Bestandserhöhungen bei selbsterstellten Vermögensgegenständen werden als Erträge gezeigt.

Das *UKV* ist nach Funktionsbereichen gegliedert. Es werden nur die den Umsätzen zurechenbaren Aufwendungen ausgewiesen; bei abweichenden Produktions- und Absatzmengen erfolgt eine Korrektur der Aufwendungen in Höhe der Bestandsveränderungen.

Beim GKV kann im Rahmen der *Erfolgsspaltung* zunächst ein *Betriebsergebnis* ermittelt werden, nämlich als Saldo der betrieblichen Erträge und Aufwendungen. Hierzu zählen Umsatzerlöse, Bestandserhöhungen an Erzeugnissen, andere aktivierte Eigenleistungen sowie sonstige betriebliche Erträge auf der einen Seite sowie Bestandsminderungen an Erzeugnissen, Materialaufwand, Personalaufwand, Abschreibungen und sonstige betriebliche Aufwendungen auf der anderen. Dabei ist zu beachten, dass zu den Umsatzerlösen lediglich die netto auszuweisenden Erlöse aus für die gewöhnliche Geschäftstätigkeit typischen Erzeugnissen gehören und übliche außerplanmäßige Abschreibungen ggf. unter den Bestandsveränderungen bzw. dem Materialaufwand auszuweisen sind. *Künftig sind alle (nicht nur typische) Erlöse aus Gütern und Dienstleistungen der Kapitalgesellschaft als Umsatzerlöse auszuweisen (BilRUG).*

Zum *Finanzergebnis* gehören die aus der Finanzierungstätigkeit resultierende Erfolgskomponenten Beteiligungserträge, (andere) Wertpapiererträge und Zinserträge sowie die Abschreibungen auf Finanzvermögen und die Zinsaufwendungen. Unter letzteren sind auch die Zinsanteile der Zuführungen zu Rückstellungen auszuweisen.

Als Saldo von Betriebsergebnis und Finanzergebnis wird das *Ergebnis der gewöhnlichen Geschäftstätigkeit* ausgewiesen, das aufgrund der engen Abgrenzung der außerordentlichen Erträge und Aufwendungen und damit des *außerordentlichen Ergebnisses* nur einen groben Einblick in die Erfolgsstruktur geben kann. *Künftig wird dieses Zwischenergebnis entfallen, da die außerordentlichen Posten in der GuV nicht mehr getrennt auszuweisen sind, sondern nur noch im Anhang anzugeben sind (BilRUG).*

Einführung

Vor dem *Jahresüberschuss/Jahresfehlbetrag* wird noch das *Steuerergebnis* mit den Steuern vom Einkommen und vom Ertrag und den sonstigen Steuern ausgewiesen. Dabei ist der Aufwand/Ertrag aus der Bildung/Auflösung latenter Steuern gesondert auszuweisen. *Künftig soll zwischen den beiden Steuerposten ein neues Zwischenergebnis, „Ergebnis nach Steuern", ausgewiesen werden (BilRUG).*

Das UKV, das international gebräuchlichere Verfahren, weist den absatzbezogenen Aufwand nach Funktionsbereichen aus. Hieraus resultieren formale/inhaltliche Unterschiede bei den einzelnen Posten des Betriebsergebnisses, das jedoch als Saldo nach UKV/GKV grundsätzlich gleich hoch sein kann. Nach dem Betriebsergebnis sind auch die Posten beider Gliederungsschemata im Wesentlichen gleich, zwingend identisch ist das Jahresergebnis bei beiden Verfahren.

Beim UKV wird das Betriebsergebnis aus den betriebliche Erträgen, den Umsatzerlösen und den sonstigen betrieblichen Erträgen, sowie den betrieblichen Aufwendungen, den Herstellungs-, Vertriebs- und Verwaltungskosten sowie den sonstigen betriebliche Aufwendungen gebildet. Als Zwischensumme wird vorab noch das Bruttoergebnis vom Umsatz als Saldo aus Umsatzerlösen und darauf entfallenden HK ausgewiesen.

Anhang/Lagebericht

Der *Anhang* dient als dritter Bestandteil des Jahresabschlusses von Kapitalgesellschaften der Ergänzung/Erläuterung, der Korrektur und der Entlastung von Bilanz und GuV. Für seine Gliederung gibt es keine explizite gesetzliche Regelung. Häufig enthält er zunächst die Angabe und Erläuterung der angewandten Rechnungslegungsvorschriften und der Form der Darstellung von Bilanz und GuV, anschließend erfolgen Angaben, Aufgliederungen, Erläuterungen und Begründungen zu Ansatz, Ausweis und Bewertung der Posten in Bilanz und GuV. *Künftig sollen die Angaben zwingend entsprechend der Reihenfolge der Jahresabschlussposten erfolgen (BilRUG).*

Der *Lagebericht* ist als eigenständiges Rechnungslegungsinstrument, das kein Bestandteil des Jahresabschlusses ist, von Kapitalgesellschaften zu erstellen. Er dient der Vermittlung eines den tatsächlichen Verhältnissen entsprechenden Bildes des Geschäftsverlaufs und der Lage der Kapitalgesellschaft durch Verdichtung der Jahresabschlussinformationen sowie der zeitlichen und sachlichen Ergänzung des Jahresabschlusses. Er besteht im Wesentlichen aus vier Teilen: dem Wirtschaftsbericht, dem Prognosebericht, dem Nachtragsbericht sowie dem Risikobericht zu Finanzinstrumenten. *Künftig wird der Nachtragsbericht Bestandteil des Anhangs (BilRUG).*

Konzernrechnungslegung

Als *Konzern* wird der Zusammenschluss rechtlich selbständiger, aber wirtschaftlich voneinander abhängiger Unternehmen bezeichnet, die nach der sogenannten *Einheitstheorie* als Betriebsstätten der größeren wirtschaftlichen Einheit Konzern zu betrachten sind. Nach Art der Leitungsmacht des Mutterunternehmens (M) beim Tochterunternehmen

Einführung

(T) unterscheidet man nach Aktienrecht den faktischen Konzern (Stimmrechtsmehrheit) und den Vertragskonzern (Beherrschungsvertrag).

Risiken einer Konzernierung liegen gesamtwirtschaftlich in möglichen Wettbewerbsbeschränkungen, gesellschaftsrechtlich in Gewinnverlagerungen zwischen den Konzernunternehmen zu Lasten der Minderheitsgesellschafter bzw. Vermögensverlagerungen zu Lasten der Gläubiger einzelner Konzernunternehmen. Hieraus resultieren Rechtsfolgen auf unterschiedlichen Ebenen: Im *Kartellrecht* verbietet das Gesetz gegen Wettbewerbsbeschränkungen [GWB] die Bildung von Kartellen, das *Aktienrecht* schützt Minderheitsaktionäre und Gläubiger und das *Handelsrecht* fordert die Aufstellung eines Konzernabschlusses.

Als *Konzernabschluss* wird der Abschluss einer wirtschaftlichen Einheit, die aus mehreren rechtlich selbständigen Unternehmen besteht, bezeichnet. Er setzt sich aus Konzernbilanz, Konzerngewinn– und -verlustrechnung, Konzernanhang, Kapitalflussrechnung und Eigenkapitalspiegel sowie einer optionalen Segmentberichterstattung zusammen. Dabei ist die Vermögens-, Finanz- und Ertragslage der einbezogenen Unternehmen so darzustellen, als ob diese Unternehmen insgesamt ein einziges Unternehmen wären (Einheitstheorie). Dem Konzernabschluss kommt eine reine Informationsfunktion zu und keine Ausschüttungs-/Zahlungsbemessungsfunktion wie dem Jahresabschluss, da der Konzern keine eigene Rechtsperson ist und damit kein Träger von Rechten und Pflichten sein kann. Demgegenüber würden die (ggf. addierten) Jahresabschlüsse den Adressaten (Konzernführung, Anteilseigner, Gläubiger, Dritte) keinen zutreffenden Einblick in die wirtschaftliche Lage des Konzerns vermitteln.

Der Arbeitsablauf bei der Aufstellung eines Konzernabschlusses gestaltet sich wie folgt: Nach der Klärung, welches Unternehmen einen Konzernabschluss aufstellen muss und welche Unternehmen einbezogen werden müssen oder können, werden in der sog. Handelsbilanz II (HB II; Bilanz und GuV) die Jahresabschlüsse aufgrund einheitlicher Bilanzierungs– und Bewertungsmethoden angepasst und ggf. in die Konzernwährung umgerechnet. Anschließend werden in der sog. Handelsbilanz III (HB III; Bilanz und GuV) alle stillen Reserven und Lasten der T aufgedeckt (Neubewertungsmethode). Dann werden alle Posten der HB II des M und der HB III der T addiert (Summenabschluss).

In den folgenden Konsolidierungsschritten werden zuerst mit Hilfe der *Kapitalkonsolidierung* die Anteile des M an den T mit den korrespondierenden Eigenkapitalposten verrechnet. Dann werden in der *Schuldenkonsolidierung* die konzerninternen Forderungen und Schulden aufgerechnet. Die Ergebnisse konzerninterner Lieferungen und Leistungen werden im Rahmen der *Zwischengewinneliminierung* konsolidiert und abschließend werden die konzerninternen Erträge mit den korrespondierenden Aufwendungen saldiert (*Aufwands– und Ertragskonsolidierung*). Der Konzernabschluss ergibt sich dann, indem der Summenabschluss mit allen Konsolidierungen zusammengefasst wird.

Einführung

Konsolidierungskreis

Eine Pflicht der gesetzliche Vertreter, einen solchen Konzernabschluss aufzustellen, besteht dann, wenn eine Kapitalgesellschaft beherrschenden Einfluss auf ein anderes Unternehmen ausüben kann (*control-Konzept*, nach IFRS rechtsformunabhängig). Als beherrschender Einfluss gilt die Möglichkeit, die Finanz- und Geschäftspolitik eines anderen Unternehmens zu bestimmen, um aus dessen Tätigkeit Nutzen zu ziehen. Er wird i.d.R. angenommen, wenn eine Beherrschung über eine Stimmrechtsmehrheit oder einen Beherrschungsvertrag möglich ist oder wenn die Mehrheit der Chancen und Risiken aus einer Zweckgesellschaft bei dem Mutterunternehmen liegen. Allerdings sind kleine Konzerne i.d.R. von der Konzernrechnungslegungspflicht befreit.

Grundsätzlich besteht nach dem control-Konzept auch eine Aufstellungspflicht für *Teilkonzernabschlüsse*. Hierauf kann verzichtet werden, wenn ein übergeordnetes M einen Konzernabschluss aufstellt, der das zu befreiende M und seine T einbezieht.

Kapitalmarktorientierte M müssen die Konzernabschlüsse zwingend nach IFRS aufstellen, sonstige M können Konzernabschlüsse weiterhin nach HGB aufstellen oder die IFRS freiwillig anwenden.

Zum *Konsolidierungskreis* gehören das M und alle T, die grundsätzlich im Wege der Vollkonsolidierung in den Konzernabschluss einzubeziehen sind, es sei denn, einer der folgenden Sachverhalte ist gegeben: Es besteht eine eingeschränkte Verfügungsmacht über das T oder es entstünden unverhältnismäßig hohe Kosten/Verzögerungen bei der Aufstellung oder die Anteile sind von Anfang an zur Weiterveräußerung erworben worden oder bestimmte T sind im Rahmen einer Gesamtbetrachtung von untergeordneter Bedeutung. In den genannten Fällen besteht dann ein Konsolidierungswahlrecht.

Vollkonsolidierung

Bei der *Kapitalkonsolidierung* werden die VG von T in der Konzernbilanz so angesetzt und bewertet, als ob das M sie einzeln gekauft hätte (Fiktion des Einzelerwerbs; „Erwerbsmethode"). Anschließend werden die Beteiligungen von Konzernunternehmen an anderen Konzernunternehmen gegen die entsprechenden Eigenkapitalposten aufgerechnet. Im Ergebnis werden hierdurch die VG und Schulden an Stelle des EK der T in die Konzernbilanz aufgenommen und „Doppelzählungen" vermieden.

Die Kapitalkonsolidierung erfolgt unter Anwendung der *Neubewertungsmethode*, bei der die VG und Schulden von T, d.h. das EK, zu Zeitwerten bewertet werden. Dies bedeutet, dass alle stillen Reserven und Lasten - also auch diejenigen, die den Minderheitsgesellschaftern zuzurechnen sind - in der HB III vor der Konsolidierung aufgedeckt werden. Zu den aufzurechnenden Eigenkapitalposten zählen neben dem gezeichneten Kapital und den Rücklagen auch Ge-

Einführung

winn– oder Verlustvorträge sowie das Jahresergebnis. Hält M an T einen Anteil von unter 100 %, werden die Anteile der Minderheitsgesellschafter an T als Ausgleichsposten für Anteile anderer Gesellschafter gezeigt. Übersteigt der Buchwert der Beteiligung an T den Zeitwert des EK von T, d.h. liegt der Kaufpreis für die Anteile an T über dem Substanzwert von T, ergibt sich als Unterschiedsbetrag ein GoF (*goodwill*), liegt er unter dem Substanzwert von T, d.h. ist der Buchwert der Beteiligung an T kleiner als der Zeitwert des EK von T, resultiert hieraus ein (passiver) Unterschiedsbetrag aus der Kapitalkonsolidierung.

Da ein Unternehmen in der Bilanz keine Forderungen/Schulden gegenüber sich selbst ansetzen kann und aufgrund der Einheitstheorie die Konzernunternehmen Betriebsstätten der wirtschaftlichen Einheit Konzern sind, können im Konzernabschluss weder Forderungen noch Schulden gegenüber einbezogenen Unternehmen angesetzt werden. Hierzu werden im Rahmen der *Schuldenkonsolidierung* die in den Jahresabschlüssen enthaltenen gegenseitigen Forderungen, Schulden und Rechnungsabgrenzungsposten verrechnet (konsolidiert). Bestehen die Posten bei M und T in gleicher Höhe, werden sie erfolgsneutral ausgebucht, bestehen sie in unterschiedlicher Höhe bzw. fehlen Posten, werden sie erfolgswirksam gegen korrespondierende Aufwendungen konsolidiert. Konzerninterne Haftungsverhältnisse sind nicht zu vermerken.

Analoges gilt für die *Zwischenergebniseliminierung*: Da innerhalb eines Unternehmens, z.B. bei Lieferungen von einem Betrieb an einen anderen, keine Gewinne oder Verluste entstehen können, sind aufgrund der Einheitstheorie im Konzernabschluss keine Gewinne oder Verluste aus konzerninternen Lieferungen anzusetzen. Zu ihrer Eliminierung werden VG aus konzerninternen Lieferungen mit den AK/HK aus Konzernsicht (Konzernanschaffungs–/–herstellungskosten) bewertet, bestehende Unterschiede zum Wertansatz in der HB II des Konzernunternehmens werden erfolgswirksam verrechnet.

Bei der *Aufwands– und Ertragskonsolidierung* müssen die Innenumsatzerlöse bzw. andere Erträge aus konzerninternen Beziehungen mit den korrespondierenden Aufwendungen verrechnet oder in andere Erträge umgegliedert werden; dies ist grundsätzlich erfolgsneutral.

Quotenkonsolidierung/Einbeziehung at Equity

Für ein *Gemeinschaftsunternehmen*, d.h. ein von mindestens zwei voneinander unabhängigen (Gesellschafter-/Stamm-)Unternehmen gegründetes oder gekauftes Unternehmen unter dauerhafter gemeinschaftlicher Leitung, besteht das Wahlrecht, dieses quotal in den Konzernabschluss des Gesellschafterunternehmens einzubeziehen. Aufgrund des geringeren Einflusses der Gesellschafterunternehmen werden die Abschlussposten des Gemeinschaftsunternehmens nur anteilmäßig in Höhe der Beteiligungsquote in die Summenbilanz aufgenommen, ein Ausgleichsposten für Anteile anderer Gesellschafter entfällt.

Einführung

Assoziierte Unternehmen, d.h. Unternehmen, an denen ein in den Konzernabschluss einbezogenes Unternehmen beteiligt ist, das maßgeblichen Einfluss auf deren Geschäfts- und Finanzpolitik tatsächlich ausübt, und die weder voll- noch quotal konsolidiert werden, sind at Equity in den Konzernabschluss einzubeziehen. Ein maßgeblicher Einfluss wird ab 20 % der Stimmrechte unterstellt.

Die „Beteiligungen an assoziierten Unternehmen" werden im Finanzanlagevermögen des Konzerns gesondert ausgewiesen und at Equity bewertet, d.h. bei Anschaffung zum Buchwert unter Fortschreibung um anteilige Eigenkapitalveränderungen beim assoziierten Unternehmen; dabei kann das Anschaffungskostenprinzip durchbrochen werden. Ein Unterschiedsbetrag zwischen Buchwert und anteiligem EK sowie ein ggf. darin enthaltener GoF oder passiver Unterschiedsbetrag sind im Anhang anzugeben; der GoF oder passive Unterschiedsbetrag ist analog zur Vollkonsolidierung zu behandeln. Der übrige Unterschiedsbetrag ist fortzuführen, abzuschreiben oder aufzulösen.

Problematisch ist im Rahmen der Einbeziehung at Equity, dass M in der Konzern–GuV Beteiligungserträge ausweist, auf deren Ausschüttung M keinen Einfluss hat (Beteiligungsquote 20 % bis 50 %), ein aus der GuV retrograd ermittelter Cash Flow wird im Jahr der Erwirtschaftung der Beteiligungserträge beim assoziierten Unternehmen positiv beeinflusst – im Jahr der effektiven Ausschüttung bleibt er unverändert.

Letztlich konzentriert sich die Einbeziehung at Equity auf einen Posten, das anteilige EK. Der Ausweis in der Konzernbilanz ist somit unabhängig von Bilanzsumme und -struktur des assoziierten Unternehmens (*one line consolidation*).

Rechnungslegung nach IFRS

Zur Vereinheitlichung der internationalen Rechnungslegung verabschiedet das *IASB* (*International Accounting Standards Board*), eine internationale, nichtstaatliche Fachorganisation, „*International Financial Reporting Standards*" (IFRS), deren Vorgänger als „*International Accounting Standards*" (IAS) bezeichnet wurden. Derzeit (September 2014) sind 12 IFRS sowie noch 28 IAS in Kraft und von der EU übernommen. Zusätzlich gibt das IFRIC (*International Financial Reporting Interpretations Committee*, früher *Standing Interpretations Committee* [SIC]) verbindliche Interpretationen der Standards heraus.

Die IFRS entfalten keine unmittelbare Rechtswirkung in einzelnen Staaten, sind jedoch aufgrund einer EU-Verordnung verpflichtend für alle Konzernabschlüsse kapitalmarktorientierter Gesellschaften mit Sitz in der EU anzuwenden. Freiwillig können sie auch für Konzernabschlüsse nicht kapitalmarktorientierter Gesellschaften sowie für die Offenlegung des Jahresabschlusses angewendet werden (Einzelabschluss).

Das Ziel des Abschlusses nach IFRS, die Vermittlung entscheidungsrelevanter Informationen (*decision usefulness*), wird ebenso im *Rahmenkonzept* (*conceptual framework*) festgelegt wie die hierbei einzuhaltenden Grundsätze (*qualitative characteristics*). Die wichtigsten Grundsätze bilden Relevanz (*relevance,* ≅ Wesentlichkeit) und Glaubwürdigkeit

Einführung

der Darstellung (*faithful representation* ≅ Richtigkeit, Willkürfreiheit, Vollständigkeit). Sie werden durch vier weitere Grundsätze konkretisiert: Vergleichbarkeit (*comparability* ≅ Stetigkeit), Nachprüfbarkeit (*verifiability* ≅ Nachvollziehbarkeit), zeitnahe Berichterstattung (*timeliness* ≅ Aufstellungs– / Offenlegungsfristen) und Verständlichkeit (*understandability* ≅ Klarheit und Übersichtlichkeit).

Die einzuhaltenden Grundsätze unterliegen mit der Abwägung von Kosten und Nutzen (*costs are justified by the benefits of reporting that information* ≅ Grundsatz der Wirtschaftlichkeit) einer Beschränkung (*constraint*). Als wesentliche Grundannahme (*underlying assumption*) für die Bewertung nennt das Rahmenkonzept die Unternehmensfortführung (*going concern*). Im Gegensatz zum HGB ist das Vorsichtsprinzip von geringerer Bedeutung, hieraus resultiert z.B. eine z.T. abweichende Definition der Gewinnrealisierung. Die IFRS trennen strikt zwischen handels– und steuerrechtlicher Bilanzierung, und verlangen umfangreichere Anhangangaben und Erläuterungen. Im Folgenden werden weitere Unterschiede bei der Rechnungslegung nach IFRS und HGB skizziert.

Rechnungslegung nach IFRS – Ansatz (*recognition*)

Als ein abstrakt bilanzierungsfähiger *Vermögenswert* (*asset*) wird „eine Ressource, die aufgrund von Ereignissen der Vergangenheit in der Verfügungsmacht des Unternehmens steht, und von der erwartet wird, dass dem Unternehmen aus ihr künftiger wirtschaftlicher Nutzen zufließt" bezeichnet. Sie ist dann anzusetzen (konkrete Bilanzierungsfähigkeit), wenn ihr Nutzenzufluss wahrscheinlich ist und sie verlässlich bewertet werden kann.

Letztlich ist der Begriff des Vermögenswertes umfassender als der des VG, da das Kriterium der Möglichkeit des künftigen Nutzenzuflusses weiter gefasst ist als das der Einzelverwertbarkeit und deshalb auch Rechnungsabgrenzungsposten sowie latente Steueransprüche einschließt.

Bei den immateriellen Vermögenswerten (*intangible assets*) besteht grundsätzlich Aktivierungspflicht auch für *selbstgeschaffene immaterielle Vermögenswerte*, z.B. für Entwicklungskosten, wenn bestimmte Kriterien erfüllt werden.

Leasingverhältnisse sind verpflichtend beim Leasingnehmer zu bilanzieren, wenn Finanzierungsleasing vorliegt. Hierzu sind vor allem die Verteilung der Chancen und Risiken während der Vertragslaufzeit relevant, quantitativen Kriterien, wie z.B. in den Leasingerlassen des BMF, fehlen. Dies führt dazu, dass tendenziell häufiger vom Leasingnehmer bilanziert wird. Seit 2010 wird der Leasingstandard grundlegend überarbeitet.

Ein *Disagio* kann nicht angesetzt werden, da Verbindlichkeiten mit dem Auszahlungsbetrag zu bewerten und über die Laufzeit zuzuschreiben sind.

Nach IFRS besteht bei den *latenten Steuern* (*deferred taxes*) eine Ansatzpflicht für latente Steueransprüche, die abweichend vom HGB auch steuerliche Verlustvorträge enthalten, die erst nach fünf Jahren verrechnet werden können. Eine Saldierung mit den latenten Steuerschulden ist ggf. verpflichtend.

Einführung

Als abstrakt passivierungsfähige Schuld (*liability*) gilt „eine gegenwärtige Verpflichtung des Unternehmens, die aus Ereignissen der Vergangenheit entsteht und deren Erfüllung für das Unternehmen erwartungsgemäß mit einem Abfluss von Ressourcen mit einem wirtschaftlichen Nutzen verbunden ist". Da ausdrücklich nur Verpflichtungen gegenüber Dritten angesetzt werden dürfen, können keine Aufwandsrückstellungen passiviert werden. Eine Schuld ist dann verpflichtend anzusetzen (konkrete Bilanzierungsfähigkeit), wenn der Nutzenabfluss wahrscheinlich ist und verlässlich bewertet werden kann. Auch wenn hieraus tendenziell eine engere Abgrenzung der Schulden als nach HGB folgt, schließt der Begriff der Schulden nach IFRS Rechnungsabgrenzungsposten und latente Steuerschulden ein.

Im Rahmen des EK (*equity*) zeigen die IFRS auch erfolgsneutral gebildete Rücklagen, z.B. Gewinne/Verluste aus Zeitwertbilanzierung oder Neubewertungsrücklagen.

Der bei einem Erwerb zu einem Preis unter Marktwert (*bargain purchase*) entstehende passive Unterschiedsbetrag aus der Kapitalkonsolidierung ist durch kritische Überprüfung und ggf. Korrektur von Ansatz und Bewertung des übernommenen Reinvermögens zu mindern, ein verbleibender Betrag erfolgswirksam zu vereinnahmen.

Sonstige Rückstellungen (*provisions*) sind nur dann anzusetzen, wenn die Verpflichtung wahrscheinlich und zuverlässig schätzbar ist. Dies bedeutet aufgrund der engeren Abgrenzung, dass Rückstellungen im Vergleich zum HGB seltener angesetzt werden dürften. Demgegenüber nimmt der Umfang der Eventualverbindlichkeiten (*contingent liabilities*) zu. Diese möglichen, nicht unwahrscheinlichen Verpflichtungen werden jedoch (mit Ausnahmen im Rahmen der Kapitalkonsolidierung) nicht passiviert, sondern nur im Anhang vermerkt.

Rechnungslegung nach IFRS – Ausweis (*presentation*)

Der Abschluss nach IFRS besteht aus Bilanz (*statement of financial position*), Gesamtergebnisrechnung (*statement of comprehensive income*), Eigenkapitalveränderungsrechnung (*statement of changes in equity*), Kapitalflussrechung (*statement of cash flows*), Anhang (*notes*) und ggf. Segmentinformationen (*segment information*). Daneben ist ein Bericht des Managements über die Unternehmenslage (*financial review by management*) üblich.

Die IFRS sehen für Bilanz und Gesamtergebnisrechnung nur eine Mindestgliederung vor, die teilweise durch Detailregelungen in einzelnen Standards ergänzt wird. Sie fordert grundsätzlich den getrennten Ausweis kurz- und langfristiger Vermögenswerte und Schulden sowie der zur Veräußerung gehaltenen langfristigen Vermögenswerte (*non–current assets held for sale*) und aufgegebenen Geschäftsbereiche (*discontinued operations*).

Rechnungslegung nach IFRS – Erstbewertung (*measurement at recognition*)

Die IFRS trennen nicht zwischen Anschaffungs- und Herstellungskosten. Für beide durchgängig als *costs* bezeichneten Werte existieren unterschiedliche Abgrenzungen in den Standards. In die Anschaffungskosten ($\cong$ *costs of purcha-*

Einführung

se) sind sowohl Abbruch- und Entsorgungskosten als auch bei langem Anschaffungszeitraum (= qualifizierter Vermögenswert) Fremdkapitalzinsen einzubeziehen.

Für die Herstellungskosten (≅ *costs of conversion*) bestehen keine Einbeziehungswahlrechte: Sie beinhalten zwingend fertigungsbezogene Verwaltungskosten und Aufwendungen für soziale Einrichtungen / freiwillige Sozialleistungen sowie bei langem Herstellungszeitraum auch Fremdkapitalzinsen (= qualifizierter Vermögenswert), nicht fertigungsbezogene allgemeine Verwaltungskosten dürfen demgegenüber nicht einbezogen werden. Als Herstellungskosten immaterieller Vermögenswerte gelten nur die direkt zurechenbaren Kosten.

Die Gewinne langfristiger Fertigungsaufträge (*construction contracts*) sind bei verlässlicher Ergebnisschätzung bereits vor Abnahme erfolgswirksam zu vereinnahmen (Gewinnrealisierung nach dem Fertigstellungsgrad, *percentage of completion*), ansonsten sind nur die einbringbaren Auftragskosten zu erfassen; erwartete Verluste sind sofort als Aufwand zu erfassen.

Pensionsrückstellungen sind mit stichtagsbezogenen Kapitalmarktzinsen (Rendite erstrangiger festverzinslicher Industrieanleihen, ersatzweise Staatsanleihen) abzuzinsen, sonstige Rückstellungen sind mit ihrem Erwartungswert, ggf. mit dem laufzeitkongruenten Marktzins abgezinst, zu bewerten.

Rechnungslegung nach IFRS – Folgebewertung (*measurement after recognition*)

Immaterielle Vermögenswerte und Sachanlagen sind im Rahmen der Neubewertung ebenso wie bestimmte Finanzinstrumente zum beizulegenden Zeitwert (*fair value*) zu bewerten. Er ist der „Preis .., der in einem geordneten Geschäftsvorfall zwischen Marktteilnehmern am Bemessungsstichtag für den Verkauf eines Vermögenswerts eingenommen bzw. für die Übertragung einer Schuld gezahlt würde". Zu seiner Ermittlung werden Marktpreise für gleiche bzw. vergleichbare Gegenstände beobachtet, ggf. wird er mit Bewertungsmodellen geschätzt.

Sachanlagevermögen und immaterielle Vermögenswerte sowie GoF und bestimmte Beteiligungen sind mit ihrem erzielbaren Betrag (*recoverable amount*) am Stichtag zu bewerten, wenn dieser niedriger als der Buchwert ist. Als erzielbarer Betrag gilt der höhere der beiden folgenden Beträge, d.h. der der optimalen Verwendung des Vermögenswertes entspricht. Verglichen werden der Betrag, der durch den Verkauf nach Abzug der Veräußerungskosten erzielt werden könnte, also der beizulegender Zeitwert abzüglich Kosten der Veräußerung (*fair value less costs of disposal*)), und der Barwert der geschätzten künftigen Cashflows bei Nutzung im Unternehmen einschließlich Restwert, also der Nutzungswert (*value in use*). Es besteht Abwertungspflicht auf den erzielbaren Betrag, die resultierenden Wertminderungsaufwendungen (≅ außerplanmäßige Abschreibungen) sind grundsätzlich erfolgswirksam. Entfällt der Wertminderungsgrund, ist bis zum fortgeführten Buchwert ohne Wertminderungsaufwand erfolgswirksam zuzuschreiben (Wertaufholungsgebot).

Einführung

Vorräte sind retrograd zum Nettoveräußerungswert (*net realisable value*), d.h. zum geschätzten Verkaufserlös abzüglich der geschätzten Kosten bis zur Fertigstellung und der notwendigen Vertriebskosten, zu bewerten. Auch hier gilt das Niederstwertprinzip mit Wertaufholungsgebot.

Alternativ zum Anschaffungskostenmodell kann der Bilanzierende für Sachanlagen und ggf. auch für immaterielle Vermögenswerte das *Neubewertungsmodell*, d.h. die Bewertung mit dem beizulegenden Zeitwert wählen. Dabei kann die Neubewertung (*revaluation*) nur gruppenweise, d.h. je Posten, nicht je Vermögenswert, ausgeübt werden, ein „cherry picking" entfällt. Die Neubewertung muss nicht zwingend jährlich, aber innerhalb einer Gruppe gleichzeitig erfolgen. Eine Wertsteigerung ist erfolgsneutral über eine Neubewertungsrücklage (*revaluation surplus*) innerhalb des EK auszuweisen, soweit sie nicht frühere erfolgswirksame Abwertungen rückgängig macht. In die Neubewertungsrücklage ist die Wertsteigerung abzüglich latenter Steuern einzustellen. Führt die Neubewertung zu einer Wertminderung, ist diese erfolgswirksam zu erfassen, soweit keine entsprechende Neubewertungsrücklage vorhanden ist. Die Neubewertung abnutzbarer Vermögenswerte führt zu einer Anpassung der Abschreibungen, wobei strittig ist, ob die aus Wertsteigerungen resultierenden zusätzlichen Abschreibungen erfolgswirksam zu erfassen sind.

Wird die Neubewertungsrücklage durch Stilllegung oder Veräußerung des Vermögenswertes realisiert, erfolgt eine direkte (erfolgsneutrale) Umbuchung der Neubewertungsrücklage in die Gewinnrücklagen. Bei weiterer Nutzung ist dies in Höhe der Differenz zwischen den Abschreibungen auf Basis des neuen Buchwerts und denen auf Basis der Anschaffungs-/Herstellungskosten ebenfalls möglich, da angenommen wird, dass die höheren Abschreibungen auch „verdient" werden.

Der Wert *immaterieller Vermögenswerte* mit unbestimmter Nutzungsdauer (hierzu gehört auch der derivative GoF, *goodwill*) ist mindestens jährlich durch einen Wertminderungstest (*impairment test*) zu überprüfen. Gleiches gilt analog für die planmäßigen Abschreibungen.

Sachanlagen werden planmäßige über ihre unternehmensindividuelle Nutzungsdauer mit einer der Nutzung entsprechenden Abschreibungsmethode abgeschrieben. Die Abschreibungen sind jährlich zu überprüfen. Zur *Veräußerung gehaltene langfristige Vermögenswerte* sind auf den niedrigeren Zeitwert abzüglich Veräußerungskosten abzuwerten.

Als *Finanzinstrument* (*financial instrument*, FI) ist ein „Vertrag, der gleichzeitig bei dem einen Unternehmen zu einem finanziellen Vermögenswert und bei dem anderen Unternehmen zu einer finanziellen Verbindlichkeit oder einem Eigenkapitalinstrument führt" zu charakterisieren. Aufgrund dieser Definition umfasst der Begriff sowohl Aktiva als auch Passiva, die für Bewertungszwecke in bestimmte *Kategorien* unterteilt werden. Die erste Kategorie umfasst erfolgswirksam zum beizulegenden Zeitwert bewertete aktive oder passive FI (*financial instruments at fair value through profit or loss*). Hierzu gehören der Handelsbestand (*held for trading*) und wahlweise bestimmte andere FI (*fair value-Option*). Zur zweiten Kategorie zählen bis zur Endfälligkeit zu haltende aktive FI (*held-to-maturity*), zur dritten gewährte Kredite

Einführung

und sonstige Forderungen (*loans and receivables*) und zur vierten zur Veräußerung verfügbare aktive FI (*available-for-sale*).

Die fünfte Kategorie wird nicht explizit als Kategorie abgegrenzt und umfasst die in den anderen Kategorien nicht erfassten übrigen passiven FI.

Die *Erstbewertung von FI* erfolgt zum beizulegenden Zeitwert, bei FI der Kategorien 2 bis 5 einschließlich der Anschaffungsnebenkosten. Die *Folgebewertung von FI* der Kategorien 1 und 4 erfolgt zum beizulegenden Zeitwert, in der *ersten* Kategorie mit erfolgswirksamer Erfassung, in der *vierten* Kategorie mit erfolgsneutraler Erfassung von Zeitwertänderungen. Die FI der Kategorien 2, 3 und 5 sind zu fortgeführten Anschaffungskosten unter Anwendung der Effektivzinsmethode (*at amortised cost using the effective interest method*) zu bewerten.

Jahresabschlussanalyse

Als *Jahresabschlussanalyse* bezeichnet man die Aufbereitung und Auswertung von Informationen aus Bilanz, GuV, Anhang und Lagebericht zur Gewinnung eines den tatsächlichen Verhältnissen entsprechenden Bildes der gegenwärtigen und zukünftigen Vermögens-, Finanz- und Ertragslage des untersuchten Unternehmens, das die Grundlage für Entscheidungen darstellen kann (IFRS: *decision usefulness*).

Die unterschiedlichen *Adressaten* haben dabei unterschiedliche *Analyseziele*. Während die Unternehmensleitung in erster Linie die Gestaltung des Jahresabschlusses im Hinblick auf ihre Rechenschaft gegenüber den Eigentümern, die Kreditwürdigkeit/das Rating („Basel II") sowie die hiermit verbundenen Information der Konkurrenz im Fokus hat, sind die Eigentümer in erster Linie an Informationen über mögliche zukünftige Ausschüttungen und die mögliche zukünftige Wertentwicklung des Unternehmens interessiert. Gläubiger analysieren primär die Kreditwürdigkeit des Unternehmens, während Dritte, wie Arbeitnehmer, Kunden, und Lieferanten, die Stabilität ihrer Beziehungen zum betrachteten Unternehmen feststellen möchten.

Die Analyse der *Vermögenslage* führt zu Aussagen über die Höhe des (Rein–)Vermögens, d.h. die Eigenkapitalausstattung, sowie die Vermögens– und Kapitalstruktur, lässt aber nur begrenzte Aussagen über eine (potentielle) materielle Überschuldung zu. Die Analyse der *Finanzlage* befasst sich mit der Untersuchung der Kapitalaufbringung und –verwendung, der (statischen) Liquidität sowie dem Innenfinanzierungsspielraum und der Kredittilgungskraft. Nur eingeschränkt möglich sind Aussagen über die Zahlungsfähigkeit und das Illiquiditätsrisiko, da statische Liquiditätskennzahlen die zeitliche Dimension („jederzeitige" Zahlungsfähigkeit) vernachlässigen und (nicht monetäres) Bilanzvermögen nur bei Liquidierung, d.h. bei Zerschlagung des Unternehmens, die Zahlungsfähigkeit beeinflusst. Abschließend lassen sich aus der Analyse der *Ertragslage* Aussagen über die Höhe und die Quellen des Jahresergebnisses sowie die Fähigkeit, nachhaltig Gewinne zu erwirtschaften, ableiten.

Einführung

Grundsätzliche *Grenzen der Jahresabschlussanalyse* liegen darin, dass ihre Analyseziele zukunftsorientiert sind, während das vorliegende Zahlenmaterial im Wesentlichen vergangenheitsorientiert ist. Insoweit ist eine Prognose auf Grundlage der Vergangenheitszahlen notwendig, die häufig anhand von Kennzahlen (z.B. Gesamtkapitalrentabilität) erfolgt. Die Jahresabschlussanalyse kann somit die Grundlagen für Planungsrechnungen oder ihre Plausibilisierung bilden.

Im Rahmen des Arbeitsablaufes einer Jahresabschlussanalyse erfolgt zunächst die Aufbereitung der Abschlüsse durch Plausibilisierung/Prüfung des verfügbaren Datenmaterials. Anschließend werden durch die *Postenanalyse* die Posten des Abschlusses zusammengefasst und/oder saldiert („Bereinigung"), um hierdurch die Grundlage für die Kennzahlenanalyse, d.h. die Bildung und Berechnung aussagefähiger („prognosestarker") Kennzahlen zur Analyse der Vermögens–, Finanz– und Ertragslage, zu legen. Die ermittelten Kennzahlen lassen sich durch einen Zeit-, Betriebs-, Branchen- oder Soll–/Istvergleich beurteilen.

An die Seite dieser *quantitativen* (traditionellen) Bilanzanalyse tritt immer stärker die *qualitative Bilanzanalyse*, die die Analyse des Bilanzierungsgebarens, z.B. die Ausnutzung von Bilanzierungswahlrechten („konservativ"/„liberal") beinhaltet. Sie untersucht hierzu die Formulierungen im Abschluss sowie ggf. im Prüfungsbericht.

Postenanalyse - Bilanz

Die Postenanalyse unterscheidet zwischen der (selten möglichen) *Umbewertung* und der *Umgliederung* von Posten, die als Umgruppierung, Aufspaltung, Saldierung oder Erweiterung von Posten der Bilanz in Erscheinung tritt. Im Falle der ersten beiden Maßnahmen verändert sich die Bilanzsumme nicht, im Falle der Saldierung verkürzt, im Falle der Erweiterung verlängert sie sich. Die Bilanzbereinigungen gehen häufig mit entsprechenden Korrekturen des EK einher.

Auf der *Aktivseite* sind mit dem EK bilanzverkürzend folgende Risikoposten zu saldieren: Aktive latente Steuern (ggf. mit Ausnahme steuerlicher Verlustvorträge), derivative GoF aus Jahres- und Konzernabschluss sowie das handelsrechtliche Disagio, da i.d.R. keine Einzelverwertbarkeit gegeben ist.

Zu einer Bilanzverlängerung führt die Bereinigung (Erweiterung) der offen von den Vorräten abgesetzten erhaltenen Anzahlungen auf Bestellungen, da dadurch einerseits der Betrag der Vorräte und andererseits der der Verbindlichkeiten steigt. Analog sind nach IFRS mit den Forderungen aus Fertigungsaufträgen saldierte Anzahlungen zu behandeln.

Neben diesen Umgliederungen kann versucht werden, bei denjenigen Risikoposten auf der Aktivseite, bei denen Bewertungsrisiken bestehen, d.h. insbesondere bei Vorräten, Forderungen sowie Betriebsgrundstücken und –anlagen, eine *Umbewertung* bei gleichzeitiger Korrektur des EK zu versuchen, die aber häufig an mangelnden Informationen scheitern dürfte.

Einführung

Auf der *Passivseite* sind zunächst handelsrechtlich ggf. die *Unterdeckungen bei Pensionsrückstellungen* durch entsprechende Aufspaltung des EK zu berücksichtigen. Weiterhin ist das Jahresergebnis (HGB) bzw. sind die Gewinnrücklagen (IFRS) auf Eigen- und Fremdkapital aufzuspalten, da der zur Ausschüttung vorgeschlagene Betrag wirtschaftlich als kurzfristige Verbindlichkeit zu betrachten und entsprechend auszuweisen ist.

Analog zum EK sind die *Ausgleichsposten für Anteile anderer Gesellschafter* zu behandeln. Auch hier ist der Ausgleichsposten aufzuspalten und dabei der anderen Gesellschaftern zustehende Gewinn abzuspalten und als kurzfristige Verbindlichkeit auszuweisen.

Im handelsrechtlichen Abschluss ausgewiesene *Aufwandsrückstellungen* stellen keine Schulden gegenüber Dritten dar, sie sind deshalb in das EK umzugruppieren. Haben sie insbesondere bei unterlassener Instandhaltung den Charakter einer Wertberichtigung zum AV, sind sie mit diesem zu saldieren.

Die bereinigten Werte können in einer *Fristenstrukturbilanz* gegenübergestellt werden, um Finanzierungsrisiken aufzudecken bzw. im Sinne der „Goldnen Bilanzregel" eine fristenkongruente Finanzierung darzustellen. Dabei wird davon ausgegangen, dass langfristig gebundenes Vermögen langfristig zu finanzieren ist, während kurzfristig gebundenes Vermögen kurzfristig finanziert werden kann.

Um *Finanzierungsspielräume/-defizite* zu erkennen, werden Aktiva und Passiva – rein statisch - nach ihrer Fristigkeit gegenübergestellt. Dabei werden die Aktiva nach ihrer Bindungsdauer gegliedert, wobei solche mit einer Bindungsdauer von mehr als einem Jahr als „mittel– und langfristig" ausgewiesen werden. Bei den Passiva werden nach ihrer Fristigkeit diejenigen mit einer Fristigkeit zwischen einem und fünf Jahren als „mittelfristig", diejenigen mit einer Fristigkeit von mehr als 5 Jahren als „langfristig" gezeigt.

Postenanalyse – GuV

In der GuV soll mit Hilfe der Postenanalyse ein bereinigtes Jahresergebnis ermittelt werden. Hierzu sind zunächst die Bilanzbereinigungen in der GuV nachzuvollziehen. Problematisch ist dabei, dass die erfolgsmäßigen Auswirkungen der Bilanzbereinigungen selten direkt aus der GuV ersichtlich sind und somit häufig auf eine Bestandsveränderungsrechnung anhand der Bilanz zurückgegriffen werden muss, die bei Änderungen im Konsolidierungskreis zu Analysefehlern führen kann.

Als Folge der Saldierung *aktiver latenter Steuern* ist (unter der Annahme vollständig erfolgswirksamer Bildung und Auflösung) der Ertragsteueraufwand um den Betrag einer Erhöhung/Verminderung des Bilanzpostens zu erhöhen/vermindern. Aufgrund der Saldierung eines *derivativen GoF* im Jahresabschluss ist im Aktivierungsjahr der sonstige betriebliche Aufwand entsprechend zu erhöhen, in den Folgejahren sind die Abschreibungen des GoF zu eliminieren. Resultiert der *GoF aus einem Konzernabschluss*, so sind lediglich in den Folgejahren die Abschreibungen zu

Einführung

vermindern. Wird ein *Disagio* bereinigt, so ist im Aktivierungsjahr der Zinsaufwand zu erhöhen, in den Folgejahren dann analog zu vermindern.

Werden *Aufwandsrückstellungen* in das EK umgruppiert, so sind, sofern aufgrund einer Bestandsveränderungsrechnung erkennbar, im Jahr ihrer Zunahme die sonstigen betrieblichen Aufwendungen zu vermindern, im Jahr ihrer Abnahme entsprechend die sonstigen betrieblichen Erträge zu vermindern. Bei alle Korrekturen von Erträgen und Aufwendungen in der GuV ist das Jahresergebnis entsprechend anzupassen.

Nach der Bereinigung der GuV wird mit Hilfe der *Erfolgsspaltung* versucht, die Ergebnisqualität des betrachteten Unternehmens zu beurteilen, um mit einer Schätzung des nachhaltigen Geschäftsergebnisses eine Prognosebasis zu erhalten. Hierzu werden die Aufwendungen und Erträge nach ihren Entstehungsbereichen (betriebsbedingt/nicht betriebsbedingt), ihrer Periodenzugehörigkeit (periodenzugehörig/periodenfremd) und ihrer Nachhaltigkeit (ordentlich/außerordentlich) gegliedert. Dabei erweist sich die handelsrechtliche Erfolgsspaltung (s.o.) als nur eingeschränkt aussagefähig, da aufgrund der engen Abgrenzung der außerordentlichen Erträge und Aufwendungen nachhaltige und nicht nachhaltige Aufwendungen und Erträge nur unvollkommen getrennt werden und somit das Ergebnis der gewöhnlichen Geschäftstätigkeit auch nicht nachhaltige Erfolgskomponenten enthält.

Betriebswirtschaftlich sind deshalb zunächst die *außerordentlichen Aufwendungen* um Erfolgskomponenten, die nicht nachhaltig anfallen, zu erweitern. Hierzu werden aus den sonstigen betrieblichen Aufwendungen u.a. Verluste aus Anlagenabgängen und Währungsverluste in die außerordentlichen Aufwendungen umgegliedert.

Gleiches gilt für außerplanmäßige Abschreibungen aus den „Abschreibungen auf [...] AV", den „Abschreibungen auf VG des Umlaufvermögens [...]" bzw. den Abschreibungen auf Finanzanlagevermögen sowie von Steuernachzahlungen für frühere Jahre aus dem Steueraufwand.

Die *außerordentlichen Erträge* sind durch Umgliederung aus den sonstigen betrieblichen Erträgen u.a. um Gewinne aus Anlagenabgängen/Zuschreibungen, Auflösungen von Rückstellungen, Währungsgewinne und Versicherungsentschädigungen zu erweitern. Gleiches gilt für Steuererstattungen für frühere Jahre aus dem Steueraufwand.

Künftig wird sich der Umfang derartiger Umgliederungen erhöhen, da außerordentliche Erträge und Aufwendungen nicht mehr in der GuV auszuweisen sind, sondern im Anhang Betrag und Art anzugeben sein werden (BilRUG).

Postenanalyse – Anhang und Lagebericht

Im Anhang werden insbesondere die verbalen Erläuterungen zu den Posten der Bilanz und der GuV sowie zu den angewandten Bilanzierungs- und Bewertungsmethoden im Rahmen der qualitativen Analyse der Bilanzpolitik sowie die Zusatzangaben, falls der Abschluss aufgrund besonderer Umstände kein den tatsächlichen Verhältnissen entsprechendes Bild vermittelt, untersucht.

Einführung

Ebenfalls zur qualitativen Bilanzanalyse gehört die Analyse des Lageberichts, z.B. der Angaben zum Geschäftsverlauf und zur Lage der Gesellschaft („Wirtschaftsbericht"), der voraussichtlichen Entwicklung der Kapitalgesellschaft („Prognosebericht") bzw. zu Vorgängen von besonderer Bedeutung nach Schluss des Geschäftsjahrs („Nachtragsbericht"; *künftig im Anhang (BilRUG)*).

Kennzahlensanalyse - Vermögenslage

Eine Kennzahl ist die „Kombination von Zahlen, zwischen denen Beziehungen bestehen oder [...] hergestellt werden können, (so) dass eine neue Größe gebildet wird, die im Vergleich zu den Ausgangsgrößen einen zusätzlichen Erkenntniswert besitzt" (KERTH/WOLF). Bei diesen Verhältniskennzahlen ist ein Erkenntnisgewinn nur gewährleistet, wenn die Kennzahlen sinnvoll gebildet und die in die Kennzahlen eingehenden Komponenten aussagefähig sind („garbage in garbage out").

Nach der Art ihrer Bildung unterscheidet man *vertikale Kennzahlen*, die als Verhältnis von Größen einer Bilanzseite oder innerhalb der GuV gebildet werden, *horizontale Kennzahlen* als Verhältnis von Größen aus Aktiv- und Passivseite sowie laterale Kennzahlen als Verhältnis von Größen aus Bilanz und GuV.

Vertikale Kennzahlen dienen als *Anlagen- bzw. Umlaufintensität* der *Strukturanalyse der Aktiva*. Dabei wird eine möglichst niedrige Anlagenintensität angestrebt, weil angenommen wird, dass das Illiquiditätsrisiko umso geringer und die Anpassungsfähigkeit des Unternehmens umso größer ist, je geringer der Anteil langfristig gebundenen Vermögens ist.

Der *Abschreibungsgrad des AV* dient der Feststellung der Altersstruktur, um den künftigen Investitions- und Kapitalbedarf abzuschätzen. Der Abschreibungsgrad sollte möglichst niedrig ausfallen, da dann moderne Anlagen die Marktposition sichern; außerdem sind sie notfalls leichter zu veräußern. Die Investitionspolitik des Unternehmens spiegelt sich in der *Investitions–, Abschreibungs– und Wachstumsquote* wider, hohe Werte deuten grundsätzlich auf Wachstum und „junges" Sachanlagevermögen hin, echtes Wachstum ist jedoch nur gegeben, wenn die Wachstumsquote langfristig größer als 100 % ist.

Die Verweildauer eines Postens in der Bilanz wird durch *Umschlaghäufigkeiten* bzw. *Umschlagdauern* gemessen. Zu ihnen gehören das Kundenziel und der Umschlag der fertigen Erzeugnisse. Mit dem *Kundenziel* kann die Forderungsqualität analysiert werden, da steigende Werte im Zeitvergleich Zahlungsschwierigkeiten der Kunden vermuten lassen. Die Vorratshaltung kann durch die Umschlagshäufigkeit bzw. die Umschlagsdauer der fertigen Erzeugnisse (oder der RHB-Stoffe) analysiert werden, weil im Zeitvergleich sich verschlechternde Werte Probleme bei der Vorratshaltung sowie einen steigenden Kapitalbedarf vermuten lassen.

Die *Strukturanalyse der Passiva* mit Hilfe der *Eigenkapital-* und *Fremdkapitalquote* dient dazu, die Zusammensetzung des Kapitals festzustellen, um Finanzierungsrisiken, Kreditwürdigkeit und Möglichkeiten der Beschaffung von Eigen–

und Fremdkapital zu beurteilen. Je höher die Eigenkapitalquote ausfällt, desto geringer ist die Gefahr der Überschuldung und desto einfacher ist die Beschaffung von Fremdkapital. Da jedoch EK grundsätzlich teurer als Fremdkapital ist, ist unter Rentabilitätsaspekten (Leverage–Effekt) eine möglichst niedrige Eigenkapitalquote erstrebenswert.

Analog zum Kundenziel kann auf der Passivseite das *Lieferantenziel* gemessen werden, wobei im Zeitvergleich steigende Werte Zahlungsschwierigkeiten des betrachteten Unternehmens vermuten lassen.

Kennzahlensanalyse - Finanzlage

Im Mittelpunkt der *Analyse der Finanzlage* steht die Untersuchung der (relativen) *Zahlungsfähigkeit* des Unternehmens, d.h. seiner Fähigkeit, fällige Zahlungsverpflichtungen jederzeit erfüllen zu können. Diese Existenzbedingung - und damit Nebenbedingung der Zielerreichung des Unternehmens - ist dann gegeben, wenn der Zahlungsmittelbestand zuzüglich künftiger Einzahlungen die künftigen Auszahlungen mindestens deckt.

Die Analyse kann statisch, d.h. zeitpunktbezogen erfolgen, indem Bilanzposten nach ihrer Fristigkeit gegliedert und gegenübergestellt werden. Dabei wird vereinfachend unterstellt, dass die Aktiva künftigen Einzahlungen, die Passiva künftigen Auszahlungen entsprechen. Besser geeignet ist der Vergleich von Zahlungsströmen durch die dynamische, d.h. zeitraumbezogene Betrachtungsweise, da nur er die Liquidität im Sinne jederzeitiger Zahlungsfähigkeit zutreffend abbilden kann.

Instrumente der statischen *Analyse der Fristenkongruenz* sind *Liquiditätsgrade*, um die Zahlungsfähigkeit anhand der Bilanz zu beurteilen. Möglichst hohe Ausprägungen, d.h. weitgehende Übereinstimmung in Höhe und Fälligkeit der einbezogenen Posten deuten auf gesicherte Liquidität hin, da dann die Verbindlichkeiten ($\approx$ Auszahlungen) durch liquidierbares Vermögen ($\approx$ Einzahlungen) getilgt werden könnten.

Ähnlich gebildet werden die statischen *Anlagendeckungsgrade*. Sie dienen der Analyse, ob Kapitalverwendung und –beschaffung hinsichtlich ihrer Fristenkongruenz abgestimmt sind, und beruhen - wie die Fristenstrukturbilanz - letztlich auf dem Konzept der goldenen Bilanzregel, das mindestens eine Übereinstimmung zwischen Bindungsdauer der investierten Mittel und der Kapitalüberlassungsdauer fordert. Mit gleichem Analyseziel wird der Saldo des *Working Capital* gebildet. Ist dieser langfristig finanzierte Teil des UV hoch, wird angenommen, dass die Liquidität gesichert ist, weil das kurzfristige Fremdkapital durch kurzfristig liquidierbare VG gedeckt ist. Umfassender ist der Saldo der *Nettoverschuldung*, bei der unterstellt wird, dass die Liquidität dadurch gesichert wird, dass möglichst viel Fremdkapital durch kurzfristig liquidierbare VG gedeckt ist.

Zur dynamischen *Analyse der Zahlungsströme* sind zunächst die Zahlungsströme aus der betrieblichen Tätigkeit eines Jahres, d.h. die aus Innenfinanzierung verfügbaren Zahlungsmittel, zu ermitteln. Dieser betriebliche Cash Flow kann entweder retrograd durch Korrektur des Jahresüberschusses um nicht einzahlungswirksame Erträge und nicht aus-

Einführung

zahlungswirksame Aufwendungen ermittelt oder aus einer Kapitalflussrechnung abgelesen werden. Ein hoher betrieblicher Cash Flow und damit hohe Zahlungsmittelzugänge sichern die Liquidität. Vorteilhaft ist, dass diese Kennzahl durch Bilanzpolitik nur eingeschränkt beeinflussbar ist: *„profit is an opinion, cash is fact"*.

Aufgrund unterschiedlicher Probleme bei seiner retrograden Ermittlung durch Externe - die verbleibenden Erträge und Aufwendungen werden nur z.T. in der Periode liquiditätswirksam. Zahlungen außerhalb der GuV werden ohnehin nicht erfasst - erfolgt die Analyse des Cash Flow zunehmend anhand eines eigenen Rechenwerkes, der für Konzernabschlüsse auch nach HGB vorgeschriebenen *Kapitalflussrechnung*. Sie stellt die Zahlungsströme des abgelaufenen Geschäftsjahrs gegenüber und ermittelt i.d.R. je einen Cash Flow aus laufender Geschäftstätigkeit, aus Investitionstätigkeit und aus Finanzierungstätigkeit. Der (betriebliche) Cash Flow aus laufender Geschäftstätigkeit wird dabei regelmäßig auch unternehmensintern retrograd ermittelt. Die Summe der drei Cash Flow entspricht der Veränderung der Zahlungsmittel seit dem letzten Abschlussstichtag. Auf ihrer Basis soll eine Prognose der künftiger finanziellen Überschüssen sowie der künftigen Zahlungs– und Ausschüttungsfähigkeit ermöglicht werden.

Zur Ermittlung der Kapitaldienstfähigkeit wird der *dynamische Verschuldungsgrad* gebildet, der den (fiktiven) Zeitraum (in Jahren) angibt, den das Unternehmen zur Schuldentilgung aus Innenfinanzierung benötigt. Er sollte möglichst gering ausfallen (Erfahrungswert ≤ 8 Jahre). Insbesondere im Zeitvergleich stellt er einen guten Indikator zur Insolvenzprognose dar, da in Krisensituationen die Nettoverschuldung steigt und gleichzeitig der Cash Flow sinkt.

Kennzahlensanalyse - Ertragslage

Im Rahmen der *Analyse der Ertragslage* wird die Aufwands– und Ertragsstruktur zunächst mit dem Ziel analysiert, den Anteil der verschiedenen Ergebnisquellen am Gesamtergebnis des Geschäftsjahrs zu ermitteln, um so künftige Ergebnisse prognostizieren zu können. Hierzu dienen Teilergebnisquoten wie die *Betriebsergebnisquote/Geschäftsergebnisquote*, die Finanzergebnisquote sowie die außerordentliche Quote. Eine hohe und im Zeitablauf stabile Betriebsergebnisquote gilt als positiv, da dann künftige Erfolge aus der eigentlichen Geschäftstätigkeit zu erwarten sind. Ähnliches gilt für die Geschäftsergebnisquote, da dann auch (unter Missachtung ggf. vorhandener kompensatorischer Effekte) stabile Finanzverhältnisse unterstellt werden können.

Mit Hilfe von Quoten/Intensitäten (*Materialaufwandsquote, Personalaufwandsquote, Abschreibungsquote*) kann die *Aufwandsstruktur* analysiert und damit die Bedeutung der Produktionsfaktoren (Werkstoffe, Arbeit und Betriebsmittel) beurteilt werden. Gleichzeitig können die Auswirkungen von Preis–/Mengenänderungen auf den Erfolg des Unternehmens abgeschätzt werden. Allerdings sind die Kennzahlen stark branchenabhängig und ihre Veränderungen i.d.R. auf eine Vielzahl möglicher, sich zum Teil kompensierender Einflussfaktoren zurückzuführen. Analoges gilt bei der Analyse der Aufwandsstruktur im UKV, die die Bedeutung der Funktionsbereiche (Herstellung, Vertrieb, Verwaltung, Forschung und Entwicklung) zeigt.

Einführung

Die *Analyse der Ertragsstruktur* ist auf die Bedeutung von Produkt(grupp)en, Sparten oder Regionen gerichtet. Da hierbei jedoch regelmäßig zusätzliche Angaben im Anhang benötigt werden, sind die Möglichkeiten, Kennzahlen zu ermitteln von Art und Umfang dieser Angaben abhängig. Die hierfür hilfreiche Segmentberichterstattung ist allerdings nicht einheitlich gestaltet.

Mit Hilfe von *Rentabilitätskennzahlen* soll die Ertragslage des Unternehmens im Zeitvergleich sowie im Unternehmens– oder Branchenvergleich analysiert werden. Ggf. werden entsprechend auch Richtwerte bzw. Zielgrößen ermittelt. Rentabilitätskennzahlen bilden als Verhältniszahlen zwischen Ergebnis- und Einflussgrößen jeweils Mittel–Zweck–Beziehungen ab. Wesentliche Kennzahl ist hier die *Eigenkapitalrentabilität*, die die Verzinsung des von den Anteilseignern investierten Kapitals zeigt und somit als wichtige Zielgröße gewinnmaximierender Unternehmen unterstellt werden kann. Zur Analyse kann sie mit einer langfristigen (risikofreien) Kapitalmarktrendite verglichen und die verdiente Risikoprämie gezeigt werden.

Im Gegensatz zur Eigenkapitalrentabilität wird die *Gesamtkapitalrentabilität* nicht durch die Finanzierungsstruktur beeinflusst. Sie zeigt die Verzinsung des im Unternehmen investierten Kapitals und kann als gute Prognosekennzahl mit einer langfristigen (risikofreien) Kapitalmarktrendite verglichen werden.

Für Unternehmens– und Branchenvergleiche der nachhaltigen betrieblichen Ertragskraft gut geeignet ist die *Umsatzrentabilität*, weil die einbezogenen Umsatzerlöse aus der eigentlichen Geschäftstätigkeit resultieren.

Die dargestellten Kennzahlen können in *Kennzahlensystemen*, geordneten Gesamtheit gegenseitig abhängiger und sich ergänzender Kennzahlen (KÜTING), eingesetzt werden. Zu nennen ist hier beispielhaft das Du Pont–Kennzahlensystem, das die Ausgangskennzahl (hier return on investment, ROI) rechnerisch in Unterkennzahlen zerlegt und somit Ansatzpunkte zur Verbesserung des ROI aufzeigt.

Da auch das bereinigte Betriebsergebnis durch Bilanzpolitik beeinflussbar ist, wird versucht, auch den *Cash Flow* zur Rentabilitätsanalyse heranzuziehen. Hierzu wird ein in der Regel retrograd ermittelter „ordentlicher Brutto–Cash Flow" herangezogen. Allerdings ist sein absoluter Betrag wenig aussagefähig, da er keine Ergebnisgröße ist und somit lediglich Indikatorfunktion haben kann.

Übungsaufgaben – Grundlagen

1. Die Pein & Wut GmbH (High–End Holz– und Spanplattenprodukte) bestellt im Februar eine Gattersäge, die im April geliefert wird und sofort bezahlt werden muss. Da die Pein & Wut GmbH im April eine größere Lieferung Baumstämme, die sie im März erhalten hat, bezahlen muss, nimmt sie zur Bezahlung der Gattersäge einen Kredit auf. Im Juni verarbeitet sie die Baumstämme mit der Gattersäge zu Lautsprecherboxen und Särgen und verkauft die Produkte auf Ziel an mehrere Kunden. *In welchem Monat fallen jeweils an*

		im Zusammenhang mit	
		Baumstämmen	Gattersäge
a)	Einzahlung		
b)	Auszahlung		
c)	Einnahme		
d)	Ausgabe		
e)	Ertrag		
f)	Aufwand		
g)	Leistung		
h)	Kosten		

Übungsaufgaben – Grundlagen

2. Nennen Sie jeweils ein Beispiel für Geschäftsvorfälle, die:

   a) Auszahlung, keine Ausgabe

   b) Auszahlung und Ausgabe

   c) Ausgabe, keine Auszahlung

   d) Ausgabe, kein Aufwand

   e) Ausgabe und Aufwand

   f) Aufwand, keine Ausgabe

   g) Aufwand, keine Kosten

   h) Aufwand und Kosten

   i) Kosten, kein Aufwand

   sind! Geben Sie jeweils den entsprechenden Buchungssatz an!

3. Nennen Sie jeweils ein Beispiel für Geschäftsvorfälle, die:

   a) Einzahlung, keine Einnahme

   b) Einzahlung und Einnahme

   c) Einnahme, keine Einzahlung

   d) Einnahme, kein Ertrag

   e) Einnahme und Ertrag

   f) Ertrag, keine Einnahme

   g) Ertrag, keine Leistungen

   h) Ertrag und Leistungen

   i) Leistungen, kein Ertrag

   sind! Geben Sie jeweils den entsprechenden Buchungssatz an!

Übungsaufgaben – Grundlagen

4. Die Samt AG, die im TecDax börsennotiert ist, möchte wissen, ob die folgenden Ansätze im Jahresabschluss zum 31.12.02 zulässig sind. Begründen Sie Ihre Meinung auch mit den GoB!

a) Wegen der Übersichtlichkeit weist die Samt AG Kassenbestände in Euro, Dollar und Britischen Pfund, Briefmarken, Schecks, Guthaben auf Girokonten und Festgelder unter einem Posten aus.

b) Bisher hat die Samt AG ihre Rohstoffvorräte nach dem Lifo-Verfahren bewertet, da die Einkaufspreise regelmäßig gestiegen sind und die Gewinne möglichst niedrig ausgewiesen werden sollten. Leider hat sich die Ertragslage im abgelaufenen Geschäftsjahr verschlechtert. Der Vorstand möchte wegen der Börsennotierung aber keinen geringeren Gewinn als im Vorjahr ausweisen. Deshalb soll jetzt das Fifo-Verfahren angewendet werden.

c) Die Samt AG ist an der EN – TV AG beteiligt. Da die EN – TV AG zahlungsunfähig ist und ein Insolvenzverfahren eingeleitet wurde, gibt die Samt AG die wertlose Beteiligung nicht mehr an.

d) Die Samt AG hat im Jahr 02 eine Maschine (Kaufpreis T€ 250) erhalten, für die sie bereits eine Anzahlung i.H.v. T€ 150 geleistet hatte. Der Hersteller hat sich allerdings das Eigentum bis zur vollständigen Zahlung des Kaufpreises vorbehalten. Die Samt AG bilanziert diese Maschine deshalb nur mit dem angezahlten Betrag.

e) Die Samt AG hat eine Forderung aus Warenlieferungen gegenüber der ASLE – AG i.H.v. T€ 50 und schuldet ihr aus Rohstoffbezug T€ 30. Deshalb bilanziert sie nur eine Forderung i.H.v. T€ 20.

f) Die anderen aktivierten Eigenleistungen in der GuV enthielten (T€):

- Herstellungskosten für selbsterstellte geringwertige Wirtschaftsgüter, die einzeln € 150 nicht übersteigen (und deshalb gemäß § 6 II EStG nach ihrer Aktivierung sofort voll abgeschrieben worden sind)   30
- Kosten für die eigene Verfahrensentwicklung, die zu Qualitätsverbesserungen in der Produktion führen   5
- Kosten selbstvorgenommener Großreparaturen   20

Zulässig?

g) Die Samt AG hat den Handwerker Alweiskomleit (A) mit der Reparatur einer Maschine zum Festpreis i.H.v. € 2.500 beauftragt. Zwar kann A die Reparatur erst am 5. Januar 03 ausführen, aber die Samt AG passiviert die Verbindlichkeit bereits 02.

Übungsaufgaben – Grundlagen

h) Das vor 10 Jahren erworbene Firmengrundstück steht noch immer mit den Anschaffungskosten von T€ 20 in der Bilanz. Der Marktwert des Grundstücks beträgt mittlerweile T€ 160. Der Vorstand möchte diesen Marktwert ausweisen, um ein den tatsächlichen Verhältnissen entsprechendes Bild der Vermögenslage darzustellen.

i) Unter den Wertpapieren des Umlaufvermögens weist die Samt AG Aktien aus. Der Kurs einiger Papiere ist unter den Anschaffungspreis gesunken, andere sind dagegen über ihren Anschaffungspreis gestiegen. Da sich Kursgewinne und –verluste ausgleichen, setzt die Samt AG die Aktien mit dem gleichen Wert wie im Vorjahr an. (Alle Aktienkurse in €.)

j) Unter den Erträgen aus anderen Wertpapieren des Finanzanlagevermögens weist die Samt AG den Ertrag aus dem Verkauf festverzinslicher Wertpapiere mit einer Laufzeit von 10 Jahren i.H.v. T€ 2 aus. Diese Wertpapiere dienten zur kurzfristigen Liquiditätsanlage.

5. Nennen Sie je zwei Beispiele für Vermögensteile, die

a) nicht abstrakt aktivierungsfähig sind;

b) zwar abstrakt aktivierungsfähig sind, aber nicht aktiviert werden dürfen;

c) nicht abstrakt aktivierungsfähig sind, aber konkret aktivierungspflichtig;

d) konkret aktivierungsfähig, aber nicht aktivierungspflichtig sind.

6. Ist das Patent abstrakt und / oder konkret aktivierungsfähig?

HiFi-Studio Betreiber S aus Rheinbach hat in stillen Stunden eine neue Generation von Hifi–Lautsprechern (Mega–Beat) entwickelt. Der Schalldruck ist so gewaltig, dass er auf diese Erfindung vom Europäischen Patentamt ein Patent erhält, an dem bereits der japanische Hersteller SoNie! Interesse angemeldet hat.

7. Prüfen Sie die Aktivierungsfähigkeit des zu bildenden Abgrenzungspostens!

Hifi-Studio Betreiber S zieht in gemietete Räume um. Die Miete (€ 1.000/Monat) für November bis Januar zahlt er bereits Ende Oktober. Im Mietvertrag wird eine Untervermietung der Räume ausgeschlossen. Geben Sie den entsprechenden Buchungssatz an!

– L –

Übungsaufgaben – Aktiva

8. Wer muss in folgendem Fall bilanzieren?

Hifi-Studio Betreiber S hat einen größeren Posten DVD-Player bei SoNie! bestellt, die am 30.11. geliefert werden. SoNie! liefert die Geräte unter Eigentumsvorbehalt. S hat die Rechnung bis zum Jahresende noch nicht bezahlt. Da das Weihnachtsgeschäft schlecht war, liegen die Geräte immer noch wie Blei im Lager.

9. HiFi–Studio Besitzer S ist verwirrt: Wo er nur hinschaut, findet er in der Bilanzgliederung des § 266 HGB den Posten „Geleistete Anzahlungen". Er ist der Ansicht, dass „geleistete Anzahlungen" Forderungen darstellen und deshalb in einem Posten zusammengefasst werden müssen. Er murmelt noch etwas von „Grundsatz der Klarheit". Seine Praktikantin A. Kaunting, die in Rheinbach an der HS im 4. Semester BWL studiert, ist anderer Meinung – sie findet den Ausweis „voll in Ordnung", wie sie S kurz und knapp per SMS mitteilt. **Wer hat recht? Begründen Sie Ihre Meinung!**

10. Wie sind die Boxen im handels– und steuerrechtlichen Jahresabschluss von T. zu behandeln?

HiFi–Händler S verkauft ein Paar seiner neuen Boxen „Mega-Beat" (Verkaufspreis: € 20.000) an den Rheinbacher Gastronomen Walter Tschüssikowski (T). Da T kein Bargeld im Haus hat, tauscht S die Boxen gegen 6 Flaschen Chateau Mouton Rothschild, Jahrgang 1945, die in einer Ecke des Weinkellers von T vergessen wurden.

Der Rotwein wurde von T 1948 zum Preis von insgesamt (umgerechnet) € 600 erworben – sein aktueller Wert dürfte bei ca. € 130.000 liegen.

11. Wie ist der Umsatzbonus im Jahresabschluss zu behandeln?

HiFi-Studio Betreiber S. erhält von SoNie! einen Umsatzbonus von € 15.000. Im vergangenen Jahr hat er 450 DVD-Player, 300 CD-Player und 35 Fernseher von SoNie! verkauft.

12. Wie ist der Mengenrabatt im Jahresabschluss zu behandeln?

HiFi-Studio Betreiber S erhält von SoNie! beim Kauf von 450 DVD-Playern, 300 CD-Playern und 35 Fernsehern im Werte von € 300.000 einen Mengenrabatt von 5 %, d.h. € 15.000.

Übungsaufgaben – Aktiva

13. Wie ist das Skonto im Jahresabschluss zu behandeln? *Diskutieren Sie alternative Ausweismöglichkeiten und geben dabei auch die Buchungssätze an!*

SoNie! gewährt dem HiFi-Studio Betreiber S beim Kauf von 450 DVD-Playern, 300 CD-Playern und 35 Fernsehern im Werte von € 300.000 bei Zahlung innerhalb von 30 Tagen einen Skontoabzug von 3 %, d.h. € 9.000.

14. Welche Kostenbestandteile sind aktivierungsfähig?

S produziert immer noch die neuen Lautsprecherboxen „Mega-Beat". Zur Oberflächenbeschichtung der Bretter hat er sich eine Beschichtungsanlage gekauft, die T€ 100 gekostet hat, über 10 Jahre linear abgeschrieben wird und die im Jahr Bretter für 10.000 Boxen verarbeiten kann (Normalbeschäftigung).

Wie hoch sind Nutzkosten und die Leerkosten jeweils insgesamt und pro Stück bei einer Produktionsmenge von:

Produktionsmenge [Stück]	Nutzkosten [€]	Nutzkosten [€ pro Stück]	Leerkosten [€]	Leerkosten [€ pro Stück]
10.000				
5.000				
1.000				

15. Die SoNie! GmbH produziert verschiedene Smartphones. Nach einem sehr erfolgreichen Werbefeldzug ist der Absatz von Smartphones stark gestiegen. Zur Gewährleistung jederzeitiger Lieferbereitschaft gegenüber Großkunden musste der Lagerbestand deutlich erhöht werden. Die Geschäftsführung möchte nun am Jahresende den Gewinn möglichst niedrig ausweisen. Der Buchhalter der SoNie! GmbH, Feik Seriports, der diese Stelle gerade erst angetreten hat, ist noch etwas unsicher. **Er bittet Sie um die Beantwortung folgender Fragen:**

a) In welcher Weise kann er den Gewinn durch die Bewertung der am Jahresende auf Lager liegenden Smartphones beeinflussen?

b) Welche der folgenden Aufwendungen soll er in die Herstellungskosten dieser Smartphones in der Handelsbilanz einbeziehen?

- Kosten der bezogenen Gehäuse
- stückbezogene Gebühren für eine Produktionslizenz
- Lagerkosten der fertigen Smartphones
- anteilige Kosten für Büromaterial der SoNie! GmbH
- Kosten des Werbefeldzugs für die Smartphones

c) Kann er die Smartphones mit demselben Wert auch in der Steuerbilanz ansetzen?

d) Der frühere Buchhalter hat alle auf Lager liegenden Erzeugnisse immer mit den höchst möglichen Herstellungskosten aktiviert. Muss der neue Buchhalter genauso vorgehen?

e) Im Personalbüro wurde ein Smartphone gebraucht, das aus der Produktion des hier betrachteten Geschäftsjahres genommen wurde. Welche handelsrechtlichen Bilanz– und GuV–Posten (GKV) sind von diesem Geschäftsvorfall betroffen?

16. Wie sind die Forschungs- und Entwicklungskosten im Jahresabschluss der SoNie! Germania GmbH zu behandeln, wenn selbst geschaffene immaterielle Vermögensgegenstände angesetzt werden?

Aufgrund des großen Erfolges der Boxen „Mega-Beat" bei der Rheinbacher „Kuschel-Parade" erwirbt das deutsche Tochterunternehmen des japanischen Herstellers SoNie!, die SoNie! Germania GmbH, von dem HiFi-Studio Betreiber S eine Lizenz für T€ 20, um mit der einzigartigen Technologie die Neuentwicklung von Boxen voranzutreiben. Für die Entwicklung des Typs „Mega-Smooch" sind bei der SoNie! Germania GmbH Personalkosten in Höhe von T€ 50 entstanden. Außerdem experimentiert eine Projektgruppe der SoNie! Germania GmbH mit möglichen neuen Materialien (schweißecht / bierecht / tanzecht) für deren Gehäuse. Hierfür sind Personalkosten in Höhe von T€ 10 entstanden.

17. Wie hat S. die DVD–Player im Jahresabschluss zu bewerten?

HiFi-Studio Besitzer S aus Rheinbach hat Pech. Er hat im Jahr 01 von seinem japanischen Lieferanten SoNie! eine Lieferung DVD–Player zum Preis von € 40 / Stück erworben. Der Verkaufspreis liegt bei € 69,99. Kurz vor Jahresende entnimmt S – das Weihnachtsgeschäft ist gerade gelaufen – dem neuen Katalog von SoNie!, dass die Preise für DVD-Player dieses Modells auf € 20 gesenkt wurden. Der „Straßenpreis" in Rheinbach – auch bei „Jupiter" – liegt immer noch bei rd. € 70 / Stück.

Übungsaufgaben – Aktiva

18. **Muss SoNie! – die Absatzpreise sind ja für die Gesellschaft gefallen – jetzt die in Nagasaki auf Lager liegenden DVD–Player–Bestandteile, die noch nicht verarbeitet wurden, abschreiben?**

19. Es kommt wie es kommen muss: „Jupiter" will die unliebsame Konkurrenz aus Rheinbach vertreiben und senkt die Verkaufspreise für SoNie! DVD–Player zum 31.12.01 auf € 15. **Mit welchen Werten kann / muss S. die DVD–Player zum 31.12.01 bilanzieren?**

20. Wegen der Restbestände an DVD-Spielern aus der Lieferung im Jahr 01 verhandelt S – ganz diskret – im Jahr 02 mit dem Geschäftsführer von „Jupiter". Unter Einschaltung seines Freundes Don Corleone und mit einem Essen beim Italiener gelingt es ihm, den Geschäftsführer davon zu überzeugen, dass für beide Geschäfte in Rheinbach Platz ist. Man einigt sich, die Preise für DVD–Player von SoNie! im Jahr 02 auf € 70 anzuheben. **Mit welchen Werten kann/muss S. die DVD–Player zum 31.12.02 handels- und steuerrechtlich bilanzieren?**

21. **Stellen Sie den Anlagenspiegel für die Posten Grundstücke und Gebäude für 03 auf!**

    - Anschaffungskosten Grund und Boden im April 00: T€ 100
    - Herstellungskosten des Gebäudes im April 00: T€ 1.000; planmäßige Abschreibung jährlich 2 % der HK
    - Erweiterungsbau: Im Oktober 03 fertiggestellt für T€ 500

Bilanzposten	AK / HK	Zug. Gj	Abg. Gj	Umb. Gj	Zuschr. Gj	Abschr. (kumul.)	RBW 31.12.03	RBW Vj	Abschr. Gj
	I	II	III	IV	V	VI	VII	VIII	IX
Grundstücke									
Bauten									

22. **Stellen Sie den Anlagenspiegel für 03 auf!**

    - fünf Maschinen (Anschaffungskosten Januar 00 je T€ 500) werden mit je T€ 50 jährlich abgeschrieben
    - zwei Maschinen sind Ende 03 verschrottet worden

Übungsaufgaben – Aktiva

Bilanz-posten	AK / HK	Zug. Gj	Abg. Gj	Umb. Gj	Zuschr. Gj	Abschr. (kumul.)	RBW 31.12.03	RBW Vj	Abschr. Gj
	I	II	III	IV	V	VI	VII	VIII	IX
Maschinen									

23. Stellen Sie den Anlagenspiegel für 03 auf!

- im Jahr 02 wurde mit der Selbsterstellung von Sachanlagen begonnen, HK bis zum 31.12.02: T€ 1.000
- bis Inbetriebnahme im Juni 03 entstehen weitere T€ 500 aktivierungspflichtige Aufwendungen
- Abschreibung: linear über fünf Jahre

Bilanz-posten	AK / HK	Zug. Gj	Abg. Gj	Umb. Gj	Zuschr. Gj	Abschr. (kumul.)	RBW 31.12.03	RBW Vj	Abschr. Gj
	I	II	III	IV	V	VI	VII	VIII	IX

– LV –

Übungsaufgaben – Aktiva

24. Stellen Sie den Anlagenspiegel für 02 und 03 auf!

- Kauf einer Beteiligung an einer Kapitalgesellschaft im Wert von T€ 300 im Jahr 00
- außerplanmäßige Abschreibung im Geschäftsjahr 01 in Höhe von T€ 200
- im Geschäftsjahr 02 sind die Gründe für die Wertminderung weggefallen; es ist zuzuschreiben

Bilanzposten	AK / HK	Zug. Gj	Abg. Gj	Umb. Gj	Zuschr. Gj	Abschr. (kumul.)	RBW 31.12.	RBW Vj	Abschr. Gj
	I	II	III	IV	V	VI	VII	VIII	IX
Beteiligung 02									
Beteiligung 03									

25. Erstellen Sie den Anlagenspiegel zum 31. Dezember 03 für den Posten Fuhrpark und Beteiligungen anhand der folgenden Informationen!

- Die Hifi–Studio Rheinbach GmbH, bilanziert in ihrem Anlagevermögen die folgenden drei Fahrzeuge sowie die Beteiligung an der Ruhesanft AG, St. Augustin:

Fahrzeug	Anschaffungs-zeitpunkt	Anschaffungskosten (€)	Nutzungsdauer (Jahre)	Abschreibungs-methode
1	Januar 01	48.000	8	linear
2	Januar 02	15.000	3	linear
3	Juli 03	30.000	6	linear

- Fahrzeug 2 ist gebraucht erworben und wird nur für Sonderfahrten (Rheinbacher Kuschel–Parade) eingesetzt. Daher wurde im Jahr 02 zusätzlich eine außerplanmäßige Abschreibung in Höhe von € 5.000 vorgenommen. Fahrzeug 01 wurde im Juni 03 für € 5.000 verkauft.

Übungsaufgaben – Aktiva

Beteiligungen	Anschaffungszeitpunkt	Anschaffungskosten (€)
Ruhesanft AG	Januar 00	100.000

- Die Beteiligung an der „Ruhesanft AG" musste im Jahr 01 wegen nachhaltiger Unrentabilität um € 50.000 abgeschrieben werden. Da im Jahr 02 der Hauptkonkurrent, die Pietät „Ohnesorg" GmbH überraschend Konkurs anmelden musste, hat die „Ruhesanft AG" ab 02 in St. Augustin eine Monopolstellung. Zudem wurde in der Nähe des Geschäftssitzes eine Seniorenresidenz „Vorgebirgsblick" errichtet. Der Abschreibungsgrund ist damit im Jahr 02 entfallen.

Bilanzposten	AK / HK	Zug. Gj	Abg. Gj	Zuschr. Gj	Abschr. (kumul.)	RBW 31.12.03	RBW Vj	Abschr. Gj
Kfz 1								
Kfz 2								
Kfz 3								
BGA								
Beteiligung								

26. Die SoNie! GmbH plant, eine Produktionsstätte in Köln zu errichten. Aus diesem Grund beabsichtigt sie unter anderem, ihr Eigenkapital durch die Aufnahme zusätzlicher Gesellschafter zu erhöhen. Deshalb möchte die Gesellschaft im Jahresabschluss zum 31. Dezember 01 einen möglichst hohen Jahresüberschuss und eine möglichst hohe Eigenkapitalquote ausweisen. **Sie werden als Leiter des Rechnungswesens beauftragt, den Jahresabschluss 01 entsprechend zu gestalten.**

Übungsaufgaben – Aktiva

Beantworten Sie die nachfolgenden Fragen unter Beachtung dieser beiden Zielsetzungen im Rahmen der Vorschriften des HGB. Falls gesetzliche Wahlrechte bestehen, nutzen Sie diese im Hinblick auf die Zielsetzungen. Es handelt sich um die Handelsbilanz, steuerrechtliche Ansatz- und Bewertungsvorschriften sind nicht zu berücksichtigen.

1. Am 1. Oktober erwirbt die SoNie! GmbH ein Betriebsgrundstück, um darauf eine Lagerhalle zu errichten. Der Kaufpreis betrug € 900.000. Außerdem wurden noch im Jahr 01 Maklergebühren in Höhe von € 36.000 zuzüglich 19 % USt, Notarkosten in Höhe von € 7.250 zuzüglich 19 % USt und Erschließungskosten in Höhe von € 25.000 zuzüglich 19 % USt fällig. Die Grunderwerbsteuer beträgt 5 %, die anteilige Grundsteuer für das laufende Jahr € 1.550.

   Der Erwerb wird am 1. November von ihrer Hausbank zu folgenden Konditionen finanziert: Darlehnsbetrag € 900.000, Laufzeit 10 Jahre, Auszahlung 98 %, Nominalzins 5 %. Die Zinsen sind jeweils im Voraus halbjährlich zu zahlen. Der erste Zinszahlungstermin ist der 1. November 01.

   a) Berechnen Sie den aktivierungspflichtigen Betrag für dieses Grundstück. Erläutern Sie Ihre Vorgehensweise.

   b) Erläutern Sie die Behandlung der Zinsen am 1. November 01 und am 31. Dezember 01. Geben Sie jeweils einen Buchungssatz an.

   c) Welche Möglichkeiten bestehen für die Behandlung des Disagios und wie behandeln Sie es im vorliegenden Fall?

2. Für das Kunststoffgranulatlager der SoNie! GmbH sind in der Buchhaltung folgende Bewegungen erfaßt worden:

Datum	Bewegung	Menge (t)	Preis pro t (€)
01.01.01	Anfangsbestand	1.200	100
30.03.01	Zugang	1.000	110
01.07.01	Abgang	1.700	
15.10.01	Zugang	1.500	106

Der Marktpreis am 31. Dezember 01 beträgt € 102 pro t.

Übungsaufgaben – Aktiva

a) Berechnen Sie den Wert des Kunststoffgranulatvorrats nach der FIFO– und nach der LIFO–Methode. Unterscheiden Sie bei der LIFO– Methode nach dem permanenten und dem Perioden–LIFO–Verfahren!

b) Unter welchem Bilanzposten und mit welchem Wert setzen Sie den Vorrat in der Bilanz zum 31. Dezember 01 an? Begründen Sie kurz Ihr Vorgehen.

27. Wie muss die SoNie! GmbH ihre Forderung in fremder Währung am 1.12.01, am 31.12.01 und am 31.12.02 bewerten? Geben Sie ggf. die Buchungssätze an.

Die SoNie! GmbH liefert einem treuen Kunden in den USA am 1. Dezember 01 (Devisenkassabriefkurs: € 1 = USD 1,50) DVD-Player für insgesamt TUSD 600 auf Ziel und gewährt 15 Monate Zahlungsziel.

Wie hoch ist der Buchwert der Forderung, wenn der Devisenkassamittelkurs

a) am 31.12.01 und am 31.12.02 € 1 = USD 1,60 oder

b) am 31.12.01 und am 31.12.02 € 1 = USD 1,25 beträgt?

28. Wie ist folgender Sachverhalt im Jahresabschluss abzubilden? Prüfen Sie dabei die drei Kriterien des Passivierungsgrundsatzes.

Hifi–Studio Besitzer S ist glücklich: Aufgrund des Bierkonsums der DJs („eins für mich, eins für dich und eines für die Maxi–Single") der Rheinbacher „Kuschel–Parade" sind die Plattenspieler auf den Wagen jedes Jahr zu ersetzen. Die Veranstalterin, Frau Sarah Surrt, hat sich im Jahr 01 verpflichtet, in den nächsten 3 Jahren (ab 02) die auf den Wagen verwendeten SoNie! Plattenspieler - insgesamt 100 Stück p.a. – allein von S zu beziehen. Als Preis wird € 500 / Stück fixiert, der Einkaufspreis liegt für S bei € 400. Am 30.12.01 teilt SoNie! dem S mit („Bevorraten Sie sich jetzt!!"), dass die Preise in den Jahren 02 – 04 jedes Jahr um € 100 erhöht werden müssen. Aufgrund seiner begrenzten finanziellen Möglichkeiten sieht S jedoch keine Möglichkeit, einen Lagerbestand an Plattenspielern aufzubauen.

Übungsaufgaben – Passiva

29. Wie muss die SoNie! GmbH ihre Verbindlichkeit in fremder Währung am 1.12.01, am 31.12.01 und am 31.12.02 bewerten?

Die SoNie! GmbH hat von einem Lieferanten aus Japan am 1. Dezember 01 (Devisenkassageldkurs: € 1 = JPY 130) DVD-Player für insgesamt JPY 2,6 Mio. auf Ziel bezogen; Zahlungsziel: 15 Monate.

Wie hoch ist der Buchwert der Verbindlichkeit, wenn der Devisenkassamittelkurs

a) am 31.12.01 und am 31.12.02 € 1 = JPY 162,50 oder

b) am 31.12.01 und am 31.12.02 € 1 = JPY 100,00 beträgt?

30. Erläutern Sie die Behandlung folgender Geschäftsvorfälle im handelsrechtlichen Jahresabschluss der Katerbräu AG zum 30.09.01, der am 15. Januar 02 aufgestellt wurde (Angabe der gesetzlichen Vorschriften und Buchungssätze).

a) Ein Förderband in der Abfüllung kann durch einen Schaden Mitte September 01 nur noch mit verminderter Geschwindigkeit laufen. Da ein zweites Band gerade erneuert wird, soll der Schaden erst behoben werden, wenn diese Erneuerung abgeschlossen ist, voraussichtlich Ende November. Deshalb wird ein Reparaturauftrag für Anfang Dezember 01 erteilt, der im Oktober 01 bestätigt wird. Die Kosten werden etwa € 10.000 betragen. Aufgrund von Verzögerungen bei der Banderneuerung wird die Reparatur erst in der ersten Januarwoche 02 abgeschlossen.

b) Eine kleine Brücke auf dem Betriebsgelände kurz vor der Hauptausfahrt muss regelmäßig ausgebessert werden. Zuletzt ist dies im September 00 geschehen. Die nächste Reparatur, die im September 04 vorgesehen ist, wird schätzungsweise € 240.000 kosten.

31. Erklären Sie, wie folgender Sachverhalt im handelsrechtlichen Jahresabschluss der Lepo AG für das Jahr 03 zu berücksichtigen ist!

- Die Lepo AG, Nasenhausen, hat eine neue Generation ihres beliebten Mittelklasse – Kombis „Artcev" entwickelt und im Jahr 00 erfolgreich auf dem Markt eingeführt. Die Gesellschaft hat in den Jahren 00 – 03 einen erheblichen Teil ihrer Kapazität für das neue Produkt eingesetzt. Der Listenpreis beträgt für die Händler € 35.000 je Kombi. Auf den Kombi einschließlich Motor leistet Lepo zwei Jahre Garantie.

Übungsaufgaben – Passiva

- Im Sommer 03 mehren sich die Reklamationen der Händler. Sie betreffen Motoren der in den Jahren 00 und 01 gelieferten Kombis. Für alle beanstandeten Motoren liefert die Gesellschaft unentgeltlich neue Motoren. Das verursacht Kosten von € 5.000 je Motor. Eine Untersuchung ergibt, dass seit dem Frühjahr 00 ein Zulieferer minderwertige Zahnriemen geliefert hat, die in den Jahren 00 und 01 in etwa 30.000 Motoren eingebaut worden sind. Alle diese Motoren sind inzwischen in „Artcevs" eingebaut und (an Händler) verkauft worden. Daher ist mit einer starken Zunahme der Reklamationen im Jahr 04 zu rechnen.

- Die Geschäftsführung der Lepo AG fürchtet um den guten Ruf der Firma und den künftigen Absatz der „Artcevs". Deshalb beschließt sie im Jahr 03, mangelhafte Motoren auch nach Ablauf der Garantiefrist auszutauschen. Am Jahresende 03 sind alle bisher geltend gemachten Gewährleistungsansprüche befriedigt, insgesamt 10.000 Motoren ausgetauscht worden. Im Januar / Februar 04 wird die Gesellschaft in den Motoren der bei den Händlern lagernden Artcevs den Zahnriemen auswechseln. Diese Bestände werden auf 10.000 Stück geschätzt. Diese Aktion wird vermutlich € 2.000.000 kosten.

32. Wie muss die Hifi–Studio Rheinbach AG ihr Eigenkapital ausweisen?

- Gezeichnetes Kapital: € 500.000; davon eingezahlt: € 300.000
- von den noch nicht eingezahlten € 200.000 sind € 50.000 eingefordert

gemäß § 272 I S. 3 HGB (alle Zahlenangaben in T€)

Aktiva				Passiva

Übungsaufgaben – Eigenkapital

33. Das Eigenkapital der HiFi–Studio Rheinbach AG setzte sich zum 31.12.01 vor Aufstellung des Jahresabschlusses folgendermaßen zusammen:

Eigenkapital zum 31.12.01	T€
A. Eigenkapital	
I. Gezeichnetes Kapital	10.000
II. Kapitalrücklage	500
III. Gewinnrücklagen	
1. gesetzliche Rücklage	400
2. andere Gewinnrücklagen	600
IV. Gewinnvortrag (aus dem Vorjahr)	20
V. Jahresfehlbetrag (aus dem laufenden Geschäftsjahr)	–70
	11.450

Folgende Geschäftsvorfälle sind noch zu berücksichtigen:

- Im Geschäftsjahr 01 erwarb die AG eigene Aktien im Wert von T€ 25 (Nennwert T€ 20).
- Der Bilanzverlust soll vorgetragen werden.
- Im Geschäftsjahr 02 wurde ein Jahresüberschuss von T€ 250 erzielt. § 150 II AktG ist einzuhalten: „In … [die gesetzliche Rücklage] ist der zwanzigste Teil des um einen Verlustvortrag aus dem Vorjahr geminderten Jahresüberschusses einzustellen, bis die gesetzliche Rücklage und die Kapitalrücklagen … zusammen den zehnten … Teil des Grundkapitals erreichen."

a) *Geben Sie den Eigenkapitalausweis der HiFi–Studio Rheinbach AG zum 31.12.01 an! Erläutern Sie den Ausweis bitte kurz unter Angabe der gesetzlichen Vorschriften.*

Übungsaufgaben – Eigenkapital

Ausweis des Eigenkapitals zum 31.12.01   T€

A. Eigenkapital
    I. Gezeichnetes Kapital
       ./. eigene Anteile
    II. Kapitalrücklage
    IV. Gewinnrücklagen
       1. gesetzliche Rücklage
       2. andere Gewinnrücklagen
    IV. Bilanzverlust

---

b) *Wenn Vorstand und Aufsichtsrat den Jahresabschluss feststellen, können sie (höchstens) die Hälfte des um den Verlustvortrag und Einstellungen in die gesetzliche Rücklage geminderten Jahresüberschusses (§58 II AktG), also T€ 95, in die anderen Gewinnrücklagen einstellen. Geben Sie den Eigenkapitalausweis der HiFi–Studio Rheinbach AG unter Berücksichtigung dieser teilweisen Verwendung des Jahresergebnisses zum 31.12.02 an! Erläutern Sie den Ausweis bitte kurz unter Angabe der gesetzlichen Vorschriften.*

Ausweis des Eigenkapitals zum 31.12.02   T€

A. Eigenkapital
    I. Gezeichnetes Kapital
       ./. eigene Anteile
    II. Kapitalrücklage
    V. Gewinnrücklagen
       1. gesetzliche Rücklage
       2. andere Gewinnrücklagen
    IV. Bilanzgewinn

Übungsaufgaben – besondere Bilanzposten

34. Wie ist der Geschäfts– oder Firmenwert zu bilanzieren?

Der Einzelkaufmann S. – Hifi–Studio in Rheinbach und Bestattungsunternehmen in St. Augustin – hat keinen Nachfolger für sein HiFi–Studio gefunden: Sein Sohn N zeigt nur Interesse an der Fortführung des Bestattungsunternehmens. Deshalb verkauft er das HiFi–Studio Anfang 01 an die Jupiter GmbH, die auch den Firmenwert aktiviert. Der Zeitwert der übernommenen Vermögensgegenstände beträgt T€ 2.000, der Zeitwert der übernommenen Schulden T€ 1.000 und der Kaufpreis T€ 1.300. In der Handelsbilanz soll der Geschäfts- oder Firmenwert (GoF) über 5 Jahre abgeschrieben werden. Die GmbH rechnet mit einem Ertragsteuersatz von 50 %.

a) Geben Sie die Buchungen der Jupiter GmbH im Zusammenhang mit dem Unternehmenserwerb an.

b) Ermitteln Sie die handels- und steuerrechtlichen Abschreibungen des Firmenwerts bei der Jupiter-GmbH und geben Sie die jeweilgen Buchungssätze im Jahr 01 an.

c) Ermitteln und buchen Sie die latenten Steuern!

35. Setzen Sie aktive latente Steuern an und lösen diese wieder auf! Geben Sie die Buchungssätze an!

- Bildung (im Jahr 01) und Auflösung (im Jahr 02) einer steuerrechtlich nicht anerkannten Drohverlustrückstellung (T€ 100) in der Handelsbilanz.
- Steuersatz 45%

Steuerbilanz 01	Handelsbilanz 01

Übungsaufgaben – besondere Bilanzposten

Steuerbilanz 02	Handelsbilanz 02

36. *Setzen Sie passive latente Steuern an und lösen diese wieder auf!* **Geben Sie die Buchungssätze an!**

- Aktivierung einer selbsterstellten Software (§ 248 II S. 1 HGB, in der Steuerbilanz nicht zugelassen) im Jahr 01, Herstellungskosten: T€ 100.
- Außerplanmäßige Vollabschreibung (T€ 100) dieser Software im Jahr 02 (§ 253 I S. 1, III S. 3 HGB)
- Steuersatz 50 %

Steuerbilanz 01	Handelsbilanz 01

Übungsaufgaben – besondere Bilanzposten

Steuerbilanz 02	Handelsbilanz 02

Übungsaufgaben – Gewinn- und Verlustrechnung

37. Die neugegründete Katerbräu AG in Plieskasl bei München produziert zwei Biersorten („Tierwil", „Örly Coloun"), die sie in den Jahren 01 und 02 zum Preis von € 10 pro Kasten verkauft. In beiden Jahren beträgt die Herstellungskostenuntergrenze € 3 pro Kasten, angemessene Teile der allgemeinen Verwaltungskosten betragen € 5 pro Kasten. Im Jahr 01 produziert die Katerbräu AG 100.000 Kästen und verkauft 40.000, im Jahr 02 produziert sie 100.000 Kästen und verkauft 160.000.

a) Ermitteln Sie für die Geschäftsjahre 01 und 02 jeweils die entsprechenden Posten der Bilanz und der Gewinn- und Verlustrechnung – sowohl nach dem GKV als auch nach dem UKV, wenn die Katerbräu AG ihre Vorräte mit den höchstmöglichen Herstellungskosten bewertet.

Bilanz 01 (T€)			
Vorräte		Jahresergebnis	

GKV 01 (T€)		UKV 01 (T€)	
Umsatzerlöse		Umsatzerlöse	
Bestandserhöhungen		Herstellungskosten	
versch. Aufwendungen		allg. Verwaltungskosten	
Jahresergebnis		Jahresergebnis	

Bilanz 02 (T€)			
Vorräte		Jahresergebnis	

GKV 02 (T€)		UKV 02 (T€)	
Umsatzerlöse		Umsatzerlöse	
Bestandsminderungen		Herstellungskosten	
versch. Aufwendungen		allg. Verwaltungskosten	
Jahresergebnis		Jahresergebnis	

Übungsaufgaben – Gewinn- und Verlustrechnung

b) Ermitteln Sie die gleichen Posten wie unter a, wenn die Katerbräu AG ihre Vorräte zur Herstellungskostenuntergrenze bewertet.

Bilanz 01 (T€)	
Vorräte	Jahresergebnis

GKV 01 (T€)		UKV 01 (T€)	
Umsatzerlöse		Umsatzerlöse	
Bestandserhöhungen		Herstellungskosten	
versch. Aufwendungen		allg. Verwaltungskosten	
Jahresergebnis		Jahresergebnis	

Bilanz 02 (T€)	
Vorräte	Jahresergebnis

GKV 02 (T€)		UKV 02 (T€)	
Umsatzerlöse		Umsatzerlöse	
Bestandsminderungen		Herstellungskosten	
versch. Aufwendungen		allg. Verwaltungskosten	
Jahresergebnis		Jahresergebnis	

c) Erläutern Sie kurz die Auswirkungen der unterschiedlichen Bewertung der Vorräte auf den Jahresabschluss.

Übungsaufgaben – Konzernrechnungslegung

38. Das folgende Schaubild zeigt die Unternehmensverflechtungen der Jupiter Gruppe zum 31.12.01. Die im Schaubild angegebenen Prozentangaben entsprechen den Kapital- und Stimmrechtsanteilen.

a) Erklären Sie unter Angabe der handelsrechtlichen Vorschriften, ob die Jupiter AG, die So-Nie! GmbH und die Bo-So S.A. verpflichtet sind, einen Konzernabschluss nach HGB aufzustellen.

b) Erläutern Sie, welche der unten genannten Unternehmen in einen Konzernabschluss der Jupiter AG einbezogen werden müssen, können oder nicht einbezogen werden dürfen.

c) Erläutern Sie, wie diejenigen Unternehmen im Konzernabschluss der Jupiter AG zu behandeln sind, die gegebenenfalls nicht einbezogen werden.

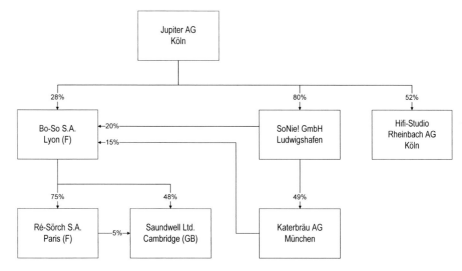

- Die Katerbräu AG hält 4% eigene Anteile.
- Die für die Konsolidierung der HiFi-Studio Rheinbach AG erforderlichen Informationen können nur mit unverhältnismäßig hohen Kosten beschafft werden.
- Die Ré-Sörch S.A. ist ein noch im Aufbau befindliches Unternehmen, das ausschließlich Forschungsarbeiten durchführt. Für die Verpflichtung, ein den tatsächlichen Verhältnissen entsprechendes Bild der Vermögens-, Finanz- und Ertragslage des Jupiter Konzerns zu vermitteln, ist es von untergeordneter Bedeutung.

Übungsaufgaben – Konzernrechnungslegung

39. *Die Jupiter AG (J), Köln, hat zum 31.12.00 zwei Drittel der Anteile an der SoNie! GmbH (S), Köln, für T€ 152 erworben.*

Führen Sie die Erstkonsolidierung zum 31.12.00 und die Folgekonsolidierung zum 31.12.01 durch und erstellen die Konzernabschlüsse in den folgenden Schemata. Erläutern Sie jede Konsolidierungsbuchung!

Bei der Folgekonsolidierung zum 31.12.01 sind folgende Geschäftsvorfälle zu berücksichtigen:

- J hat S am 1.1.01 ein zinsloses endfälliges Darlehen (Laufzeit 5 Jahre) i.H.v. T€ 17 gegeben.
- S hat ihren Jahresüberschuss 00 vollständig thesauriert.
- Abschreibung des GoF in der Konzernbilanz linear über 4 Jahre.
- Ende 01 hat S im Jahr 01 produzierte Bauteile an J zum Preis von T€ 150 geliefert, die J in Erzeugnisse eingebaut hat. Diese Erzeugnisse liegen bei J noch auf Lager. Die Konzernherstellungskosten der Bauteile betragen T€ 87.
- S hat im Zusammenhang mit der Lieferung Gewährleistungsrückstellungen i.H.v. T€ 15 gebildet.

Abkürzungen in den folgenden Tabellen:

GoF = Geschäfts- oder Firmenwert	GK = gezeichnetes Kapital
IAV = immaterielles Anlagevermögen	RL = Rücklagen
SAV = Sachanlagen	JÜ = Jahresüberschuss
FAV = Finanzanlagen	AAG = Ausgleichsposten für Anteile anderer Gesellschafter
UV = Umlaufvermögen;	FK = Schulden
MA = Materialaufwand	U = Umsatzerlöse
PA = Personalaufwand	BE = Bestandserhöhungen,
AS = Abschreibungen	
SBA = sonstige betriebl. Aufwendungen	
AMU = Anteil M am Jahresergebnis	

Aufgabe 39 – Erstkonsolidierung 31.12.00

00/T€	Bilanz J		Bilanz S		Summenbilanz		Konsolidierung		Konzernbilanz	
GoF										
IAV			10		10					
SAV	329		200		529					
FAV	171				171					
UV	900		120		1.020					
GK		30		24		54				
RL		210		120		330				
JÜ		60		36		96				
AAG										
FK		1.100		150		1.250				
Σ	1.400	1.400	330	330	1.730	1.730				

Übungsaufgaben – Konzernrechnungslegung

Aufgabe 39 – Folgekonsolidierung 31.12.01

01/T€	Bilanz J		Bilanz S		Summenbilanz		Konsolidierung		Konzernbilanz	
GoF										
IAV			8		8					
SAV	489		160		649					
FAV	171				171					
UV	990		240		1.230					
GK		30		24		54				
RL		270		156		426				
JÜ		0		48		48				
AAG										
FK		1.350		180		1.530				
Σ	1.650	1.650	408	408	2.058	2.058				

Übungsaufgaben – Konzernrechnungslegung

Aufgabe 39 – Folgekonsolidierung 31.12.01

01/T€	GuV J	GuV S	Summen-GuV		Konsolidierung		Konzern-GuV	
U		150		150				
BE	360			360				
MA	225	18	243					
PA	15	30	45					
AS	90	39	129					
SBA	30	15	45					
JÜ	0	48	48					
AMU								
AAG								

Übungsaufgaben – IFRS

40. *Die Piepels Karr AG (PK AG) entwickelt, produziert und verkauft Pkw.* **Beurteilen Sie, ob für die folgenden Ausgaben der PK AG aufgrund der genannten Aktivitäten Ansatzpflicht, -wahlrecht oder -verbot nach IFRS besteht!**

a) *Eine Projektgruppe experimentiert mit möglichen neuen Materialien für die Innenverkleidung von Pkw.*

b) *Eine andere Projektgruppe testet den Prototyp eines neuen Pkw.*

c) *Eine weitere Projektgruppe testet ein neues Verfahren zur Lackierung der Karosserien.*

Beachten Sie die folgenden Textziffern des IAS 38:

54. Ein aus der Forschung (oder der Forschungsphase eines internen Projektes) entstehender immaterieller Vermögenswert darf nicht angesetzt werden. Ausgaben für Forschung (oder in der Forschungsphase eines internen Projektes) sind in der Periode als Aufwand zu erfassen, in der sie anfallen.

56. Beispiele für Forschungsaktivitäten sind:

(a) Aktivitäten, die auf die Erlangung neuer Erkenntnisse ausgerichtet sind;

(b) die Suche nach sowie die Beurteilung und endgültige Auswahl von Anwendungen für Forschungsergebnisse und für anderes Wissen;

(c) die Suche nach Alternativen für Materialien, Vorrichtungen, Produkte, Verfahren, Systeme oder Dienstleistungen; und

(d) die Formulierung, der Entwurf sowie die Beurteilung und endgültige Auswahl von möglichen Alternativen für neue oder verbesserte Materialien, Vorrichtungen, Produkte, Verfahren, Systeme oder Dienstleistungen.

57. Ein aus der Entwicklung (oder der Entwicklungsphase eines internen Projektes) entstehender immaterieller Vermögenswert ist dann, aber nur dann, anzusetzen, wenn ein Unternehmen alle folgenden Nachweise erbringen kann:

(a) Die Fertigstellung des immateriellen Vermögenswerts kann technisch soweit realisiert werden, dass er genutzt oder verkauft werden kann.

(b) Das Unternehmen beabsichtigt, den immateriellen Vermögenswert fertig zu stellen und ihn zu nutzen oder zu verkaufen;

(c) Das Unternehmen ist fähig, den immateriellen Vermögenswert zu nutzen oder zu verkaufen;

(d) Die Art und Weise, wie der immaterielle Vermögenswert voraussichtlich einen künftigen wirtschaftlichen Nutzen erzielen wird; das Unternehmen kann u. a. die Existenz eines Markts für die Produkte des immateriellen Vermögenswertes oder für den immateriellen Vermögenswert an sich oder, falls er intern genutzt werden soll, den Nutzen des immateriellen Vermögenswerts nachweisen.

(e) Adäquate technische, finanzielle und sonstige Ressourcen sind verfügbar, so dass die Entwicklung abgeschlossen und der immaterielle Vermögenswert genutzt oder verkauft werden kann.

(f) Das Unternehmen ist fähig, die dem immateriellen Vermögenswert während seiner Entwicklung zurechenbaren Ausgaben verlässlich zu bewerten.

59. Beispiele für Entwicklungsaktivitäten sind:

(a) der Entwurf, die Konstruktion und das Testen von Prototypen und Modellen vor Beginn der eigentlichen Produktion oder Nutzung;

(b) der Entwurf von Werkzeugen, Spannvorrichtungen, Prägestempeln und Gussformen unter Verwendung neuer Technologien;

(c) der Entwurf, die Konstruktion und der Betrieb einer Pilotanlage, die von ihrer Größe her für eine kommerzielle Produktion wirtschaftlich ungeeignet ist; und

(d) der Entwurf, die Konstruktion und das Testen einer gewählten Alternative für neue oder verbesserte Materialien, Vorrichtungen, Produkte, Verfahren, Systeme oder Dienstleistungen.

41. *Ermitteln Sie den Buchwert des Shredders an den Abschlussstichtagen der Geschäftsjahre (= Kalenderjahre) 01 – 04 nach IFRS! Begründen Sie Ihre Werte jeweils kurz.*

Die Oldkarr AG (OK AG), München, hat am 01.07.01 einen neuen Shredder in Betrieb genommen. Die Anschaffungskosten betrugen T€ 360 und es wird mit weitgehend gleichmäßiger Nutzung gerechnet. Die erwartete Nutzungsdauer beträgt sechs Jahre. Für den Konzernabschluss muss die OK AG den Shredder nach IFRS (Anschaffungskostenmodell) bewerten.

Am Ende des Geschäftsjahrs 03 führt ein Bedienungsfehler zu einer Beschädigung. Vor der Aufstellung des Jahresabschlusses 03 stellt die OK AG fest, dass die Leistungsfähigkeit des Shredders dadurch erheblich gesunken ist. Eine Reparatur ist nicht vorgesehen. Das Produktionscontrolling ermittelt zum 31.12.03 folgende Angaben zur Bewertung:

- beizulegender Zeitwert abzüglich Verkaufskosten: T€ 156
- geschätzte künftige Cashflows bei weiterer Nutzung
  (jeweils am Jahresende; Abzinsungssatz: 10%):
    - 04: T€69,366
    - 05: T€75,2
    - 06: T€80
    - 07: T€42

Am Ende des Geschäftsjahres 04 liegen keine Anhaltpunkte für eine (weitere) Wertminderung vor.

Übungsaufgaben – IFRS

42. *Die Jupiter AG (J), Köln, muss für den Konzernabschluss nach IFRS bewerten und für die Gebäude das Neubewertungsmodell (IAS 16.31ff.) anwenden Mit welchen Werten muss sie die Lagerhalle in den Bilanzen 02-04 ansetzen? Welche anderen Bilanzposten ergeben sich? Geben Sie die entsprechenden Buchungssätze an!*

Die Anschaffungskosten der Lagerhalle, deren wirtschaftlicher Nutzen voraussichtlich gleichmäßig verbraucht werden wird (Nutzungsdauer 20 Jahre), betrugen am 1.01.01 T€ 400. Aufgrund beobachtbarer Quadratmeterpreise ähnlicher Lagerhallen in identischer Lage ermittelt J den beizulegenden Zeitwert der Lagerhalle am 31.12.02 mit T€ 396 und am 31.12.04 mit T€ 336. Eine Neubewertungsrücklage soll während der Nutzung anteilig in die Gewinnrücklagen umgebucht werden. (Keine Berücksichtigung latenter Steuern)

43. *Die Jupiter AG (J), Köln, muss für den Konzernabschluss nach IFRS bewerten. Mit welchen Werten kann sie die Wertpapiere in den Bilanzen 01 und 02 ansetzen? Geben Sie die Buchungssätze für Anschaffung und Verkauf sowie für die Bewertung am 31.12.01 und am 31.12.02 an.*

Die Jupiter AG erwirbt am 20.12.01 folgende Wertpapiere:

- Anleihen zur kurzfristigen Anlage liquider Mittel für T€ 100; am 31.12.01 beträgt der Kurs T€ 120; am 15.01.02 werden diese Wertpapiere wieder für T€ 110 verkauft.

- Aktien zur längerfristigen Geldanlage für T€ 500; am 31.12.01 beträgt der Kurs T€ 540 und am 31.12.02 T€ 484; am 30.10.03 werden diese Wertpapiere für T€ 512 verkauft.

Gehen Sie davon aus, dass Wertsteigerungen erst bei Veräußerung steuerpflichtig sind und dass vorübergehende Wertminderungen steuerlich nicht berücksichtigt werden. Unterstellen Sie einen Steuersatz von 50 %.

Wertpapiergruppe	held for trading (hft) (T€)	available-for-sale (afs) (T€)
Kauf - Anschaffungskosten (20.12.01)		
BW 31.12.01 (fair value)		
BW 31.12.02 (fair value)		

Übungsaufgaben – Bilanzanalyse

44. *Erstellen Sie aus der Konzernbilanz der Volkswagen AG zum 31.12.20XX (http://www.volkswagenag.com/content/vwcorp/content/de/investor_relations.html) eine Fristenstrukturbilanz in den folgenden Schemata. Nehmen Sie die erforderlichen Korrekturen unter Beachtung der Informationen im Geschäftsbericht (GB) vor und geben Sie jeweils die entsprechende Seite des Geschäftsberichts an.*

a) *Ermitteln Sie die Summe der bereinigten lang- und mittelfristigen Aktiva:*

	Mio €	Mio €	GB, S.
Lang- und mittelfristige Aktiva (> 1 Jahr)			
Langfristige Vermögenswerte			
Immaterielle Vermögenswerte			
Sachanlagen			
Vermietete Vermögenswerte			
Als Finanzinvestition gehaltene Immobilien			
At Equity bewertete Anteile			
Sonstige Beteiligungen			
Forderungen aus Finanzdienstleistungen			
Sonstige finanzielle Vermögenswerte			
Sonstige Forderungen			
Ertragsteuerforderungen			
Latente Ertragsteueransprüche			
Summe langfristiger Vermögenswerte			
Korrekturen:			
Bereinigte lang- und mittelfristige Aktiva			

– LXXVII –

Übungsaufgaben – Bilanzanalyse

b) *Ermitteln Sie die Summe der bereinigten kurzfristigen Aktiva und aller bereinigten Aktiva:*

	Mio €	Mio €	GB, S.
Kurzfristige Aktiva (≤ 1 Jahr)			
Kurzfristige Vermögenswerte			
Vorräte			
Forderungen aus Lieferungen und Leistungen			
Forderungen aus Finanzdienstleistungen			
Sonstige finanzielle Vermögenswerte			
Sonstige Forderungen			
Ertragsteuerforderungen			
Wertpapiere			
Zahlungsmittel			
Summe kurzfristiger Vermögenswerte			
Korrekturen:			
Bereinigte kurzfristige Aktiva			
Bereinigte Aktiva			

Übungsaufgaben – Bilanzanalyse

c) *Ermitteln Sie die Summe des bereinigten Eigenkapitals::*

	Mio €	Mio €	GB, S.
Lang- und mittelfristige Passiva			
Eigenkapital			
Gezeichnetes Kapital			
Kapitalrücklage			
Gewinnrücklagen			
Übrige Rücklagen			
Eigenkapital vor Minderheiten			
Anteile von Minderheiten am Eigenkapital			
Summe Eigenkapital			
Korrekturen:			
bereinigtes Eigenkapital			

Übungsaufgaben – Bilanzanalyse

d) Ermitteln Sie die Summe der bereinigten lang- und mittelfristigen Passiva (einschließlich des bereinigten Eigenkapitals [vgl. c)]):

	Mio €	Mio €	GB, S.
Lang– / mittelfristiges Fremdkapital (> 1 Jahr)			
Langfristige Schulden			
Finanzschulden			
Sonstige finanzielle Verbindlichkeiten			
Sonstige Verbindlichkeiten			
Latente Ertragsteuerverpflichtungen			
Rückstellungen für Pensionen			
Ertragsteuerrückstellungen			
Sonstige Rückstellungen			
Summe langfristiger Schulden			
Korrekturen:			
Bereinigte lang– und mittelfristige Passiva			

Übungsaufgaben – Bilanzanalyse

e) *Ermitteln Sie die Summe der bereinigten kurzfristigen Passiva und aller bereinigten Passiva:*

	Mio €	Mio €	GB, S.
Kurzfristiges Fremdkapital (≤ 1 Jahr)			
Kurzfristige Schulden			
Finanzschulden			
Verbindlichkeiten aus Lieferungen und Leistungen			
Ertragsteuerverbindlichkeiten			
Sonstige finanzielle Verbindlichkeiten			
Sonstige Verbindlichkeiten			
Ertragsteuerrückstellungen			
Sonstige Rückstellungen			
Summe kurzfristiger Schulden			
Korrekturen:			
Bereinigte kurzfristige Passiva			
Bereinigte Passiva			

Übungsaufgaben – Bilanzanalyse

45. Führen Sie auf Basis der Konzern-GuV der Volkswagen AG zum 31.12.20XX (http://www.volkswagenag.com/content/vwcorp/content/de/investor_relations.html) eine Erfolgsspaltung in den folgenden Schemata durch. Nehmen Sie die erforderlichen Korrekturen unter Beachtung der Informationen im Geschäftsbericht (GB) vor und geben Sie jeweils die entsprechende Seite des Geschäftsberichts an.

a) Ermitteln Sie das bereinigte Betriebsergebnis:

	Mio €	GB, S.
Operatives Ergebnis		
Korrekturen:		
Bereinigtes Betriebsergebnis		

b) *Ermitteln Sie das bereinigte Finanz- und Geschäftsergebnis:*

	Mio €	GB, S.
Finanzergebnis		
Korrekturen:		
Bereinigtes Finanzergebnis		
Bereinigtes Geschäftsergebnis		

Übungsaufgaben – Bilanzanalyse

c) *Ermitteln Sie das bereinigte außerordentliche Ergebnis:*

	Mio €	GB, S.
Außerordentliches Ergebnis		
Korrekturen:		
Bereinigtes außerordentliches Ergebnis		

Übungsaufgaben – Bilanzanalyse

d) *Ermitteln Sie das bereinigte Steuerergebnis und das bereinigte Jahresergebnis:*

	Mio €	GB, S.
Steuern vom Einkommen und Ertrag		
Korrekturen:		
Bereinigtes Steuerergebnis		
Bereinigtes Jahresergebnis		

Kontrolle:	Mio €
Ergebnis nach Steuern	
− Bereinigtes Geschäftsergebnis	
− Bereinigtes außerordentliches Ergebnis	
− Bereinigtes Steuerergebnis	
+ Summe aller Korrekturen	
=	0

Übungsaufgaben – Bilanzanalyse

46. Bilden Sie folgende Kennzahlen zur Strukturanalyse der Aktiva und beurteilen Sie deren Aussagefähigkeit. Geben Sie Ihre Berechnung jeweils verbal und zahlenmäßig an.

a) Anlagenintensität

b) Anlagenabschreibungsgrad

c) Investitionsquote

d) Abschreibungsquote

e) Wachstumsquote

47. Bilden Sie folgende Kennzahlen zur Bindungsanalyse der Aktiva und beurteilen Sie deren Aussagefähigkeit. Geben Sie Ihre Berechnung jeweils verbal und zahlenmäßig an.

a) Kundenziel

b) Umschlagdauer

c) Umschlaghäufigkeit

48. Bilden Sie folgende Kennzahl zur Strukturanalyse der Passiva und beurteilen Sie deren Aussagefähigkeit. Geben Sie Ihre Berechnung verbal und zahlenmäßig an.

- Eigenkapitalquote

49. Bilden Sie folgende Kennzahl zur Bindungsanalyse der Passiva und beurteilen Sie deren Aussagefähigkeit. Geben Sie Ihre Berechnung verbal und zahlenmäßig an.

- Lieferantenziel

50. Bilden Sie folgende Kennzahlen zur Fristenkongruenz und beurteilen Sie deren Aussagefähigkeit. Geben Sie Ihre Berechnung jeweils verbal und zahlenmäßig an.

a) Liquidität 1. Grades

b) Liquidität 2. Grades

c) Liquidität 3. Grades

d) Anlagendeckung I

e) Anlagendeckung II

Übungsaufgaben – Bilanzanalyse

51. Bilden Sie folgende Kennzahl zur Analyse der Zahlungsströme und beurteilen Sie deren Aussagefähigkeit. Geben Sie Ihre Berechnung verbal und zahlenmäßig an.

    - dynamischer Verschuldungsgrad

52. Bilden Sie folgende Kennzahlen zur Analyse der Aufwands- und Ertragsstruktur und beurteilen Sie deren Aussagefähigkeit. Geben Sie Ihre Berechnung jeweils verbal und zahlenmäßig an.

    a) Betriebsergebnisquote

    b) außerordentliche Quote

    c) Materialaufwandsquote

    d) Personalaufwandsquote

    e) Abschreibungsintensität

    f) Herstellungsintensität

    g) Verwaltungsintensität

    h) Umsatzanteil Ausland

53. Bilden Sie folgende Kennzahlen zur Rentabilitätsanalyse und beurteilen Sie deren Aussagefähigkeit. Geben Sie Ihre Berechnung jeweils verbal und zahlenmäßig an.

    a) Eigenkapitalrentabilität

    b) Gesamtkapitalrentabilität

    c) Umsatzrentabilität

| 1 | Grundlagen der handelsrechtlichen Rechnungslegung | 1.1 | Handelsrechtliche Rechnungslegung als Teil des betrieblichen Rechnungswesens |

Übersicht 1

Betriebliches Rechnungswesen – Definition

Erfassung, Verarbeitung und Analyse betriebswirtschaftlich relevanter Informationen über vergangene und zukünftig erwartete Geschäftsvorfälle und Unternehmensergebnisse

| 1 | Grundlagen der handelsrechtlichen Rechnungslegung | 1.1 | Handelsrechtliche Rechnungslegung als Teil des betrieblichen Rechnungswesens |

Übersicht 2

Betriebliches Rechnungswesen – Überblick über die Rechengrößen

1. Auszahlungen / Einzahlungen
2. Ausgaben / Einnahmen
3. Aufwendungen / Erträge
4. Kosten / Leistungen

Rechengrößen – Definitionen Auszahlung / Einzahlung

Auszahlung: Abgang von liquiden Mitteln

Einzahlung: Zugang von liquiden Mitteln

Liquide Mittel

gesetzliche Zahlungsmittel (**Geld**), kurzfristige Bankguthaben, die in Geld umgewandelt werden können

Rechengrößen – Definitionen Ausgabe / Einnahme

Ausgabe:

Verminderung des Saldos aus:

Liquide Mittel + Forderungen ./. Verbindlichkeiten

Einnahme:

Erhöhung des Saldos aus:

Liquide Mittel + Forderungen ./. Verbindlichkeiten

Rechengrößen – Definitionen Aufwendungen / Erträge

Aufwendungen:

Periodisierte Ausgaben, die durch Gebrauch, Verbrauch oder Wertverlust von Gütern oder die Inanspruchnahme von Leistungen verursacht werden.

Erträge:

Periodisierte Einnahmen, die durch Veräußerung oder Wertzuwachs von Gütern oder die Bereitstellung von Leistungen verursacht werden.

Rechengrößen – Definitionen Kosten / Leistungen

Kosten:

Betriebsbedingter / leistungsbezogener Werteverzehr

Leistungen:

Betriebsbedingter Wertezuwachs

| 1 | Grundlagen der handelsrechtlichen Rechnungslegung | 1.1 | Handelsrechtliche Rechnungslegung als Teil des betrieblichen Rechnungswesens |

Übersicht 7

Betriebliches Rechnungswesen – Überblick über die Bestandteile

1. Investitionsrechnung
2. Finanzplanung / Finanzrechnung
3. Finanzbuchführung
4. Kostenrechnung / kalkulatorische Erfolgsrechnung

| 1 | Grundlagen der handelsrechtlichen Rechnungslegung | 1.1 | Handelsrechtliche Rechnungslegung als Teil des betrieblichen Rechnungswesens |

Übersicht 8

Betriebliches Rechnungswesen – Aufgaben

Investitionsrechnung $\Rightarrow$ Wirtschaftlichkeit von Projekten

Finanzplanung / Finanzrechnung $\Rightarrow$ Liquidität / Schutz vor Insolvenz

Finanzbuchführung $\Rightarrow$ Grundlage für den Jahresabschluss

Kostenrechnung $\Rightarrow$ Kalkulation / Preisgestaltung

| 1 | Grundlagen der handelsrechtlichen Rechnungslegung | 1.1 | Handelsrechtliche Rechnungslegung als Teil des betrieblichen Rechnungswesens |

Übersicht 9

Rechengrößen – Investitionsrechnung / Finanzplanung / Kostenrechnung

Investitionsrechnung:

Auszahlungen / Einzahlungen ⇒ (Diskontierung, Kapitalwert)

Finanzplanung / Finanzrechnung:

kurzfristig: Auszahlungen / Einzahlungen

längerfristig: Ausgaben / Einnahmen

Kostenrechnung:

Kosten / Leistungen

| 1 | Grundlagen der handelsrechtlichen Rechnungslegung | 1.1 | Handelsrechtliche Rechnungslegung als Teil des betrieblichen Rechnungswesens |

Übersicht 10

Rechengrößen – Finanzbuchführung

Bestandsgrößen:

Vermögen und Schulden, die in der Bilanz **stichtagsbezogen** abgebildet werden.

Stromgrößen:

Aufwendungen und Erträge, die in der Gewinn- und Verlustrechnung für das Geschäftsjahr (= **zeitraumbezogen**) kumuliert werden.

| 1 | Grundlagen der handelsrechtlichen Rechnungslegung | 1.1 | Handelsrechtliche Rechnungslegung als Teil des betrieblichen Rechnungswesens |

Übersicht 11

Bilanz – Begriffe

1. Definition:

Gegenüberstellung von Vermögen und Schulden (= Fremdkapital) eines Unternehmens zur Ermittlung ihres Reinvermögens (= Eigenkapital).

2. Bilanzielles Vermögen (= Aktiva):

In der Bilanz angesetzte, bewertete und auf der Aktivseite ausgewiesene Güter, die durch das Kapital finanziert werden.

3. Bilanzielles Kapital (= Passiva):

In der Bilanz angesetzte, bewertete und auf der Passivseite ausgewiesene finanzielle Mittel, die von Eigentümern oder Gläubigern stammen.

| 1 | Grundlagen der handelsrechtlichen Rechnungslegung | 1.1 | Handelsrechtliche Rechnungslegung als Teil des betrieblichen Rechnungswesens |

Übersicht 12

Gewinn- und Verlustrechnung (GuV) – Begriff

Gegenüberstellung der Aufwendungen und Erträge eines Unternehmens in einer Periode zur Ermittlung des erwirtschafteten Erfolgs.

| 1 | Grundlagen der handelsrechtlichen Rechnungslegung | 1.2 | Rechtsgrundlagen der handelsrechtlichen Rechnungslegung |

Übersicht 13

Lösung von Bilanzierungsproblemen

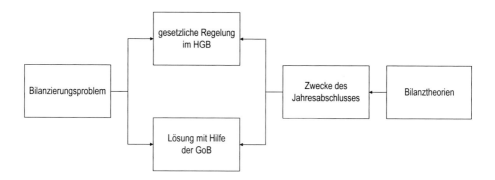

| 1 | Grundlagen der handelsrechtlichen Rechnungslegung | 1.2 | Rechtsgrundlagen der handelsrechtlichen Rechnungslegung |

Übersicht 14

Quellen des deutschen Bilanzrechtes I

Die grundsätzlichen Regelungen des HGB (§§ 238 – 342e HGB) resultieren aus in deutsches Recht umgesetzten EG–Richtlinien:

Bilanzrichtlinie (4. EG–Richtlinie) ⇒ Jahresabschluss

Konzernrichtlinie (7. EG–Richtlinie) ⇒ Konzernabschluss

Abschlussprüferrichtlinie ⇒ Pflichten / Qualifikation der Prüfer
                                                  von Jahres– und Konzernabschluss

Quellen des deutschen Bilanzrechtes II

Zur Regelung von Einzelfragen wurden weitere EU-Vorschriften in deutsches Recht umgesetzt:

Kapitalgesellschaften und Co.-Richtlinie	$\Rightarrow$	§ 264a – c HGB
Bank- und Versicherungsbilanzrichtlinie	$\Rightarrow$	§§ 340 – 341p HGB
IAS-Verordnung	$\Rightarrow$	§ 315a HGB

Aufbau des HGB

1. Bücher
2. Abschnitte
3. Unterabschnitte
4. Titel
5. Paragraphen

Übersicht 17

Aufbau des dritten Buches des HGB I

3. Buch: „Handelsbücher" (§§ 238 – 342e)
1. Abschnitt: „Vorschriften für alle Kaufleute" (§§ 238 – 263)
2. Abschnitt: „Ergänzende Vorschriften für Kapitalgesellschaften..."
(§§ 264 – 335b)
3. Abschnitt: „Ergänzende Vorschriften für eingetragene Genossenschaften"
(§§ 336 – 339)

Übersicht 18

Aufbau des dritten Buches des HGB II

4. Abschnitt: „Ergänzende Vorschriften für Unternehmen bestimmter Geschäfts–zweige" (§§ 340 – 341p; *künftig 341y, geplante Änderung durch das Bilanzrichtlinie-Umsetzungsgesetz [BilRUG]*)
5. Abschnitt: „Privates Rechnungslegungsgremium. Rechnungslegungsbeirat"
(§§ 342, 342a)
6. Abschnitt: „Prüfstelle für Rechnungslegung" (§§ 342b – e)

| 1 Grundlagen der handelsrechtlichen Rechnungslegung | 1.2 Rechtsgrundlagen der handelsrechtlichen Rechnungslegung |

Übersicht 19

Handelsrechtlicher Jahresabschluss – Begriff / Pflichten Kaufmann

Legaldefinition:	Wer ein Handelsgewerbe betreibt (§ 1 HGB) bzw. Personenhandels– oder Kapitalgesellschaften (§ 6 HGB)
Gesetzliche Pflichten:	1. Buchführung (§ 238 I HGB)
	2. Aufstellung eines Inventars (§ 240 HGB)
	3. Aufstellung eines Jahresabschlusses (§ 242 HGB)
Ausnahme:	kleine Einzelkaufleute (§§ 241a, 242 IV HGB), d.h. Bilanzsumme < 500.000 € / Jahresüberschuss < 50.000 € an zwei aufeinanderfolgenden Abschlussstichtagen

---

| 1 Grundlagen der handelsrechtlichen Rechnungslegung | 1.2 Rechtsgrundlagen der handelsrechtlichen Rechnungslegung |

Übersicht 20

Handelsrechtlicher Jahresabschluss –
Begriff / Pflichten Kapitalgesellschaften

Legaldefinition:	AG, KGaA, GmbH, gleichgestellt sind haftungsbeschränkte Personengesellschaften, z.B. GmbH & Co KG, § 264a HGB
Zusätzliche Pflichten:	1. Vorlage (§ 42a GmbHG, §§ 170, 175 AktG, § 320 HGB)
	2. Offenlegung, ggf. Erleichterungen (§§ 325 ff HGB)
	3. Prüfung durch einen Abschlussprüfer (nur für mittelgroße und große Kapitalgesellschaften, § 316 HGB)

Übersicht 21

Handelsrechtlicher Jahresabschluss – Bestandteile (§§ 242, 264 HGB)

1. Bilanz
2. Gewinn- und Verlustrechnung

   bei Kapitalgesellschaften zusätzlich:
3. Anhang sowie (jedoch kein Bestandteil des Jahresabschlusses) Lagebericht

   bei kapitalmarktorientierten Kapitalgesellschaften zusätzlich:
4. Kapitalflussrechnung
5. Eigenkapitalspiegel
6. ggf. Segmentberichterstattung

Übersicht 22

Größenspezifische Vorschriften – Größenklassen

- Kleinste / kleine / mittelgroße / große Kapitalgesellschaften (§§ 267, 267a HGB (*BilRUG*)):
    - bis / über 0,35 / 4,84 (*6,00*) / 19,25 (*20,00*) Mio. € Bilanzsumme
    - bis / über 0,70 / 9,86 (*12,00*) / 38,50 (*40,00*) Mio. € Umsatzerlöse
    - bis / über 10 / 50 / 250 Arbeitnehmer

    ⇒ **Zwei der drei Merkmale** müssen **an zwei** aufeinanderfolgenden **Abschlussstichtagen** unter- bzw. überschritten werden.
- Kapitalmarktorientierte Kapitalgesellschaften (die börsennotierte Wertpapiere ausgegeben haben) gelten immer als große Kapitalgesellschaften (§§ 267 III S. 2, 264d HGB).

Rechnungslegungstheorien – Zwecke

Theoretisches Fundament $\Rightarrow$ Idealvorstellungen zu

1. Aufgaben
2. Inhalt und
3. Darstellung des Jahresabschlusses.

Rechnungslegungstheorien – Überblick

- **statische** Bilanztheorie
  (Ermittlung des Reinvermögens, SIMON, 1886)
- **dynamische** Bilanztheorie
  (Ermittlung eines zutreffenden Periodenerfolges, SCHMALENBACH, 1919)
- **organische / dualistische** Bilanztheorie
  (Eliminierung von Scheingewinnen, SCHMIDT, 1921)

| 1 | Grundlagen der handelsrechtlichen Rechnungslegung | 1.4 | Zwecke der handelsrechtlichen Rechnungslegung |

Übersicht 25

Zwecke von Buchführung und Jahresabschluss – Überblick

1. Dokumentation (Buchführung)

2. Rechenschaft / Information (Jahresabschluss)

3. Zahlungsbemessung / Kapitalerhaltung (Jahresabschluss)

⇒ **Generalnormen** des HGB für Buchführung und Jahresabschluss

(§§ 238 I S. 1, 243 I, 264 II S. 1 HGB)

| 1.4 | Zwecke der handelsrechtlichen Rechnungslegung | 1.4.1 | Dokumentation |

Übersicht 26

Dokumentation – Inhalt und Aufgaben der Buchführung (§ 238 I HGB)

1. **Inhalt**:
   - Vollständige, richtige und systematische Aufzeichnung und Archivierung der Güterbewegungen und Zahlungsvorgänge

2. **Aufgaben**:
   - Grundlage für den **Jahresabschluss**
   - Beweismittel im **Rechtsstreit** ⇒ Sicherung des Rechtsverkehrs
   - **Präventivfunktion**: Verhinderung / Erschwerung von Unterschlagungen
   - Nachweis der für die **Besteuerung** relevanten Sachverhalte (§ 140 AO)

1.4 Zwecke der handelsrechtlichen Rechnungslegung	1.4.2 Rechenschaft / Information

Übersicht 27

Rechenschaft / Information – Aufgaben

1. Zutreffender **Einblick in die wirtschaftliche Lage** des Bilanzierenden
2. **Grundlage für Entscheidungen** der Adressaten (IFRS: *decision usefulness*)
3. Wahrnehmung / Durchsetzung der **Rechte der Anteilseigner**
4. Information über **Gewinn** und ausschüttungsfähigen Betrag

1.4 Zwecke der handelsrechtlichen Rechnungslegung	1.4.2 Rechenschaft / Information

Übersicht 28

Rechenschaft / Information – Adressaten des Jahresabschlusses

1. Unternehmensleitung
2. Eigentümer
3. Gläubiger
4. Staat
5. Dritte (Arbeitnehmer, Kunden/Lieferanten, Konkurrenten, Öffentlichkeit)

1.4 Zwecke der handelsrechtlichen Rechnungslegung	1.4.2 Rechenschaft / Information

Übersicht 29

Rechenschaft / Information – gesetzliche Regelungen

1. § 238 I HGB: Der Jahresabschluss hat Dritten innerhalb angemessener Zeit ein Bild der wirtschaftlichen Lage des Unternehmens zu vermitteln.

2. § 264 II HGB: Der Jahresabschluss hat unter Beachtung der Grundsätze ordnungsmäßiger Buchführung (GoB) ein den tatsächlichen Verhältnissen entsprechendes Bild der Vermögens–, Finanz– und Ertragslage zu geben. (**Generalnorm** / *true and fair view*)

3. § 325 HGB: Art und Fristen der Offenlegung

1.4 Zwecke der handelsrechtlichen Rechnungslegung	1.4.3 Zahlungsbemessung

Übersicht 30

Zahlungsbemessung – Begriff

1. Zahlung = Auszahlung = Abfluss von Zahlungsmitteln
2. Bemessung = nur für nicht vertraglich festgelegte Zahlungen, vertraglich festgelegte müssen geleistet werden

$\Rightarrow$ nur für Residualeinkommen = Gewinn

$\Rightarrow$ Festlegung des zu zeigenden und des auszuschüttenden Gewinns

$\Rightarrow$ Ziele: Minderheitenschutz vs. Kapitalerhaltung

1.4 Zwecke der handelsrechtlichen Rechnungslegung

1.4.3 Zahlungsbemessung

Übersicht 31

Zahlungsbemessung – Komponenten

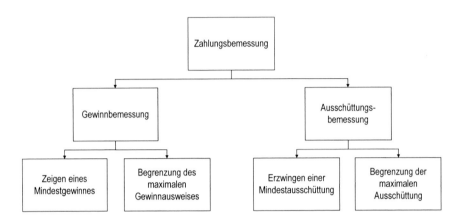

1.4 Zwecke der handelsrechtlichen Rechnungslegung

1.4.4 Beziehungen der Zwecke untereinander

Übersicht 32

Beziehungen zwischen Information und Zahlungsbemessung

- Ein der Informationsfunktion entsprechender Jahresabschluss informiert auch über den Gewinn und damit über die potentielle Ausschüttung.
- Ausschüttungsregelungen (Ausschüttungssperren) stören Information nicht
- Mindestausschüttung häufig nur durch Information zu sichern
- **aber**:

  Beeinflussung des auszuweisenden Gewinns durch Ansatz– und Bewertungsvorschriften (Vorsichtsprinzip)

  ⇒ Einschränkung der Information

1.5 Grundsätze ordnungsmäßiger Buchführung (GoB)   1.5.1 Grundlagen

Übersicht 33

Grundsätze ordnungsmäßiger Buchführung (GoB) – Begriff und Zweck

- sind ein **unbestimmter Rechtsbegriff**,
  d.h. der Begriff wird im Gesetz genannt, aber nicht definiert
- dienen der **Konkretisierung** / Ergänzung der gesetzlichen **Einzelvorschriften**
- gelten unabhängig von der Rechtsform **für alle Kaufleute**
- sind z.T. im HGB kodifiziert (z.B. in § 252 HGB)
- werden aus den Zwecken des Jahresabschlusses abgeleitet (**deduktiv**)

1.5 Grundsätze ordnungsmäßiger Buchführung (GoB)   1.5.1 Grundlagen

Übersicht 34

GoB – Arten

1. Dokumentationsgrundsätze
2. Systemgrundsätze
3. Informationsgrundsätze
4. Ansatzgrundsätze
5. Erfolgsbemessungsgrundsätze
6. Kapitalerhaltungsgrundsätze

Dokumentationsgrundsätze – Inhalt I (§§ 238, 239 HGB)

1. **Systematischer Aufbau der Buchführung** (Kontenrahmen, z.B. IKR, GKR)
2. **Vollständige, verständliche und nachvollziehbare Aufzeichnungen**:
   - Chronologische Erfassung und Buchung aller Geschäftsvorfälle
   - Leserliche Aufzeichnungen, nachvollziehbare Änderungen
   - Nummerierung der Belege
   - Verwendung einer lebenden Sprache
   - Jahresabschluss in deutscher Sprache und in Euro (§ 244 HGB)

Dokumentationsgrundsätze – Inhalt II (§§ 238, 239 HGB)

3. **Beleggrundsatz:**
   - Keine Buchung ohne Beleg / kein Beleg ohne Buchung
   - Einzelerfassung der Geschäftsvorfälle
   - Maßgeblichkeit der Inventur für die Buchführung
   - Einhaltung der Aufstellungs- und Aufbewahrungsfristen
   (§§ 243 III, 257, 264 I HGB)

| 1.5 | Grundsätze ordnungsmäßiger Buchführung (GoB) | 1.5.3 | Systemgrundsätze |

Übersicht 37

Systemgrundsätze – Zweck

- Systemgrundsätze sollen die **Einheitlichkeit des GoB–Systems** sicherstellen und dienen in Zweifelsfällen der Auslegung / Konkretisierung der anderen GoB.

⇒ Basis des Systems der GoB

| 1.5 | Grundsätze ordnungsmäßiger Buchführung (GoB) | 1.5.3 | Systemgrundsätze |

Übersicht 38

Systemgrundsätze – gesetzliche Regelungen I

1. **Grundsatz der Fortführung der Unternehmenstätigkeit** (*going concern*) (§ 252 I Nr. 2 HGB)

    - Bewertung zu Liquidationswerten erst bei absehbarer Beendigung der Unternehmenstätigkeit, z.B. im Insolvenzstatus

2. **Grundsatz der Pagatorik** (§ 252 I Nr. 5 HGB)

    - Bewertung auf der Grundlage von Zahlungen, z.B. keine Berücksichtigung noch nicht realisierter Wertsteigerungen sowie kalkulatorischer Kosten

| 1.5 | Grundsätze ordnungsmäßiger Buchführung (GoB) | 1.5.3 | Systemgrundsätze |

Übersicht 39

Systemgrundsätze – gesetzliche Regelungen II

3. Grundsatz der Einzelbewertung (§ 252 I Nr. 3 HGB)

- Verhinderung eines Bewertungsausgleiches
- **Ausnahme**: Bildung von Bewertungseinheiten (§ 254 HGB): wirtschaftlich zusammenhängende Bewertungsobjekte werden als Einheit gesehen und gemeinsam bewertet, z.B. Absicherung von Fremdwährungsrisiken durch Finanzinstrumente

| 1.5 | Grundsätze ordnungsmäßiger Buchführung (GoB) | 1.5.4 | Informationsgrundsätze |

Übersicht 40

Informationsgrundsätze – Zweck / gesetzliche Regelungen I

1. Zweck:
- Abbildung erfüllt die Anforderungen der Informationsvermittlung

2. Richtigkeit / Willkürfreiheit:
- Nachvollziehbarkeit der zugrundeliegenden Annahmen

3. Vergleichbarkeit:
- formelle Stetigkeit: Bilanzidentität (§ 252 I Nr. 1 HGB); Bezeichnungs-, Gliederungs-, Ausweisstetigkeit (§§ 243 II, 265 I HGB)
- materielle Stetigkeit: Ansatz-, Bewertungsstetigkeit (§§ 246 III, 252 I Nr. 6 HGB)
- Erläuterung von Unstetigkeiten (§§ 265 I, 284 II Nr. 3 HGB)

1.5 Grundsätze ordnungsmäßiger Buchführung (GoB)   1.5.4 Informationsgrundsätze

Übersicht 41

Informationsgrundsätze – gesetzliche Regelungen II

4. **Klarheit** und **Übersichtlichkeit** (§ 243 II HGB) – alle Kaufleute:
   - Mindestgliederung der Bilanz (§ 247 I HGB)
   - hinreichende Aufgliederung (§ 247 I HGB), d.h. Bezeichnung und Reihenfolge der Posten analog §§ 266, 275 HGB
   - Saldierungsverbot (§ 246 II HGB)
5. **Klarheit** und **Übersichtlichkeit** (§ 243 II HGB) – Kapitalgesellschaften:
   - Bilanz in Kontoform (§ 266 I HGB), GuV in Staffelform (§ 275 I HGB)
   - Gliederungsschemata für Bilanz (§ 266 II, III HGB) und GuV (§ 275 II, III HGB)
   - klare, verständliche Erläuterungen im Anhang

1.5 Grundsätze ordnungsmäßiger Buchführung (GoB)   1.5.4 Informationsgrundsätze

Übersicht 42

Informationsgrundsätze – gesetzliche Regelungen III

6. **Vollständigkeit** (§ 246 I S. 1 HGB)
7. **Stichtagsprinzip** (§§ 242 I, II, 252 I Nr. 3 HGB):
   - Berücksichtigung aller Geschäftsvorfälle bis zum Bilanzstichtag
   - Maßgeblichkeit der Verhältnisse am Bilanzstichtag für die Bewertung
   - Berücksichtigung von wertaufhellenden Informationen (§ 252 I Nr. 4 HGB)
   - keine Berücksichtigung von wertbegründenden Informationen
8. **Wirtschaftlichkeit** (§§ 240 III, IV, 241, 256 HGB)

1.5 Grundsätze ordnungsmäßiger Buchführung (GoB)	1.5.5 Ansatzgrundsätze

Übersicht 43

Ansatzgrundsätze – Zweck

- Ansatzgrundsätze bestimmen, was als Vermögensgegenstand und Schuld anzusehen ist sowie welche Vermögensgegenstände und Schulden in der Bilanz zu aktivieren und zu passivieren (= anzusetzen) sind:
    - Ansatz **nur** der dem Bilanzierenden zuzuordnenden Vermögensgegenstände und Schulden
    - Ansatz **aller** dem Bilanzierenden zuzuordnenden Vermögensgegenstände und Schulden

1.5 Grundsätze ordnungsmäßiger Buchführung (GoB)	1.5.5 Ansatzgrundsätze

Übersicht 44

Ansatzgrundsätze – gesetzliche Regelung

- Keine Legaldefinition der Begriffe Vermögensgegenstand und Schuld (unbestimmte Rechtsbegriffe)
- Vollständigkeit (§ 246 I HGB)

1.5 Grundsätze ordnungsmäßiger Buchführung (GoB) 1.5.5 Ansatzgrundsätze

Übersicht 45

Ansatzgrundsätze – Vollständigkeit

- **sachliche Zuordnung**: Betriebsvermögen, kein Privatvermögen
- **wirtschaftliches Eigentum** (§ 246 I S. 2 HGB), d.h. für die **personelle Zuordnung** zu einem Bilanzierenden sind maßgeblich:

    ⇒ bei **Vermögensgegenständen**:

    grundsätzlich rechtliche bzw. hiervon abweichende wirtschaftliche Ansprüche

    ⇒ bei **Schulden**:

    nicht nur rechtliche, sondern auch wirtschaftliche Verpflichtungen

---

1.5 Grundsätze ordnungsmäßiger Buchführung (GoB) 1.5.5 Ansatzgrundsätze

Übersicht 46

Sachliche Zuordnung – Betriebsvermögen

1. **Vermögen eines Einzelkaufmanns:**
    - Güter, die handelsrechtlich dem Betrieb gewidmet wurden
2. **Vermögen einer Personengesellschaft:**
    - Güter, an denen wirtschaftliches Eigentum der Gesellschaft besteht
3. **Vermögen einer Kapitalgesellschaft:**
    - Grundsätzlich alle Güter, an denen sie wirtschaftliches Eigentum hat

1.5 Grundsätze ordnungsmäßiger Buchführung (GoB)   1.5.5 Ansatzgrundsätze

Übersicht 47

Wirtschaftliches Eigentum – Begriff

- Ausübung der tatsächlichen Sachherrschaft über einen Vermögensgegenstand, so dass der rechtliche Eigentümer wirtschaftlich (**„Chancen und Risiken"**) auf Dauer von der Einwirkung ausgeschlossen ist.
- „Wirtschaftlicher Eigentümer ist, wem dauerhaft, d.h. für die wirtschaftliche Nutzungsdauer, Besitz, Gefahr, Nutzungen und Lasten zustehen. Der wirtschaftliche Eigentümer verfügt über das Verwertungsrecht, kommt in den Genuss von Wertsteigerungen und trägt das Risiko der Wertminderung bzw. des Verlustes." (ADS[6], § 246 Tz. 263).

1.5 Grundsätze ordnungsmäßiger Buchführung (GoB)   1.5.5 Ansatzgrundsätze

Übersicht 48

Wirtschaftliches Eigentum – gesetzliche Regelung

- **Grundsätzlich** ist für die personelle Zuordnung von Vermögensgegenständen zum Bilanzierenden **das rechtliche Eigentum** maßgebend.
- **Weicht** jedoch in Einzelfällen **wirtschaftliches Eigentum vom rechtlichen ab**, ist **das wirtschaftliche Eigentum** entscheidend (§ 246 I S. 2 HGB)
- Analog: § 39 AO
- Merke: Wirtschaftliches Eigentum setzt Besitz voraus – aber nicht jeder Besitzer ist wirtschaftlicher Eigentümer!

1.5 Grundsätze ordnungsmäßiger Buchführung (GoB)   1.5.5 Ansatzgrundsätze

Übersicht 49

Wirtschaftliches Eigentum – Leasinggeschäfte

- wirtschaftlicher Eigentümer bei Leasinggeschäften:

  abhängig vom Leasingvertrag:

    - Miet- / Pachtverträge $\Rightarrow$ Leasinggeber rechtlicher und wirtschaftlicher Eigentümer
    - Finanzierungsverträge $\Rightarrow$ Leasingnehmer wirtschaftlicher Eigentümer

---

1.5 Grundsätze ordnungsmäßiger Buchführung (GoB)   1.5.5 Ansatzgrundsätze

Übersicht 50

Ansatzgrundsätze – Abgrenzung Vermögensgegenstand und Schuld

- Ein **Vermögensgegenstand** ist
    - ein **selbständig verwertbares** Gut (= Beitrag zur Deckung der Schulden)
    - des Betriebsvermögens
    - im wirtschaftlichen Eigentum des Kaufmanns.
- Eine **Schuld** ist
    - eine rechtliche oder wirtschaftliche **Verpflichtung** gegenüber Dritten,
    - die eine wirtschaftliche **Belastung** darstellt und
    - die **quantifizierbar** ist.

| 1.5 Grundsätze ordnungsmäßiger Buchführung (GoB) | 1.5.6 Erfolgsbemessungsgrundsätze |

Übersicht 51

Erfolgsbemessungsgrundsätze – Grundlagen

1. Zweck:

- Erfolgsbemessungsgrundsätze bestimmen, ob Ein– und Auszahlungen erfolgswirksam in der GuV oder erfolgsneutral in der Bilanz erfasst werden.

2. gesetzliche Regelung:

- Vorsichtsprinzip (§ 252 I Nr. 4 HGB), konkretisiert im
- Realisationsprinzip

| 1.5 Grundsätze ordnungsmäßiger Buchführung (GoB) | 1.5.6 Erfolgsbemessungsgrundsätze |

Übersicht 52

Erfolgsbemessungsgrundsätze – Vorsichtsprinzip

1. Inhalt:

- Bei unsicheren Erwartungen bezüglich künftiger Sachverhalte soll sich der Kaufmann lieber ärmer als reicher rechnen (LEFFSON).

2. Kritik:

- Unterbewertung führt zur Bildung stiller Reserven
- In den Folgejahren Auflösung der stillen Reserven
- ⇒ Ertragslage zunächst zu schlecht, dann zu gut dargestellt

| 1.5 | Grundsätze ordnungsmäßiger Buchführung (GoB) | 1.5.6 | Erfolgsbemessungsgrundsätze |

Übersicht 53

Erfolgsbemessungsgrundsätze – Realisationsprinzip I

1. Inhalt:

- Selbsterstellte und erworbene Güter sind in der Bilanz höchstens mit den Anschaffungs- oder Herstellungskosten (AK/HK) zu bewerten. Ein höherer Wert ist erst als Umsatzerlös in der Gewinn– und Verlustrechnung zu berücksichtigen.

   $\Rightarrow$ **Anschaffungs- / Herstellungskostenprinzip** (§ 253 I HGB)

| 1.5 | Grundsätze ordnungsmäßiger Buchführung (GoB) | 1.5.6 | Erfolgsbemessungsgrundsätze |

Übersicht 54

Erfolgsbemessungsgrundsätze – Realisationsprinzip II

2. Realisationszeitpunkt – Bedingungen:

- **Kaufvertrag** geschlossen (Kaufvertrag über HiFi–Anlage)
- geschuldete Lieferung oder **Leistung erbracht** (HiFi–Anlage geliefert)
- **Gefahrenübergang**: Güter haben Verfügungsbereich des Liefernden oder Leistenden verlassen (Kunde hat das HiFi–Studio durch die Tür verlassen)
- **Abrechnungsfähigkeit** gegeben (keine Mängel, die eine Rechnungsstellung verhindern)

1.5 Grundsätze ordnungsmäßiger Buchführung (GoB)	1.5.6 Erfolgsbemessungsgrundsätze

Übersicht 55

Erfolgsbemessungsgrundsätze – Realisationsprinzip III

3. **Aufwandsverrechung:**

   - **Grundsatz der Abgrenzung der Sache nach:**

     Realisierten Erträgen werden die zurechenbaren Aufwendungen gegenübergestellt (z.B. Umsatzerlöse / Materialaufwand; *„matching principle"*)

   - **Grundsatz der Abgrenzung der Zeit nach:**

     Periodisierung zeitraumbezogener Aufwendungen und Erträge, z.B. Miet(voraus)zahlungen

1.5 Grundsätze ordnungsmäßiger Buchführung (GoB)	1.5.7 Kapitalerhaltungsgrundsätze

Übersicht 56

Kapitalerhaltungsgrundsätze – Grundlagen

1. **Zweck:**

   - Ausschüttungsbemessung:
   - Verhinderung der Ausschüttung unrealisierter Gewinne
   - Verhinderung der Ausschüttung bei unrealisierten Verlusten

2. **gesetzliche Regelung:**

   - Vorsichtsprinzip (§ 252 I Nr. 4 HGB), konkretisiert im
   - Realisationsprinzip (s.o.)
   - Imparitätsprinzip

1.5 Grundsätze ordnungsmäßiger Buchführung (GoB)	1.5.7 Kapitalerhaltungsgrundsätze

Übersicht 57

Kapitalerhaltungsgrundsätze – Imparitätsprinzip

1. **Inhalt:**
   - Unrealisierte negative Erfolgsbeiträge werden bereits in der abzuschließenden Periode antizipiert, indem sie als Aufwand in der GuV gebucht werden.

2. **gesetzliche Regelung:**
   - Niederstwertvorschriften (§ 253 III, IV HGB)
   - Rückstellungen (§ 249 I HGB)

1.5 Grundsätze ordnungsmäßiger Buchführung (GoB)	1.5.8 GoB-System

Übersicht 58

Sachlogische Reihenfolge der GoB I

1. Dokumentationsgrundsätze
2. Grundsatz der Vollständigkeit:
   - wirtschaftliches Eigentum
   - periodengerechte Zuordnung
3. Grundsatz der Klarheit und Übersichtlichkeit:
   - Saldierungsverbot
4. Stichtagsprinzip

1.5 Grundsätze ordnungsmäßiger Buchführung (GoB)	1.5.8 GoB-System

Übersicht 59

Sachlogische Reihenfolge der GoB II

5. Fortführungsprämisse (*„going concern"*)

6. Einzelbewertungsprinzip

7. Vorsichtsprinzip:
   - Realisationsprinzip
   - Imparitätsprinzip

8. Stetigkeitsprinzip

9. Wirtschaftlichkeit

1 Grundlagen der handelsrechtlichen Rechnungslegung	1.6 Grundfragen der Bilanzierung

Übersicht 60

Grundfragen der Bilanzierung

1. Was ist in der Bilanz (als Aktiva und Passiva) ansatzpflichtig oder -fähig? – **Ansatz**

2. Wo sind die anzusetzenden Aktiva und Passiva auszuweisen? – **Ausweis**

3. Wie sind diese Aktiva und Passiva zu bewerten? – **Bewertung**

Übersicht 61

Inhalt der Bilanz

- § 242 HGB:
  Gegenüberstellung von Vermögen und Schulden des Kaufmanns
- § 247 I HGB:
  Ausweis und Aufgliederung von:
  - Anlagevermögen (AV)
  - Umlaufvermögen (UV)
  - Eigenkapital (EK)
  - Schulden (= Fremdkapital [FK])
  - Rechnungsabgrenzungsposten (RAP)

Übersicht 62

Bilanzierungskonzeption der GoB

1. Aktivierungsgrundsatz ⇒ abstrakte / theoretische Aktivierungsfähigkeit
2. Passivierungsgrundsatz ⇒ abstrakte / theoretische Passivierungsfähigkeit

⇒ abstrakte / theoretische Bilanzierungsfähigkeit

Aktivierungskonzeption des HGB

1. abstrakte / theoretische Aktivierungsfähigkeit und **zusätzlich**
2. konkrete / praktische Aktivierungsfähigkeit (Einzelfallregelungen zu einzelnen Posten im HGB)

2.1 Abstrakte und konkrete Aktivierungsfähigkeit   2.1.1 Abstrakte Aktivierungsfähigkeit

Übersicht 63

Kriterien der abstrakten Aktivierungsfähigkeit

1. Einzelveräußerbarkeit bzw. Einzelverwertbarkeit
2. wirtschaftliches Eigentum

§ 246 I 1 Vollständigkeit

Einzelverwertbarkeit – Definition

- Vorhandensein eines wirtschaftlich selbständig verwertbaren Nutzenpotentials eines Gutes zur Deckung der Schulden des Unternehmens

2.1 Abstrakte und konkrete Aktivierungsfähigkeit   2.1.2 Konkrete Aktivierungsfähigkeit

Übersicht 64

Ausprägungen der konkreten Aktivierungsfähigkeit I

- **Abstrakt**, jedoch **nicht konkret** aktivierungsfähig sind:
  - Bestimmte „firmenwertähnliche" selbst geschaffene, d.h. nicht entgeltlich erworbene immaterielle Vermögensgegenstände des Anlagevermögens (Aktivierungsverbot, § 248 II S. 2 HGB, z.B. Marken)
- „entgeltlicher Erwerb" als Aktivierungsvoraussetzung
  ⇒ Objektivierung (Willkürfreiheit) durch Zahlung eines Marktpreises
  ⇒ Pagatorik

2.1 Abstrakte und konkrete Aktivierungsfähigkeit

2.1.2 Konkrete Aktivierungsfähigkeit

Übersicht 65

Ausprägungen der konkreten Aktivierungsfähigkeit II

- **Konkret**, jedoch **nicht abstrakt** aktivierungsfähig sind:

  1. Derivativer Geschäfts- oder Firmenwert ([GoF]; § 246 I S. 4 HGB, Pflicht, [gilt als Vermögensgegenstand])
  2. Aktive RAP (§ 250 I HGB, Pflicht)
  3. Disagio (§ 250 III HGB, Wahlrecht)
  4. Aktive latente Steuern (§ 274 I S. 2 HGB, Wahlrecht)

2.1 Abstrakte und konkrete Aktivierungsfähigkeit

2.1.3 Zusammenhänge zwischen abstrakter und konkreter Aktivierungsfähigkeit

Übersicht 66

Zusammenhänge zwischen abstrakter und konkreter Aktivierungsfähigkeit

1. Gut **nur abstrakt** / theoretisch aktivierungsfähig, es **fehlt** die **konkrete** / praktische Aktivierungsfähigkeit
2. Gut **nur konkret** / praktisch aktivierungsfähig, es **fehlt** die **abstrakte** / theoretische Aktivierungsfähigkeit
3. Gut **sowohl konkret** / praktisch **als auch abstrakt** / theoretisch aktivierungsfähig (Regelfall)

| 2.2 | Ansatz und Ausweis von Vermögensgegenständen | 2.2.1 | Grundlagen |

Übersicht 67

Vermögen – Begriff und Bestandteile

1. **Begriff:**
   - „Vermögen" = der Aktivseite der Bilanz zuzuordnende Posten (Aktiva)

2. **Bestandteile:**
   - Aktiva, die **abstrakt** (Aktivierungsgrundsatz) und **konkret** (Gesetz) aktivierungsfähig sind $\Rightarrow$ Vermögensgegenstände (VG)
   - Aktiva, die **nur konkret** (Gesetz) aktivierungsfähig sind: GoF, aktive RAP, Disagio, aktive latente Steuern $\Rightarrow$ „restliches Vermögen"

| 2.2 | Ansatz und Ausweis von Vermögensgegenständen | 2.2.1 | Grundlagen |

Übersicht 68

Ansatz – Begriff und gesetzliche Regelungen

1. **Begriff:**
   - Aktivierung des Vermögens
   - Passivierung der Schulden

2. **gesetzliche Regelungen** (§§ 246 – 250 HGB)**:**
   - Ansatzpflicht / -gebot
   - Ansatzwahlrecht
   - Ansatzverbot

2.2 Ansatz und Ausweis von   2.2.1 Grundlagen
     Vermögensgegenständen

Übersicht 69

Ausweis – Begriff und gesetzliche Regelungen

1. Begriff:

Zuordnung des / der in den Jahresabschluss aufzunehmenden (= anzusetzenden) Vermögens / Schulden zu den Posten der Gliederungsschemata

$\Rightarrow$ auch als Gliederung bezeichnet

2. gesetzliche Regelungen:

- Einzelkaufleute und Personenhandelsgesellschaften (§ 247 I HGB)
- Kapitalgesellschaften und gleichgestellte Personenhandelsgesellschaften (§§ 265, 266 [Gliederungsschema] HGB)

2.2 Ansatz und Ausweis von   2.2.1 Grundlagen
     Vermögensgegenständen

Übersicht 70

Ausweis – allgemeine Vorschriften für Kapitalgesellschaften (§ 265 HGB)

- **Gliederungsstetigkeit** / Angabe der Vorjahresbeträge (§ 265 I, II HGB)
- Ausweis der **Mitzugehörigkeit** zu anderen Posten (§ 265 III HGB)
- Tiefere **Untergliederung** der gesetzlichen Gliederung sowie Modifikationen und Zusammenfassungen der Posten mit arabischen Zahlen grundsätzlich gestattet (§ 265 V – VII HGB)
- Ausweis von Posten kann **entfallen**, wenn auch im letzten Geschäftsjahr kein Betrag auszuweisen war (§ 265 VIII HGB).

2.2 Ansatz und Ausweis von Vermögensgegenständen 2.2.2 Anlagevermögen

Übersicht 71

Ausweis von Vermögensgegenständen –

Anlagevermögen / Umlaufvermögen I

1. **Grundschema der Gliederung der Aktiva nach HGB:**
   - **Abnehmende Fristigkeit**: zunächst die langfristigen, dann die kurzfristigen Aktiva

2. **Anlagevermögen (§ 247 II HGB):**
   - Vermögensgegenstände, die dazu bestimmt sind, dauernd dem Geschäftsbetrieb zu dienen

---

2.2 Ansatz und Ausweis von Vermögensgegenständen 2.2.2 Anlagevermögen

Übersicht 72

Ausweis von Vermögensgegenständen –

Anlagevermögen / Umlaufvermögen II

3. **Umlaufvermögen:**
   - **Residualgröße**: Vermögensgegenstände, die **nicht** dazu bestimmt sind, dauernd dem Geschäftsbetrieb zu dienen

4. **Zuordnung abhängig von:**
   - Art des Vermögensgegenstandes
   - Willen des Kaufmannes („Widmung", z.B. Wertpapiere)
   - Art des Unternehmens (z.B. Bauträger)

2.2.2 Anlagevermögen   2.2.2.1 Immaterielle Vermögensgegenstände

Übersicht 73

Immaterielle Vermögensgegenstände – Begriff

- Alle Gegenstände, die **nicht körperlich fassbar** sind.

- Bilden immaterielle Vermögensgegenstände mit materiellen eine **Einheit** (z.B. Software auf einem Datenträger), ist ein getrennter Ausweis nicht gestattet.

- Die Zuordnung zu den materiellen oder immateriellen Vermögensgegenständen entscheidet das **Wertverhältnis** zwischen dem immateriellen (Software) und dem materiellen (Datenträger) Bestandteil.

2.2.2 Anlagevermögen   2.2.2.1 Immaterielle Vermögensgegenstände

Übersicht 74

Immaterielle Vermögensgegenstände – gesetzliche Regelungen

1. **Aktivierungsgebot entgeltlich erworbener** immaterieller Vermögensgegenstände des Anlage- und Umlaufvermögens (§ 246 I S. 1 HGB)

2. **Aktivierungswahlrecht selbst geschaffener** immaterieller Vermögensgegenstände des **Anlagevermögens,** Ausschüttungssperre (§§ 248 II, 268 VIII HGB)

3. **Aktivierungsverbot selbst geschaffener** Marken, Drucktitel, Verlagsrechte, Kundenlisten oder vergleichbarer **firmenwertähnlicher immaterieller Vermögensgegenstände** des **Anlagevermögens** (§ 248 II HGB)

4. **Aktivierungsgebot selbst geschaffener** immaterieller Vermögensgegenstände des **Umlaufvermögens** (§§ 246 I, 248 II HGB)

2.2.2 Anlagevermögen 2.2.2.1 Immaterielle Vermögensgegenstände

Übersicht 75

Selbst geschaffene gewerbliche Schutzrechte und ähnliche Rechte und Werte (§ 266 II A. I. 1. HGB)

Inhalt:

- nur Vermögensgegenstände, d.h.
- Einzelfallprüfung der selbständigen Bewertbarkeit

  ⇒ Herstellungskosten zweifelsfrei abgrenzbar von den Aufwendungen für den selbstgeschaffenen Geschäfts- oder Firmenwert

- z.B. selbstgeschaffene Patente

2.2.2 Anlagevermögen 2.2.2.1 Immaterielle Vermögensgegenstände

Übersicht 76

Entgeltlich erworbene Konzessionen, gewerbliche Schutzrechte und ähnliche Rechte und Werte sowie Lizenzen an solchen Rechten und Werten (§ 266 II A. I. 2. HGB)

Inhalt:

- z.B. Patente, Gebrauchsmuster, Urheberrechte, Musikkataloge, Software (Lizenzen)

2.2.2 Anlagevermögen   2.2.2.1 Immaterielle Vermögensgegenstände

Übersicht 77

Geschäfts- oder Firmenwert (§ 266 II A. I. 3. HGB)

Inhalt:

- **Ansatzpflicht** für den **derivativen Geschäfts- oder Firmenwert** (§ 246 I S. 4 HGB, nicht abstrakt, nur konkret aktivierungsfähig)
- **Aktivierungsverbot** für den **originären Geschäfts- oder Firmenwert** (nicht abstrakt und nicht konkret aktivierungsfähig)

Geleistete Anzahlungen (§ 266 II A. I. 4. HGB)

Inhalt:

- alle Anzahlungen auf immaterielles Anlagevermögen

2.2.2 Anlagevermögen   2.2.2.2 Sachanlagen

Übersicht 78

Grundstücke, grundstücksgleiche Rechte und Bauten einschließlich der Bauten auf fremden Grundstücken (§ 266 II A. II. 1. HGB)

Inhalt:

- Grundvermögen aller Art (Ausnahme: z.B. Bauträger)
- Technische Anlagen, die als wesentliche Bestandteile in engem Funktionszusammenhang mit dem Grundvermögen stehen (z.B. Rolltreppen, Heizung, Solaranlagen)

2.2.2 Anlagevermögen   2.2.2.2 Sachanlagen

Übersicht 79

Technische Anlagen und Maschinen (§ 266 II A. II. 2. HGB)

Inhalt:

- Alle Vermögensgegenstände, die unmittelbar der Produktion dienen, auch wenn sie wesentlicher Bestandteil eines Gebäudes sind.

Betriebs- und Geschäftsausstattung (§ 266 II A. II. 3. HGB)

Inhalt:

- Sammelposten; alle Anlagen, die nicht eindeutig einem anderen Posten zugeordnet werden können (z.b. PC für die Verwaltung, Fahrzeuge etc.)

Geleistete Anzahlungen und Anlagen im Bau (§ 266 II A. II. 4. HGB)

Inhalt:

- alle Anzahlungen auf Sachanlagevermögen / Anlagen im Bau

2.2.2 Anlagevermögen   2.2.2.3 Finanzanlagen

Übersicht 80

Finanzanlagen – Gliederung (§ 266 II A. III. HGB)

1. Anteile an verbundenen Unternehmen (§ 266 II A. III. 1. HGB)
2. Ausleihungen an verbundene Unternehmen (§ 266 II A. III. 2. HGB)
3. Beteiligungen (§ 266 II A. III. 3. HGB)
4. Ausleihungen an Unternehmen, mit denen ein Beteiligungsverhältnis besteht (§ 266 II A. III. 4. HGB)
5. Wertpapiere des Anlagevermögens (§ 266 II A. III. 5. HGB)
6. sonstige Ausleihungen (§ 266 II A. III. 6. HGB)

2.2.2 Anlagevermögen   2.2.2.3 Finanzanlagen

Übersicht 81

Finanzanlagen – verbundene Unternehmen - gesetzliche Regelung

§ 271 II HGB:

„Verbundene Unternehmen im Sinne dieses Buches sind solche Unternehmen, die als Mutter– oder Tochterunternehmen (§ 290) in den Konzernabschluss eines Mutterunternehmens nach den Vorschriften über die Vollkonsolidierung einzubeziehen sind, [...] Tochterunternehmen, die nach § 296 nicht einbezogen werden, sind ebenfalls verbundene Unternehmen."

2.2.2 Anlagevermögen   2.2.2.3 Finanzanlagen

Übersicht 82

Finanzanlagen – verbundene Unternehmen / Konzernabschluss

- Eine inländische Kapitalgesellschaft (Mutterunternehmen) hat einen Konzernabschluss aufzustellen, wenn sie auf ein anderes Unternehmen beherrschendem Einfluss ausüben kann (*control concept*; § 290 I HGB)
- Beherrschender Einfluss auf ein Tochterunternehmen besteht z.B. aufgrund:
  - der **Mehrheit der Stimmrechte**
  - eines **Beherrschungsvertrages**

2.2.2 Anlagevermögen   2.2.2.3 Finanzanlagen

Übersicht 83

Finanzanlagen – Beteiligungen

gesetzliche Regelung (§ 271 I HGB):

- verbriefte oder unverbriefte Anteile an anderen Unternehmen
- die dazu bestimmt sind, dem eigenen Geschäftsbetrieb durch **Herstellung einer dauernden Verbindung** zu jenen Unternehmen zu dienen;
- im Zweifel Anteile an einer Kapitalgesellschaft, die **insgesamt den fünften Teil des Nennkapitals** (d.h. 20 %) dieser Gesellschaft übersteigen

2.2.3 Umlaufvermögen   2.2.3.1 Vorräte

Übersicht 84

Roh–, Hilfs– und Betriebsstoffe (§ 266 II B. I. 1. HGB)

Inhalt:

- Alle Vorräte, die unmittelbar in der Produktion einzusetzen sind.
- **Rohstoffe:**   Hauptbestandteile des Produktes (Kunststoffgranulat für die Gehäuse der SoNie! DVD–Player)
- **Hilfsstoffe:**   Nebenbestandteile des Produktes (Lötzinn für die Leiterplatten)
- **Betriebsstoffe:** gehen nicht in das Produkt ein, werden aber bei der Produktion verbraucht (Schmierstoffe für das Fließband, auf dem die DVD-Player hergestellt werden)

2.2.3 Umlaufvermögen   2.2.3.1 Vorräte

Übersicht 85

unfertige Erzeugnisse, unfertige Leistungen (§ 266 II B. I. 2. HGB)

Inhalt:

- noch nicht marktfähige Produkte ab Produktionsbeginn
- in Ausführung befindliche Dienstleistungen

fertige Erzeugnisse und Waren (§ 266 II B. I. 3. HGB)

Inhalt:

- marktfähige, d.h. verkaufsfähige selbst hergestellte (fertige) Erzeugnisse
- zugekaufte (von Dritten hergestellte) marktfähige Güter (Waren)

geleistete Anzahlungen (§ 266 II B. I. 4. HGB)

Inhalt:

- alle Anzahlungen auf Gegenstände des Vorratsvermögens

2.2.3 Umlaufvermögen   2.2.3.2 Forderungen und sonstige Vermögensgegenstände

Übersicht 86

Forderungen aus Lieferungen und Leistungen (§ 266 II B. II. 1. HGB)

Inhalt:

- Ansprüche aufgrund gegenseitiger Verträge aus Geschäften der eigentlichen Unternehmenstätigkeit, bei denen das bilanzierende Unternehmen die **Hauptleistung** bereits **erbracht** hat.
- **keine** Ansprüche aus Geschäften, bei denen die Hauptleistung noch nicht erbracht wurde („**schwebende Geschäfte**" ⇒ nicht bilanzierungsfähig)
- **keine** Ansprüche aus **Dauerschuldverhältnissen** (z.B. Miete oder Arbeitsverhältnisse ⇒ nicht bilanzierungsfähig)

2.2.3 Umlaufvermögen   2.2.3.2 Forderungen und sonstige Vermögensgegenstände

Übersicht 87

Forderungen gegen verbundene Unternehmen (§ 266 II B. II. 2. HGB)

$\Rightarrow$ s.o., nur kurzfristig!

Forderungen gegen Unternehmen, mit denen ein Beteiligungsverhältnis besteht (§ 266 II B. II. 3. HGB)

$\Rightarrow$ s.o., nur kurzfristig!

- Bei den einzelnen Posten ist der Bestand der Forderungen mit einer Restlaufzeit von mehr als einem Jahr gesondert anzugeben (§ 268 IV S. 1 HGB).

2.2.3 Umlaufvermögen   2.2.3.2 Forderungen und sonstige Vermögensgegenstände

Übersicht 88

sonstige Vermögensgegenstände (§ 266 II B. II. 4. HGB)

Inhalt:

- **Restposten,** z.B. Schadensersatzansprüche, Gehaltsvorschüsse, Steuererstattungsansprüche
- aktive **antizipative** Rechnungsabgrenzungsposten, z.B. Ansprüche aus Mietverträgen

2.2.3   Umlaufvermögen   2.2.3.3   Wertpapiere

Übersicht 89

Wertpapiere – Gliederung (§ 266 II B. III. HGB)

1. Anteile an verbundenen Unternehmen
2. sonstige Wertpapiere

- Wertpapiere = Urkunden, in denen private Vermögensrechte so verbrieft sind, dass zur Ausübung des Rechtes der Besitz an der Urkunde erforderlich ist
- ggf. auch nicht verbriefte Anteile (z.B. Anteile an verbundenen Unternehmen; ggf. ist die Postenbezeichnung anzupassen)

2.2.3   Umlaufvermögen   2.2.3.4   Kassenbestand, Bundesbankguthaben, Guthaben bei Kreditinstituten, Schecks

Übersicht 90

Kassenbestand, Bundesbankguthaben, Guthaben bei Kreditinstituten und Schecks (§ 266 II B. IV. HGB)

Inhalt:

- **Kassenbestände** (inkl. Sorten sowie Brief– oder andere Wertmarken)
- Bundesbankguthaben
- disponible (Sicht–)**Guthaben bei Kreditinstituten**
- vorzeitig kündbare Termingelder
- hereingenommene, noch nicht weitergegebene Schecks
- Häufige Bezeichnung: „Flüssige Mittel"

2.3 Bewertung von Vermögensgegenständen
2.3.1 Bewertungsanlässe

Übersicht 91

Bewertung – Bewertungsanlässe

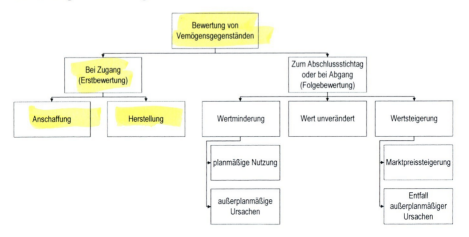

2.3 Bewertung von Vermögensgegenständen
2.3.1 Bewertungsanlässe

Übersicht 92

Bewertung – Bewertungsanlässe und gesetzliche Regelungen I

- **Erst- / Zugangsbewertung** (§ 253 I S. 1 HGB)
    - Anschaffung ⇒ Anschaffungskosten ([AK]; § 255 I HGB)
    - Herstellung ⇒ Herstellungskosten ([HK]; § 255 II, IIa, III HGB)

2.3 Bewertung von Vermögensgegenständen   2.3.1 Bewertungsanlässe

Übersicht 93

Bewertung – Bewertungsanlässe und gesetzliche Regelungen II

- **Folgebewertung (§ 253 I S. 1 HGB)**
  - Wertminderung
    - Nutzung $\Rightarrow$ planmäßige Abschreibungen (§ 253 III S. 1+2 HGB)
    - andere Gründe (z.B. Marktpreisänderung, Beschädigung, technischer Fortschritt) $\Rightarrow$ außerplanmäßige Abschreibungen (§ 253 III S. 3+4, IV HGB)
  - Wertsteigerung
    - Grund für außerplanmäßige Abschreibung entfallen $\Rightarrow$ Zuschreibung, Ausnahme: GoF (§ 253 V HGB)
    - Marktpreissteigerung $\Rightarrow$ Buchwert unverändert (§ 252 I Nr. 4 HGB)

2.3.2 Anschaffungskosten   2.3.2.1 Begriff und Umfang

Übersicht 94

Anschaffungskosten – Anschaffungs– und Herstellungskostenprinzip

1. **gesetzliche Grundlage:**
   - § 253 1 S. 1 HGB:
   „Vermögensgegenstände sind höchstens mit den Anschaffungs– oder Herstellungskosten [...] anzusetzen."

2. **GoB–Grundlage:**
   - Realisationsprinzip
   $\Rightarrow$ Erfolgsneutralität des Zuganges von Vermögensgegenständen

2.3.2 Anschaffungskosten   2.3.2.1 Begriff und Umfang

Übersicht 95

Erfolgsneutralität des Zugangs von Vermögensgegenständen

1. „Gewinn" - Neutralität

    (keine Verbesserung des Jahresergebnisses durch Zugang):

    $\Rightarrow$ bei externem (Anschaffung) und internem Zugang (Herstellung) erfüllt

2. „Verlust" - Neutralität

    (keine Verschlechterung des Jahresergebnisses durch Zugang):

    $\Rightarrow$ bei externem Zugang (**Anschaffung**) **erfüllt**

    bei internem Zugang (**Herstellung**) u.U. **nicht erfüllt** (Aktivierungswahl–rechte / keine Aktivierung zu Vollkosten; § 255 II S. 3, III HGB)

2.3.2 Anschaffungskosten   2.3.2.1 Begriff und Umfang

Übersicht 96

Anschaffungskosten – Komponenten (§ 255 I HGB)

	Anschaffungspreis
–	Anschaffungspreisminderungen
+	Anschaffungsnebenkosten
+/–	nachträgliche Anschaffungskosten (= –preisänderungen)
=	Anschaffungskosten

2.3.2 Anschaffungskosten   2.3.2.2 Anschaffungspreis

Übersicht 97

Anschaffungskosten – Anschaffungspreis I

1. **Entgeltlich erworbene Vermögensgegenstände:**

- Aktivierung des tatsächlich für die Beschaffung gezahlten Betrages
$\Rightarrow$ Grundsatz der Pagatorik
- tatsächlich gezahlter Betrag = Bruttopreis ohne Umsatzsteuer
- **Preis in Fremdwährung:** Geldkurs (d.h. Kurs, zu dem Fremdwährung erworben werden kann) im Zugangszeitpunkt, ggf. Devisenkassamittelkurs zulässig

2.3.2 Anschaffungskosten   2.3.2.2 Anschaffungspreis

Übersicht 98

Anschaffungskosten – Anschaffungspreis II

2. **Unentgeltlich erworbene Vermögensgegenstände:**
   a) **Tausch (Bartergeschäft):**
      - Wert des hingegebenen Gutes
        - Handelsrecht (Wahlrecht): Auflösung stiller Reserven (Zeitwert) oder Buchwertfortführung
        - Steuerrecht: Auflösung / Versteuerung stiller Reserven
   b) **Schenkung:**
      - Schrifttum: Aktivierungsverbot / –wahlrecht / –gebot
      - Wertobergrenze: Zeitwert / Marktwert des erhaltenen Vermögensgegenstands

2.3.2 Anschaffungskosten   2.3.2.3 Anschaffungspreisminderungen

Übersicht 99

Anschaffungspreisminderungen – Boni

1. Begriff:

(Rück–)Vergütungen, die der Abnehmer **nicht im Zusammenhang mit einer bestimmten Lieferung** oder Leistung, sondern für das Erreichen einer Jahresabnahmemenge oder eines Jahresumsatzes erhält.

2. Bilanzierung *(analog § 255 I S. 3 HGB-E, BilRUG)*:

Zurechnung auf einzelne Vermögensgegenstände **nicht möglich**

⇒ **keine** Anschaffungspreisminderung ⇒ sonstiger betrieblicher Ertrag

2.3.2 Anschaffungskosten   2.3.2.3 Anschaffungspreisminderungen

Übersicht 100

Anschaffungspreisminderungen – Rabatte

1. Begriff:

Offen ausgewiesener Abzug vom Rechnungsbetrag, der dem Abnehmer **für eine bestimmte Lieferung oder Leistung** gewährt wird.

2. Bilanzierung:

Zurechnung auf einzelne Vermögensgegenstände **möglich**

⇒ Anschaffungspreisminderung

2.3.2 Anschaffungskosten 2.3.2.3 Anschaffungspreisminderungen

Übersicht 101

Anschaffungspreisminderungen – Skonti I

1. **Begriff:**

   Differenz zwischen Barzahlungspreis und Zielpreis einer Lieferung

2. **Bilanzierung bei Inanspruchnahme:**

   Zurechnung auf einzelne Vermögensgegenstände **möglich**

   $\Rightarrow$ Anschaffungspreisminderung

2.3.2 Anschaffungskosten 2.3.2.3 Anschaffungspreisminderungen

Übersicht 102

Anschaffungspreisminderungen – Skonti II

3. **Bilanzierungsalternativen bei Nicht–Inanspruchnahme:**

   a) keine Anschaffungspreisminderung oder

   b) Anschaffungspreisminderung und Zinsaufwand

   $\Rightarrow$ Vorteile von Alternative b):

   1. Trennung von Güter- und Kreditgeschäft
   2. Wert des Vermögensgegenstandes unabhängig von Finanzierung
   3. Gleichbehandlung Lieferantenkredit / Bankkredit
   4. keine Aktivierung von Fremdkapitalzinsen bei Anschaffungskosten

2.3.2 Anschaffungskosten 2.3.2.3 Anschaffungspreisminderungen

Übersicht 103

Anschaffungspreisminderungen – Zuwendungen

1. **Begriff:**

   Subventionen und Zuschüsse / Zulagen Dritter

2. **Bilanzierung nicht rückzahlbarer Zuwendungen:**
   - Anschaffungspreisminderung oder
   - direkte erfolgswirksame Vereinnahmung (steuerrechtlich bei steuerfreier Investitionszulage zwingend) oder
   - bei – großem Umfang der Zuwendungen – Bildung / erfolgswirksame Auflösung (über die Nutzungsdauer des angeschafften Vermögensgegenstandes) eines speziellen Passivpostens (z.B. Sonderposten für Investitionszuschüsse zum Anlagevermögen)

2.3.2 Anschaffungskosten 2.3.2.4 Anschaffungsnebenkosten

Übersicht 104

Anschaffungsnebenkosten – Arten

1. Ausgaben bei der **Beschaffung**, z.B.
   - Fracht / Transportversicherung
   - Provisionen / Courtagen
   - Grunderwerbssteuer / Zölle

2. Ausgaben zur **Herstellung der Verwendungsfähigkeit**, z. B.
   - Ausgaben für Montage und Fundamentierung
   - Ausgaben für die Sicherheitsüberprüfung und –abnahme von Anlagen und Gebäuden

2.3.2 Anschaffungskosten 2.3.2.4 Anschaffungsnebenkosten

Übersicht 105

Anschaffungsnebenkosten – Voraussetzungen für die Aktivierung

1. Einzelkosten
2. innerhalb des **Zeitraumes des Anschaffungsvorganges**:
   - **Beginn:** Aufnahme von Tätigkeiten, die darauf zielen, den Vermögensgegenstand zu erwerben
   - **Ende:** Erwerber hat die wirtschaftliche Verfügungsgewalt über den Vermögensgegenstand und der Vermögensgegenstand ist in **betriebsbereitem** Zustand

---

2.3.2 Anschaffungskosten 2.3.2.5 Nachträgliche Anschaffungskosten

Übersicht 106

Nachträgliche Anschaffungskosten

1. **Begriff:**

   Nachträgliche Ausgaben / Einnahmen, die in sachlichem jedoch nicht in zeitlichem Zusammenhang zur Anschaffung stehen

2. **Beispiele:**
   - **Nachträgliche Erhöhung / Senkung des Anschaffungspreises,** z.B. durch Vertragsbedingungen (Preisgleitklausel) oder Prozess
   - **Nachträgliche,** jedoch bereits **beim Kauf geplante Umbauten**

2.3.3 Herstellungskosten 2.3.3.1 Begriff und Umfang

Übersicht 107

Herstellungskosten – Legaldefinition

§ 255 II S. 1 HGB:

„Herstellungskosten sind die **Aufwendungen**, die durch den Verbrauch von Gütern und die Inanspruchnahme von Diensten **für die Herstellung** eines Vermögensgegenstandes, seine Erweiterung oder für eine über seinen ursprünglichen Zustand hinausgehende wesentliche Verbesserung entstehen."

$\Rightarrow$ Herstellungskosten sind **aufwandsgleiche Kosten**

- nur pagatorische Kosten, keine Zusatz- und Anderskosten

2.3.3 Herstellungskosten 2.3.3.1 Begriff und Umfang

Übersicht 108

Herstellungskosten – selbst geschaffene immaterielle Vermögensgegenstände des Anlagevermögens

§ 255 IIa S. 1 HGB:

„Herstellungskosten eines selbst geschaffenen immateriellen Vermögensgegenstands des Anlagevermögens sind die bei dessen Entwicklung anfallenden Aufwendungen nach Absatz 2."

$\Rightarrow$ aktivierungsfähige Herstellungskosten können erst **nach dem Abschluss der Forschungsphase**, aber bereits **vor dem Abschluss** der Entwicklungsphase anfallen

Einbeziehungspflichten – gesetzliche Regelung

§ 255 II S. 2 HGB (**Pflichtbestandteile**):

„Dazu gehören die **Materialkosten**, die **Fertigungskosten** und die **Sonderkosten der Fertigung** sowie angemessene Teile der **Materialgemeinkosten**, der **Fertigungsgemeinkosten** und des **Werteverzehrs** des Anlagevermögens, soweit dieser durch die Fertigung veranlasst ist."

Einbeziehungspflichten – Kostenbestandteile

1. Materialeinzelkosten (MEK)
2. Fertigungseinzelkosten (FEK)
3. Sondereinzelkosten der Fertigung (SEF)
4. angemessene Materialgemeinkosten (MGK),
   z.B. Beschaffungs-, Lagerungs- und Transportgemeinkosten des Materials
5. angemessene Fertigungsgemeinkosten (FGK), inklusive Abschreibungen,
   z.B. Betriebsstoffe, Gemeinkostenmaterial (Hilfsstoffe), Zeitlöhne, Energiekosten, Instandhaltung von Fertigungsanlagen, Arbeitsvorbereitung, Werkstattverwaltung

2.3.3 Herstellungskosten 2.3.3.2 Handelsrechtliche Einbeziehungspflichten

Übersicht 111

Einbeziehungspflichten – Abgrenzung Einzelkosten

- Einzelkosten = alle **einzeln zurechenbaren** Kosten
  - alle von der Kostenrechnung als Einzelkosten erfassten Kosten
  - alle von der Kostenrechnung als Gemeinkosten erfassten Kosten, die mit Hilfe von reinen Zeit- oder Mengenschlüsseln direkt dem Kostenträger zuzurechnen sind

---

2.3.3 Herstellungskosten 2.3.3.2 Handelsrechtliche Einbeziehungspflichten

Übersicht 112

Einbeziehungspflichten – Angemessenheit

- Als Herstellungskosten dürfen **keine betriebsfremden oder außergewöhnlichen Aufwendungen** aktiviert werden (z.B. keine außerplanmäßigen Abschreibungen).
- Als Herstellungskosten dürfen nur **Nutzkosten**, nicht jedoch **Leerkosten** aktiviert werden.
  - **Nutzkosten**: notwendige Gemeinkosten, d.h. bei Normalbeschäftigung (z.B. Durchschnittsauslastung)
  - **Leerkosten**: Kosten einer offensichtlichen und dauerhaften **Unterbeschäftigung** (nicht nur saisonale Schwankung, z:B. Zuckerfabrik)

2.3.3 Herstellungskosten   2.3.3.3 Handelsrechtliche Einbeziehungswahlrechte

Übersicht 113

Einbeziehungswahlrechte – gesetzliche Regelung I

§ 255 II S. 3 HGB (Wahlbestandteile I):

„Bei der Berechnung der Herstellungskosten **dürfen angemessene Teile** der Kosten der **allgemeinen Verwaltung** sowie angemessene Aufwendungen für **soziale Einrichtungen des Betriebs**, für **freiwillige soziale Leistungen** und für betriebliche Altersversorgung einbezogen werden, soweit diese auf den Zeitraum der Herstellung entfallen."

2.3.3 Herstellungskosten   2.3.3.3 Handelsrechtliche Einbeziehungswahlrechte

Übersicht 114

Einbeziehungswahlrechte – Kostenbestandteile I

1. **Kosten der allgemeinen Verwaltung / Verwaltungsgemeinkosten (VerwGK),**
   z. B. Aufwendungen für Geschäftsleitung, Personalabteilung, Rechnungswesen
2. **freiwillige soziale Aufwendungen**
   z.B. Aufwendungen für soziale Einrichtungen des Betriebs (z.B. Kantine), freiwillige soziale Leistungen (z.B. Jubiläumsgeschenke), betriebliche Altersversorgung

   ⇒ nicht freiwillige (arbeits- oder tarifvertraglich vereinbarte) Zahlungen können **als Fertigungseinzel– oder –gemeinkosten einbeziehungspflichtig** sein

2.3.3 Herstellungskosten   2.3.3.3 Handelsrechtliche Einbeziehungswahlrechte

Übersicht 115

Einbeziehungswahlrechte – gesetzliche Regelung II

§ 255 III HGB (Wahlbestandteile II):

„**Zinsen** für Fremdkapital **gehören nicht zu den Herstellungskosten**. Zinsen für Fremdkapital, das zur Finanzierung der Herstellung eines Vermögensgegenstandes verwendet wird, **dürfen** angesetzt werden, soweit sie auf den **Zeitraum der Herstellung** entfallen; in diesem Fall gelten sie als Herstellungskosten des Vermögensgegenstands".

⇒ Bewertungswahlrecht, vor allem bei langfristiger Fertigung relevant; Anhangangabe bei **Kapitalgesellschaften** (§ 284 II Nr. 5 HGB)

2.3.3 Herstellungskosten   2.3.3.3 Handelsrechtliche Einbeziehungswahlrechte

Übersicht 116

Einbeziehungswahlrechte – Zeitraum der Herstellung

Beginn: Erstmaliger Anfall von Aufwendungen, die in sachlichem Zusammenhang mit dem herzustellenden Vermögensgegenstand stehen.

Ende: **Absatzreife** oder Einsatzreife (bei aktivierten Eigenleistungen) des hergestellten Vermögensgegenstandes.

2.3.3 Herstellungskosten   2.3.3.4 Handelsrechtliche Einbeziehungsverbote

Übersicht 117

Handelsrechtliche Einbeziehungsverbote I

1. gesetzliche Regelung (§ 255 II S. 4 HGB):

„**Forschungs- und Vertriebskosten** [auch Sondereinzelkosten des Vertriebes] dürfen **nicht** in die Herstellungskosten einbezogen werden".

2. Abgrenzungsprobleme bei Vertriebskosten:

- Projektierungsaufwendungen (z.B. für Modelle) gelten als Fertigungskosten, wenn die Ausgaben für die Akquisition auch einer Fertigung dienten und das Angebot zu einem Auftrag führte $\Rightarrow$ **Sondereinzelkosten der Fertigung (Einbeziehungspflicht)**
- ansonsten: **Sondereinzelkosten des Vertriebs (Einbeziehungsverbot)**

2.3.3 Herstellungskosten   2.3.3.4 Handelsrechtliche Einbeziehungsverbote

Übersicht 118

Handelsrechtliche Einbeziehungsverbote II

3. Abgrenzungsprobleme bei Forschungs- und Entwicklungskosten:

- „**Forschung** ist die eigenständige und planmäßige **Suche** nach neuen wissenschaftlichen oder technischen Erkenntnissen oder Erfahrungen allgemeiner Art, über deren technische Verwertbarkeit und wirtschaftliche Erfolgsaussichten grundsätzlich keine Aussagen gemacht werden können." (§ 255 IIa S. 3 HGB)

  $\Rightarrow$ Wegen der hohen Unsicherheit, ob ein Vermögensgegenstand entstanden ist, keine „Aktivierung" durch Bewertung mit Null (§ 255 II S. 4)

| 2.3.3 Herstellungskosten | 2.3.3.4 Handelsrechtliche Einbeziehungsverbote |

Übersicht 119

Handelsrechtliche Einbeziehungsverbote II

3. **Abgrenzungsprobleme bei Forschungs- und Entwicklungskosten:**
   - „**Entwicklung** ist die **Anwendung von Forschungsergebnissen** oder von anderem Wissen für die Neuentwicklung von Gütern oder Verfahren oder die Weiterentwicklung von Gütern oder Verfahren mittels wesentlicher Änderungen." (§ 255 IIa S. 2 HGB)
   - ⇒ Ermessensspielraum bei der Abgrenzung, da Forschung und Entwicklung nicht zwingend sequentiell, u.U. alternierend
   - ⇒ im Zweifel Forschung (Vorsichtsprinzip, § 255 IIa S. 4 HGB)

| 2.3.3 Herstellungskosten | 2.3.3.5 Nachträgliche Herstellungskosten |

Übersicht 120

Nachträgliche Herstellungskosten vs. Erhaltungsaufwand

1. **Begriff und Bilanzierung der nachträglichen Herstellungskosten:**
   - **Erweiterung** (Substanzmehrung) / **wesentlichen Verbesserung** (Änderung der Gebrauchs- oder Verwendungsmöglichkeit) eines Vermögensgegenstandes (§ 255 II S. 1 HGB) ⇒ **Einbeziehungspflicht**

2. **Begriff und Bilanzierung des Erhaltungsaufwands:**
   - Aufrechterhaltung der Betriebsbereitschaft (z.B. Reparaturkosten)
   - ⇒ **Einbeziehungsverbot**, erfolgswirksame Erfassung in der GuV

2.3.3 Herstellungskosten 2.3.3.6 Herstellungskosten im Steuerrecht

Übersicht 121

Herstellungskosten – Vergleich Handelsrecht / Steuerrecht I

§ 255 HGB			Herstellungskosten-bestandteile	R 6.3 EStR 2012	
Einbeziehungs**pflicht**		II S. 2	• Materialeinzelkosten • Fertigungseinzelkosten • Sondereinzelkosten der Fertigung	I	Einbeziehungs**pflicht**
			• Materialgemeinkosten • Fertigungsgemeinkosten • Abschreibungen	I, II, III	

2.3.3 Herstellungskosten 2.3.3.6 Herstellungskosten im Steuerrecht

Übersicht 122

Herstellungskosten – Vergleich Handelsrecht / Steuerrecht I

§ 255 HGB			Herstellungskosten-bestandteile	R 6.3 EStR 2012	
Einbeziehungs-**wahlrecht**		II S. 3	• Kosten der allgemeinen Verwaltung • Aufwendungen für freiwillige soziale Leistungen und für betriebliche Altersversorgung	IV	Einbeziehungs**pflicht** aber: „Nichtbeanstandung" (BMF) der handelsrechtlichen Regelung
		III	• Fremdkapitalzinsen	V	Einbeziehungs-**wahlrecht**
Einbeziehungs**verbot**		II S. 4	• Vertriebskosten • Forschungskosten	VI S. 3	Einbeziehungs**verbot**

2.3.4 Planmäßige Abschreibungen 2.3.4.1 Grundlagen

Übersicht 123

Planmäßige Abschreibungen – Zweck und Anwendung

1. **Zweck**:

   Verteilung der AK/HK auf die angenommene Nutzungsdauer (Aufwandsperiodisierung / *matching principle*)

2. **Anwendung** (§ 253 III S. 1 HGB):

   abnutzbare Vermögensgegenstände des Anlagevermögens

   ⇒ keine planmäßigen Abschreibungen auf:
   - **nicht abnutzbare Vermögensgegenstände** des Anlagevermögens (z.B. Grundstücke, Beteiligungen)
   - Vermögensgegenstände des **Umlaufvermögens**

2.3.4 Planmäßige Abschreibungen 2.3.4.1 Grundlagen

Übersicht 124

Planmäßige Abschreibungen - Determinanten

1. Abschreibungsausgangswert
2. Abschreibungszeitraum
3. Abschreibungsmethode

   ⇒ **Abschreibungsplan**

   ⇒ **Fortgeführte Anschaffungs- oder Herstellungskosten**

2.3.4 Planmäßige Abschreibungen   2.3.4.2 Abschreibungsausgangswert

Übersicht 125

Abschreibungsausgangswert

1. Abschreibungsausgangswert entspricht grundsätzlich den **Anschaffungs- / Herstellungskosten** des Vermögensgegenstandes

2. Bei Erwartung eines erheblichen **Restwertes** entsprechende Verminderung des Abschreibungsausgangswertes

2.3.4 Planmäßige Abschreibungen   2.3.4.3 Abschreibungszeitraum

Übersicht 126

Abschreibungszeitraum – Grundlagen

1. Abschreibungszeitraum entspricht grundsätzlich der **geplanten Nutzungsdauer** des Vermögensgegenstandes.

2. Selten nachträgliche Korrektur der Nutzungsdauer / des Abschreibungsplans

3. Beginn: Lieferung / Fertigstellung des Vermögensgegenstandes

4. monatsgenaue Berechnung (§ 7 I S. 4 EStG)

2.3.4 Planmäßige Abschreibungen   2.3.4.3 Abschreibungszeitraum

Übersicht 127

Abschreibungszeitraum – Dauer

1. **Technische (verbrauchsbedingte) Ursachen:** Abnutzung einer Maschine durch Gebrauch, Substanzverringerung eines Braunkohletagebaus oder Zeitverschleiß (Entladung einer Batterie auch bei Nichtgebrauch)
2. **Wirtschaftliche Ursachen:** technischer Fortschritt (z.B. bei Computern), Änderungen der Nachfrage (z.B. Plateauschuhe) oder Preisentwicklung (z.B. Handys)

$\Rightarrow$ Schätzung der Nutzungsdauer (steuerliche AfA-Tabellen / Herstellerangaben).

- *Wenn Schätzung bei selbst geschaffenen immateriellen Vermögensgegenständen des AV oder derivativem Geschäfts- oder Firmenwert nicht verlässlich möglich: Vorgabe für Nutzungsdauer, maximal 10 Jahre (BilRUG)*

2.3.4.4 Abschreibungsmethoden   2.3.4.4.1 Grundlagen

Übersicht 128

Abschreibungsmethoden – GoB–Entsprechung

- **Grundsatz der Abgrenzung der Sache nach:**
  - Direkte Zurechnung der Aufwendungen zu den korrespondierenden Erträgen ($\Rightarrow$ Finalprinzip / *„matching principle"*)
  - Wenn direkte Zurechnung der Aufwendungen nicht möglich, Erfassung des Werteverzehrs als Abschreibungen der Periode und Schlüsselung der Aufwendungen zu den Erträgen ($\Rightarrow$ Durchschnittskostenprinzip)

2.3.4.4 Abschreibungsmethoden   2.3.4.4.1 Grundlagen

Übersicht 129

Abschreibungsmethoden – Arten

1. **Zeitabschreibung:**
   - Lineare Abschreibung
   - Degressive Abschreibung
   - theoretisch: progressive Abschreibung
2. **Leistungsabschreibung**

2.3.4.4 Abschreibungsmethoden   2.3.4.4.1 Grundlagen

Übersicht 130

Abschreibungsmethoden – Kombination / Wechsel

1. **Kombination von Abschreibungsmethoden:**
   - Zulässig, wenn Abschreibungsplan nachvollziehbar (GoB der Klarheit)

2. **Wechsel von Abschreibungsmethoden:**
   - Nur in begründeten Ausnahmefällen zulässig. (GoB der Bewertungsstetigkeit [§§ 252 I Nr. 6, 252 II, 284 II Nr. 3 HGB])
   - Kein Methodenwechsel, wenn im Abschreibungsplan geplant (z. B. zulässiger Wechsel von degressiver zu linearer Abschreibung)

2.3.4.4 Abschreibungsmethoden   2.3.4.4.2 Lineare Abschreibung

Übersicht 131

Lineare Abschreibung – Charakteristika

1. **Abschreibungsbeträge:**
   - im Zeitablauf gleich bleibend (= linear)
2. **Ermittlung:**
   - Abschreibungsausgangswert dividiert durch Nutzungsdauer
3. **Steuerrecht:**
   - grundsätzliche Abschreibungsmethode (Absetzung für Abnutzung [AfA]; § 7 I S. 1 EStG)

2.3.4.4 Abschreibungsmethoden   2.3.4.4.3 Degressive Abschreibung

Übersicht 132

Degressive Abschreibung – Charakteristika

1. **Abschreibungsbeträge:**
   - im Zeitablauf fallend (= degressiv)
2. **Ermittlung:**
   - Geometrisch–degressiv (Sonderform: Buchwertabschreibung)
   - Arithmetisch–degressiv
3. **Steuerrecht:**
   - Buchwert–Afa für bewegliche Wirtschaftsgüter des Anlagevermögens **zeitweilig zulässig** (Zugang 2009/10), degressiver Abschreibungssatz dabei:
     - maximal das **Zweieinhalbfache** des linearen Abschreibungssatzes
     - und Begrenzung auf **maximal 25%** (§ 7 II EStG)

Degressive Abschreibung – Vergleich mit linearer Abschreibung

1. Stärkere Berücksichtigung des Vorsichtsprinzips, aber Verstoß gegen den Grundsatz der Abgrenzung der Sache nach.
2. Wertverlust neuer Vermögensgegenstände in den ersten Jahren am höchsten
3. Gleichmäßigere Periodenbelastung:
   Steigende Wartungs- und Instandhaltungskosten werden durch sinkende Abschreibungsbeträge ausgeglichen.

Leistungsabschreibung – Charakteristika

1. **Abschreibungsbeträge:**
   - im Zeitablauf schwankend
2. **Ermittlung:**
   - Division des Abschreibungsausgangswertes durch die voraussichtlich nutzbaren Leistungseinheiten und Multiplikation mit der tatsächlichen Leistungsnutzung im Geschäftsjahr
3. **Steuerecht:**
   - AfA nach Maßgabe der Leistung (§ 7 I S. 6 EStG)
   - Absetzung für Substanzverringerung (§ 7 VI EStG)

2.3.4.4 Abschreibungsmethoden   2.3.4.4.4 Leistungsabschreibung

Übersicht 135

Leistungsabschreibung – Kritik

1. **Vorteil:**
   - Einzelne Perioden werden entsprechend der Beschäftigungslage periodengerecht mit Abschreibungsaufwand belastet.

2. **Nachteil:**
   - Unterbeschäftigung: zu geringe Verrechnung von Abschreibungen, da Wert der Anlagen häufig nicht nur von ihrer Nutzung abhängig
   - höherer „Rechenaufwand"

2.3.4 Planmäßige Abschreibungen   2.3.4.5 Kombination verschiedener Abschreibungsmethoden

Übersicht 136

Kombination verschiedener Abschreibungsmethoden I

1. **GoB–Entsprechung / Zulässigkeit:**
   - Kombination zulässig, sofern bereits im Abschreibungsplan vorgesehen ($\Rightarrow$ eigenständige Abschreibungsmethode)
   - Häufigste Kombination: Buchwertabschreibung + lineare Abschreibung
   - Andere Kombinationsmöglichkeit: Aufspaltung des Abschreibungsbetrages in einen zeitabhängigen und einen leistungsabhängigen Bestandteil

Kombination verschiedener Abschreibungsmethoden II

2. Ermittlung der Abschreibungsbeträge (für häufigste Kombination):

- zunächst Buchwertabschreibung, dann lineare Abschreibung
- Wechsel, wenn entsprechende lineare Abschreibung höher als Buchwertabschreibung

3. Steuerrecht:

- Wechsel Buchwert–Afa / Lineare Afa (§ 7 III EStG) zulässig

$\Rightarrow$ maximaler Steuerstundungseffekt

Nachträgliche Änderungen des Abschreibungsausgangswertes

1. nachträgliche Änderung der AK/HK
2. außerplanmäßige Abschreibungen
3. Zuschreibungen

Nachträgliche Änderungen der Abschreibungsmethode

- Derzeitige Abschreibungsmethode führt in den Folgeperioden zu einer **dauerhaften Überbewertung** des Vermögensgegenstandes.

2.3.4 Planmäßige Abschreibungen 2.3.4.6 Nachträgliche Änderungen des Abschreibungsplanes

Übersicht 139

Nachträgliche Änderungen der Nutzungsdauer

1. zu kurz geschätzte Nutzungsdauer ⇒ Planänderung theoretisch **zulässig** (Zuschreibung jedoch unzulässig)

2. zu lang geschätzte Nutzungsdauer ⇒ Planänderung **vorgeschrieben** (⇒ Vorsichtsprinzip)

2.3 Bewertung von Vermögensgegenständen 2.3.5 Außerplanmäßige Abschreibungen

Übersicht 140

Außerplanmäßige Abschreibungen – Grundlagen I

1. **Zweck: Verlustantizipation** (Imparitätsprinzip, § 252 I Nr. 4 HGB)

2. **Regelung zum Anlagevermögen** (§ 253 III S. 3, 4 HGB):
   - **Anlagevermögen**: Abschreibung auf den voraussichtlich dauerhaft niedrigeren beizulegenden Wert am Abschlussstichtag (§ 253 III S. 3 HGB)
   - **Finanzanlagen**: Abschreibung auch auf einen voraussichtlich nicht dauerhaft niedrigeren beizulegenden Wert möglich (§ 253 III S. 3, 4 HGB)
   ⇒ **gemildertes Niederstwertprinzip**

2.3 Bewertung von Vermögensgegenständen   2.3.5 Außerplanmäßige Abschreibungen

Übersicht 141

Außerplanmäßige Abschreibungen – Grundlagen II

3. **Regelung zum Umlaufvermögen (§ 253 IV HGB):**
   - **Umlaufvermögen:** Abschreibung auf einen niedrigeren **Börsen- oder Marktpreis** bzw. beizulegenden Wert am Abschlussstichtag
   ⇒ **strenges Niederstwertprinzip**
   - **Börsenpreis:** der an einer amtlich anerkannten Börse ermittelte Preis
   - **Marktpreis:** der an einem Handelsplatz (z.B. Blumenversteigerung in Alkmaar) für bestimmte dort gehandelte Waren (z.B. rote Baccara–Rosen) gezahlte Preis

2.3 Bewertung von Vermögensgegenständen   2.3.5 Außerplanmäßige Abschreibungen

Übersicht 142

Außerplanmäßige Abschreibungen – Anlagevermögen

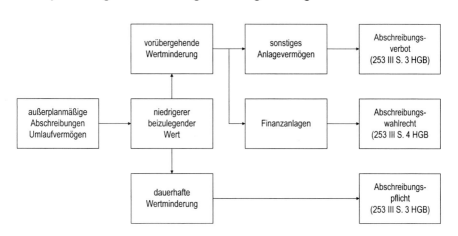

2.3 Bewertung von Vermögensgegenständen 2.3.5 Außerplanmäßige Abschreibungen

Übersicht 143

Außerplanmäßige Abschreibungen – Umlaufvermögen

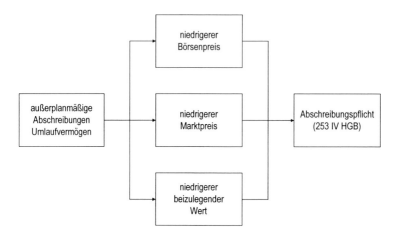

2.3 Bewertung von Vermögensgegenständen 2.3.5 Außerplanmäßige Abschreibungen

Übersicht 144

Außerplanmäßige Abschreibungen – Steuerrecht

- **Teilwertabschreibung**, Abschreibung auf den Betrag, den ein Erwerber des ganzen Betriebs im Rahmen des Kaufpreises für das einzelne Wirtschaftsgut bei Betriebsfortführung ansetzen würde, bei voraussichtlich dauernder Wertminderung zulässig (§ 6 I Nr. 1, 2 EStG) ⇒ **Teilwertvermutungen**

- Es ist strittig, was dies für **Abschreibungen im Umlaufvermögen** bedeutet, da dieses gerade nicht dauernd dem Betrieb dienen soll.

- **Absetzung für außergewöhnliche** technische oder wirtschaftliche **Abnutzung** (AfaA, § 7 I S. 7 EStG)

| 2.3 | Bewertung von Vermögensgegenständen | 2.3.5 | Außerplanmäßige Abschreibungen |

Übersicht 145

Niedrigerer beizulegender Wert – Begriff

1. **Definition:**
   - Keine Legaldefinition für „niedrigerer beizulegender Wert"

   (Unbestimmter Rechtsbegriff)

2. **Vergleichswerte:**
   - Wiederbeschaffungswert („Beschaffungsmarkt")
   - Einzelveräußerungspreis („Absatzmarkt")

| 2.3 | Bewertung von Vermögensgegenständen | 2.3.5 | Außerplanmäßige Abschreibungen |

Übersicht 146

Niedrigerer beizulegender Wert – sinkende Beschaffungspreise I

1. Abschreibungen auf einen niedrigeren beizulegenden Wert im **Umlaufvermögen**:
   - Abschreibungen belasten trotz verbesserter Ertragsaussichten die Periode mit zusätzlichem Aufwand
   - In Zukunft kann das betrachtete Unternehmen zu den gesunkenen Beschaffungsmarktpreisen einkaufen, auf sinkende Absatzpreise der Konkurrenz kann mit einer analogen Preissenkung reagiert werden.
   - **Im Umlaufvermögen sollten Abschreibungen unterbleiben**, wenn nur der Beschaffungsmarktpreis gesunken ist, häufig aber doppelter Niederstwerttest

| 2.3 | Bewertung von Vermögensgegenständen | 2.3.5 | Außerplanmäßige Abschreibungen |

Übersicht 147

Niedrigerer beizulegender Wert – sinkende Beschaffungspreise II

2. Abschreibungen auf einen niedrigeren beizulegenden Wert im **Anlagevermögen**:

- In Zukunft kann das betrachtete Unternehmen nicht günstiger einkaufen, da es vom Kostenblock der zu teuer beschafften Anlagegüter belastet ist.
- Sinkende Beschaffungspreise können durch Weitergabe von Kostenvorteilen zu in Zukunft sinkenden Absatzpreisen der Konkurrenz führen, auf die nicht reagiert werden kann.
- Weiter genutzte **Vermögensgegenstände des Anlagevermögens sind** auf den niedrigeren Beschaffungspreis **abzuschreiben** (GoB der Vorsicht).

| 2.3 | Bewertung von Vermögensgegenständen | 2.3.5 | Außerplanmäßige Abschreibungen |

Übersicht 148

Niedrigerer beizulegender Wert – sinkende Absatzmarktpreise

- Abschreibungen:
  - Antizipation erwarteter negativer Erfolgsbeiträge aus Lagerbeständen durch Abschreibung auf den niedrigeren beizulegenden Wert
  - bei der Bemessung der Abschreibungen zu berücksichtigen:
  noch anfallende Kosten bis zur Veräußerung
    - **verlustfreie Bewertung / retrograde Bewertung**

2.3 Bewertung von 2.3.5 Außerplanmäßige Abschreibungen
Vermögensgegenständen

Übersicht 149

Niedrigerer beizulegender Wert – relevanter Markt

	Anlagevermögen	Umlaufvermögen
Wiederbeschaffungszeitwert	i.d.R.	RHB–Stoffe
Veräußerungswert (retrograd: abzüglich noch entstehender Kosten)	bei beabsichtigter Veräußerung in naher Zukunft	Erzeugnisse, Waren
Ertragswert	wenn weder Wiederbeschaffungs- noch Veräußerungswert ermittelbar und selbständiger Einnahmenüberschuss zuzuordnen	n./a.

2.3 Bewertung von 2.3.5 Außerplanmäßige Abschreibungen
Vermögensgegenständen

Übersicht 150

Niedrigerer beizulegender Wert – relevante Werte I

1. **Wiederbeschaffungszeitwert:**

- bei Vermögensgegenständen, die weiter genutzt oder verbraucht werden (i.d.R. Anlagevermögen und RHB-Stoffe)
- going concern Prinzip (unterstellte Unternehmensfortführung)
- Wiederbeschaffungs- oder Reproduktionskosten, hilfsweise Wiederbeschaffungsneuwert abzüglich planmäßiger Abschreibungen

2.3 Bewertung von Vermögensgegenständen 2.3.5 Außerplanmäßige Abschreibungen

Übersicht 151

Niedrigerer beizulegender Wert – relevante Werte II

2. **Veräußerungswert:**
   - bei beabsichtigter Veräußerung von Anlagevermögen in naher Zukunft und
   - bei fertigen Erzeugnissen / Waren
     - Einzelverkaufspreis abzüglich noch entstehender Kosten (**retrograde** Bewertung)
     - bei Waren zusätzlich „**doppelter Niederstwerttest**" (niedrigerer Wert aus Wiederbeschaffungszeitwert und Veräußerungswert)

2.3 Bewertung von Vermögensgegenständen 2.3.5 Außerplanmäßige Abschreibungen

Übersicht 152

Niedrigerer beizulegender Wert – relevante Werte III

3. **Ertragswert:**
   - z.B. bei Beteiligungen, immateriellen Vermögensgegenständen, vermieteten Sachanlagen, wenn
   - weder Wiederbeschaffungs- noch Veräußerungswert ermittelbar, aber
   - selbständiger Einnahmenüberschuss zuzuordnen
   - **Barwert** aller zukünftigen Einzahlungsüberschüsse

2.3 Bewertung von Vermögensgegenständen 2.3.5 Außerplanmäßige Abschreibungen

Übersicht 153

Niedrigerer beizulegender Wert – „voraussichtlich dauernde Wertminderung"

1. **abnutzbares Anlagevermögen:**
   - **Stichtagswert** liegt **mindestens während der halben Restnutzungsdauer** unter den Restbuchwerten (vgl. Steuerrecht!)
2. **nicht abnutzbares Anlagevermögen:**
   - keine Anzeichen für eine erneute Werterhöhung innerhalb der nächsten **fünf Jahre**

2.3 Bewertung von Vermögensgegenständen 2.3.6 Zuschreibungen / Wertaufholungen

Übersicht 154

Zuschreibungen / Wertaufholungen

1. **Gesetzliche Regelung („Wertaufholungsgebot"):**
   - Zuschreibungspflicht, wenn nach **außerplanmäßiger** Abschreibung der Abschreibungsgrund entfallen ist (§ 253 V S. 1 HGB; Obergrenze: fortgeführte AK/HK)
   - **Ausnahme** („Wertaufholungsverbot", § 253 V S. 2 HGB): derivativer GoF
2. **Steuerrecht:**
   - **Wertaufholungsgebot**, wenn die Voraussetzungen für eine Teilwertabschreibung am Bilanzstichtag entfallen sind (§ 6 I Nr. 1 S. 4 EStG)

2.3 Bewertung von Vermögensgegenständen 2.3.7 Anlagenspiegel

Übersicht 155

Anlagenspiegel – gesetzliche Regelung

- Darstellung der **Entwicklung der einzelnen Posten des Anlagevermögens** in einem Anlagenspiegel („Anlagengitter") wahlweise in der Bilanz oder *(BilRUG: zwingend)* im Anhang (§ 268 II HGB)

- **Aufstellungspflicht** nur für mittelgroße und große **Kapitalgesellschaften** oder gleichgestellte Gesellschaften (§§ 268 II, 274a Nr. 1 HGB)

2.3 Bewertung von Vermögensgegenständen 2.3.7 Anlagenspiegel

Übersicht 156

Anlagenspiegel – Aufbau

Historische AK / HK	Zugänge des Geschäfts- jahres	Abgänge des Geschäfts- jahres	Umbu- chungen des Geschäfts- jahres	Zuschrei- bungen des Geschäfts- jahres	Abschrei- bungen (kumuliert)	Rest- buchwert Geschäfts- jahr	Restbuch- wert Vorjahr	Abschrei- bungen des Geschäfts- jahres
I	II	III	IV	V	VI	VII	VIII	IX

2.3 Bewertung von 2.3.7 Anlagenspiegel
Vermögensgegenständen

Übersicht 157

Anlagenspiegel – Aufbau Spalten (direkte Bruttomethode) I

Ermittlung der historischen AK / HK des Geschäftsjahres 01:

	Historische AK / HK 01.01.00	(Spalte I, Anlagenspiegel 00)
+	Zugänge 00	(Spalte II, Anlagenspiegel 00)
–	Abgänge 00	(Spalte III, Anlagenspiegel 00)
±	Umbuchungen 00	(Spalte IV, Anlagenspiegel 00)
=	Historische AK / HK 01.01.01	(Spalte I, **Anlagenspiegel 01)**

2.3 Bewertung von 2.3.7 Anlagenspiegel
Vermögensgegenständen

Übersicht 158

Anlagenspiegel – Aufbau Spalten (direkte Bruttomethode) II

Ermittlung des Restbuchwertes am Ende des Geschäftsjahres 01:

	Historische AK / HK 01.01.01	(Spalte I, Anlagenspiegel 01)
+	Zugänge 01	(Spalte II, Anlagenspiegel 01)
–	Abgänge 01	(Spalte III, Anlagenspiegel 01)
±	Umbuchungen 01	(Spalte IV, Anlagenspiegel 01)
+	Zuschreibungen 01	(Spalte V, Anlagenspiegel 01)
–	kumulierte Abschreibungen 31.12.01	(Spalte VI, Anlagenspiegel 01)
=	Restbuchwert 31.12.01	(Spalte VII, Anlagenspiegel 01)

2.3.8 Bewertungsvereinfachungsverfahren   2.3.8.1 Grundlagen

Übersicht 159

Bewertungsvereinfachungsverfahren – Grundlagen

1. **Zweck:**
   - Erleichterung der Erstellung des Jahresabschlusses
     $\Rightarrow$ keine Einzelbewertung von Vermögensgegenständen notwendig
2. **GoB–Entsprechung:**
   - Abwägung zwischen GoB der Richtigkeit und GoB der Wirtschaftlichkeit
3. **Verfahren:**
   - Festbewertung
   - Gruppenbewertung
   - Sammelbewertung ($\Rightarrow$ Verbrauchsfolgefiktionen)

2.3.8 Bewertungsvereinfachungsverfahren   2.3.8.2 Festbewertung / Gruppenbewertung

Übersicht 160

Festbewertung (§§ 240 III, 256 S. 2 HGB) - Inhalt

- Aufnahme der Vermögensgegenstände in das Inventar mit **gleich bleibender Menge und gleich bleibendem Wert** (Festwert)
- keine jährliche körperliche Bestandsaufnahme
- Sofortige Buchung der Zugänge als Aufwand

$\Rightarrow$ Vereinfachung der **Mengen**erfassung **und** der **Bewertung**

Festwertansatz (§ 240 III HGB) – Voraussetzungen

1. Vermögensgegenstände des Sachanlagevermögens oder RHB
2. regelmäßiger Ersatz
3. Gesamtwert von nachrangiger Bedeutung
4. geringfügige Veränderungen von Größe, Wert und Zusammensetzung des Bestands
5. körperliche Bestandsaufnahme alle drei Jahre

Festwertansatz – Beispiele

1. Hotelgeschirr, -bestecke und -wäsche
2. Bahnanlagen, z.B. bei Hütten

Gruppenbewertung (§§ 240 IV, 256 S. 2 HGB) - Inhalt

- Vermögensgegenstände / Schulden werden in Gruppen zusammengefasst
- Ansatz von gewogenen Durchschnittswerten für jede Gruppe
- ⇒ keine **Vereinfachung** der Mengenerfassung, sondern **allein der Bewertung**

2.3.8 Bewertungsvereinfachungsverfahren   2.3.8.2 Festbewertung / Gruppenbewertung

Übersicht 163

Gruppenbewertung (§ 240 IV HGB) – Voraussetzungen

1. Gleichartige Vermögensgegenstände des **Vorratsvermögens** sowie andere **gleichartige** oder annähernd **gleichwertige bewegliche Vermögensgegenstände** und **Schulden**

2. **„Gleichartigkeit"** = Zugehörigkeit zu einer Warengattung oder gleiche Verwendbarkeit / Funktionsgleichheit

3. **„Gleichwertigkeit"** = Preisabweichung innerhalb der Gütergruppe < 20 %

4. **Durchschnittswert** je Mengeneinheit konstant oder **schätzbar**

2.3.8 Bewertungsvereinfachungsverfahren   2.3.8.3 Sammelbewertung

Übersicht 164

Sammelbewertung – Grundlagen I

1. **Begriff:**

- **Sammelbewertung:**
  Bewertungsvereinfachungsverfahren entsprechend § 256 S. 1 HGB
- **Bewertungsvereinfachungsverfahren:**
  Bewertungsverfahren für gleichartige Vermögensgegenstände des Vorratsvermögens, die **unterstellen**, dass die Vermögensgegenstände in einer festgelegten, u.U. fiktiven Folge verbraucht oder veräußert werden.
- **Verbrauchsfolgeverfahren**

2.3.8 Bewertungsvereinfachungsverfahren　　2.3.8.3 Sammelbewertung

Übersicht 165

Sammelbewertung – Grundlagen II

2. **Gesetzliche Regelung** (§ 256 S. 1 HGB):

   - ausdrücklich erwähnte Verfahren:
     - **Fifo**–Verfahren („*first in – first out*")
     - **Lifo**–Verfahren („*last in – first out*")
   - weiterhin zulässig:
     - Durchschnittsbewertung **(Durchschnittsmethode)**

2.3.8 Bewertungsvereinfachungsverfahren　　2.3.8.3 Sammelbewertung

Übersicht 166

Sammelbewertung – Grundlagen III

3. **Voraussetzungen:**

   - **GoB–Entsprechung** (großzügige Auslegung)
   - Übereinstimmung der angewandten Verbrauchsfolge mit der tatsächlichen Verbrauchsfolge nicht notwendig („**unterstellte Verbrauchsfolge**")
   - **gleichartige Gegenstände** des Vorratsvermögens (z.B. gleiche Warengruppe, Funktionsgleichheit, annähernde Preisgleichheit)

2.3.8 Bewertungsvereinfachungsverfahren   2.3.8.3 Sammelbewertung

Übersicht 167

Sammelbewertung – Steuerrecht

1. **gesetzliche Regelung:**
   - nur Lifo–Verfahren oder Durchschnittsmethode zulässig (§ 6 I Nr. 2a EStG / R 6.9 EStR 2012)
   - in den folgenden Wirtschaftsjahren Abweichung vom Lifo–Verfahren nur mit Zustimmung des Finanzamts (§ 6 1 Nr. 2a S. 3 EStG)

2. **Voraussetzungen:**
   - Lifo–Verfahren muss **nicht mit tatsächlicher** Verbrauchs- oder Veräußerungsfolge **übereinstimmen**, darf **jedoch nicht völlig unvereinbar** mit den tatsächlichen Verhältnissen im Lager sein (z.B. leicht verderbliche Waren).

2.3.8 Bewertungsvereinfachungsverfahren   2.3.8.3 Sammelbewertung

Übersicht 168

Lifo–Verfahren – Grundlagen

1. **unterstellte Verbrauchsfolge:**
   - zuletzt angeschaffte oder hergestellte Vermögensgegenstände werden zuerst verbraucht oder verkauft

2. **rechentechnische Verfahren:**
   - Permanentes Lifo–Verfahren:
     alle Zugänge / Abgänge in chronologischer Reihenfolge bewertet
     $\Rightarrow$ aufwendig, wenig verbreitet
   - Perioden–Lifo–Verfahren:
     Bewertung nur zum Periodenende $\Rightarrow$ einfach, häufigstes Verfahren

Lifo–Verfahren – steigende Preise I

1. **Vorteile:**

- bei Bewertung des Verbrauchs zu einem niedrigeren Wertansatz als den aktuellen (= gestiegenen) AK/HK würden Scheingewinne entstehen
- Anwendung des Lifo–Verfahrens **verhindert die Entstehung von Scheingewinnen**, statt dessen wird der Aufwand der Periode erhöht

Lifo–Verfahren – steigende Preise II

2. **Nachteile:**

- Entstehung **stiller Reserven** $\Rightarrow$ Erschwerung des Einblicks in die Vermögens– und Ertragslage des Unternehmens
- **Nominalwert** des Vermögens nicht mehr ersichtlich (aber: ggf. Anhangangabe, § 284 II Nr. 4 HGB)
- **Verzerrung des Gewinnausweises** in den Folgeperioden durch Auflösung der Reserven möglich

Lifo–Verfahren – fallende Preise

- **Keine Überbewertung** der Vorräte

$\Rightarrow$ Niederstwertprinzip (§ 253 IV HGB):

Abschreibung auf den niedrigeren Börsen- oder Marktpreis bzw. den niedrigeren beizulegenden Wert

Bewertung von Forderungen – Grundlagen / Probleme

1. **Grundlagen:**
   - Forderungen werden einschließlich Umsatzsteuer gebucht
   - Preisnachlässe sind vom Forderungsbetrag abzusetzen

2. **Probleme:**
   - Skonti
   - Fremdwährungsumrechnung
   - Disagio
   - unterverzinsliche Forderungen
   - zweifelhafte Forderungen

2.3 Bewertung von Vermögensgegenständen 2.3.9 Bewertung von Forderungen

Übersicht 173

Bewertung von Forderungen – Beispiel für gewährte Skonti I

- Hifi-Studio Besitzer S verkauft ein Paar Lautsprecherboxen „Mega-Beat" zum Preis von € 10.000. Die Boxen stehen mit Herstellungskosten von € 8.000 in der Bilanz des S. Seine Zahlungsbedingungen sind: 3 % Skonto bei Zahlung innerhalb von 10 Tagen, 30 Tage netto Kasse.
- Welche Alternativen bestehen in Bezug auf die Bilanzierung des Skontos?

2.3 Bewertung von Vermögensgegenständen 2.3.9 Bewertung von Forderungen

Übersicht 174

Bewertung von Forderungen – Beispiel für gewährte Skonti II

1. Buchung der Ausgangsrechnung mit dem Bruttobetrag (hier ohne USt):
- Forderungen aus L/L   an Umsatzerlöse   10.000 €
- Bestandsminderungen   an Erzeugnisse   8.000 €

2. Skonto wird nicht in Anspruch genommen:
- Kasse   an Forderungen aus L/L   10.000 €

3. Skonto wird in Anspruch genommen:
- Kasse   9.700 € an Forderungen aus L/L   10.000 €
- Zinsaufwand   300 €

Bewertung von Forderungen – Beispiel für gewährte Skonti III

1. **Buchung der Ausgangsrechnung mit dem Nettobetrag (hier ohne USt):**
   - Forderungen aus L/L   an   Umsatzerlöse   9.700 €
   - Bestandsminderungen   an   Erzeugnisse   8.000 €

2. **Skonto wird nicht in Anspruch genommen:**
   - Kasse   10.000 €   an   Forderungen aus L/L   9.700 €
                               Zinsertrag   300 €

3. **Skonto wird in Anspruch genommen:**
   - Kasse   an   Forderungen aus L/L   9.700 €

Bewertung von Forderungen – Beispiel für gewährte Skonti IV

- Vorteile der zweiten Buchungsmethode:
  - Aufteilung in ein **Gütergeschäft** und ein **Kreditgeschäft**
  - Wert der Forderung unabhängig vom Zahlungsverhalten des Schuldners
  - **zeitnahes Zahlen** des Schuldners ist **keine Kreditgewährung** seitens des Gläubigers $\Rightarrow$ kein Zinsaufwand
  - für ein Kreditgeschäft (Gewährung des Zahlungsziels) erhält der Bilanzierende Zinsen $\Rightarrow$ Ausweis als Zinserträge

2.3 Bewertung von Vermögensgegenständen   2.3.9 Bewertung von Forderungen

Übersicht 177

Bewertung von Forderungen – Fremdwährungsumrechnung (§ 256a HGB) I

1. **Erstbewertung:**
   - Briefkurs (d.h. Kurs, zu dem Fremdwährung verkauft werden kann) im Zeitpunkt des Zugangs der Forderung, ggf. Devisenkassamittelkurs zulässig
   - Ausnahme: günstigerer Sicherungskurs (§ 254 S. 1 HGB)

2. **Negative Entwicklung des ungesicherten Umrechnungskurses:**
   - Erfassung durch außerplanmäßige Abschreibung (Niederstwertprinzip)

2.3 Bewertung von Vermögensgegenständen   2.3.9 Bewertung von Forderungen

Übersicht 178

Bewertung von Forderungen – Fremdwährungsumrechnung (§ 256a HGB) II

3. **Positive Entwicklung des ungesicherten Umrechnungskurses:**
   - Restlaufzeit > 1 Jahr: Realisierung erst mit der tatsächlichen Veräußerung der erhaltenen Devisen (**Realisationsprinzip**)
   - Restlaufzeit ≤ 1 Jahr: Bewertung zum **Devisenkassamittelkurs des Abschlussstichtages**, d.h. unter **Verstoß gegen das AK/HK-Prinzip** letztlich zum Tageswert

2.3 Bewertung von Vermögensgegenständen 2.3.9 Bewertung von Forderungen

Übersicht 179

Bewertung von Forderungen – Disagio

1. **Begriff:**
   - Forderungen, die mit einem geringeren Betrag als dem Nominalbetrag ausgezahlt oder mit einem höheren Betrag getilgt werden
2. **Bewertung bei Auszahlungsdisagio:**
   - grundsätzlich mit den **Anschaffungskosten** = Auszahlungsbetrag
     - zeitanteilige **Zinszuschreibung** über die Darlehenslaufzeit
   - mit dem **Rückzahlungsbetrag**
     - Bildung eines **passiven Rechnungsabgrenzungspostens** in Höhe des Disagios und zeitanteilige ertragswirksame Auflösung über die Laufzeit

---

2.3 Bewertung von Vermögensgegenständen 2.3.9 Bewertung von Forderungen

Übersicht 180

Bewertung von Forderungen – unterverzinsliche Forderungen

1. **Bewertung:**
   - Unverzinsliche oder nicht marktüblich (niedrig) verzinsliche Darlehen sind außerplanmäßig auf den niedrigeren beizulegenden Wert abzuschreiben.
2. **Ermittlung des niedrigeren beizulegenden Wertes:**
   - Barwert der zukünftigen Zahlungsströme

2.3 Bewertung von Vermögensgegenständen

2.3.9 Bewertung von Forderungen

Übersicht 181

Bewertung von Forderungen – Zweifelhafte Forderungen

1. Grundsatz der Einzelbewertung ⇒ **Einzelwertberichtigung** (Abschreibung)
2. bei Abschluss einer **Delkredereversicherung** für Forderungen aus Lieferungen und Leistungen können der erwartete Forderungsausfall und die Leistung der Versicherung saldiert werden (Bewertungseinheit)
3. Berücksichtigung des Risikos des Gesamtportfolios der Forderungen durch eine **Pauschalwertberichtigung** (Abschreibung, kein passivischer Ausweis)

Bilanzierungskonzeption der GoB

1. Aktivierungsgrundsatz $\Rightarrow$ abstrakte / theoretische Aktivierungsfähigkeit
2. Passivierungsgrundsatz $\Rightarrow$ abstrakte / theoretische Passivierungsfähigkeit

$\Rightarrow$ abstrakte / theoretische Bilanzierungsfähigkeit

Passivierungskonzeption des HGB

1. abstrakte / theoretische Passivierungsfähigkeit und **zusätzlich**
2. konkrete / praktische Passivierungsfähigkeit (Einzelfallregelungen zu einzelnen Posten im HGB)

3.1.1 Abstrakte Passivierungsfähigkeit

Kriterien der abstrakten Passivierungsfähigkeit

Der Bilanzierende muss mit dem Abgang / der Verwertung von Vermögensgegenständen zur Deckung / Tilgung einer Schuld rechnen, wenn

1. sich der Bilanzierende zu dieser Schuld **Dritten gegenüber verpflichtet** hat,
2. die Erfüllung der Verpflichtung zu einer **wirtschaftlichen Belastung** führt und
3. diese Belastung selbständig **bewertbar**, d.h. quantifizierbar**,** mindestens aber schätzbar ist.

3.1.1 Abstrakte Passivierungsfähigkeit   3.1.1.1 Verpflichtung

Übersicht 185

Verpflichtung – Inhalt / Arten

1. **Inhalt:**
   - hinreichend konkreter **Zwang** zur Leistungserbringung gegenüber Dritten (Außenverpflichtung)
2. **Arten:**
   - **rechtliche Verpflichtungen** (bürgerlich–rechtlich / öffentlich–rechtlich)
   - **wirtschaftliche** Verpflichtungen gegenüber Dritten:
     z. B. Kulanz beim Opel Vectra

3.1.1 Abstrakte Passivierungsfähigkeit   3.1.1.2 Wirtschaftliche Belastung

Übersicht 186

Wirtschaftliche Belastung – Inhalt / Eintrittswahrscheinlichkeit

1. künftige **Vermögensminderung** des Bilanzierenden
2. **Konkretisierung** der Belastung (Eintrittswahrscheinlichkeit):
   - Vermögensminderung sicher oder zumindest vorhersehbar
   - BFH: Es sprechen mehr Gründe für als gegen die Belastung

$\Rightarrow$ Gliederung der Verpflichtungen nach der **Eintrittswahrscheinlichkeit**:
   - sicher: Verbindlichkeiten
   - vorhersehbar: Rückstellungen
   - nicht vorhersehbar: Haftungsverhältnisse

3.1.1 Abstrakte Passivierungsfähigkeit   3.1.1.3 Selbständige Bewertbarkeit

Übersicht 187

Selbständige Bewertbarkeit – Inhalt

- Schuld ist ihrer Höhe nach **quantifizierbar**:
  - Verpflichtung steht zum Bilanzstichtag der Höhe nach eindeutig fest **oder**
  - Verpflichtung kann im Rahmen einer Bandbreite **geschätzt** werden

  $\Rightarrow$ der Höhe nach ungewiss, aber vorhersehbar

3.1 Abstrakte und konkrete Passivierungsfähigkeit   3.1.2 Konkrete Passivierungsfähigkeit

Übersicht 188

Ausprägungen der konkreten Passivierungsfähigkeit – Grundlagen

Alle **abstrakt** passivierungsfähigen Schulden sind **auch konkret** passivierungsfähig:

- im HGB **keine Passivierungsverbote** für Schulden
- GoB der Vollständigkeit (§ 246 1 HGB)

$\Rightarrow$ Passivierungspflicht für alle abstrakt passivierungsfähigen Schulden

3.1 Abstrakte und konkrete Passivierungsfähigkeit 3.1.2 Konkrete Passivierungsfähigkeit

Übersicht 189

Ausprägungen der konkreten Passivierungsfähigkeit – gesetzliche Regelung

- **konkret** passivierungspflichtig, jedoch **nicht abstrakt** passivierungsfähig sind folgende (sogenannte Aufwands–)Rückstellungen:
  1. unterlassene Instandhaltung (§ 249 I S. 2 Nr. 1 HGB)
  2. Abraumbeseitigung (§ 249 I S. 2 Nr. 1 HGB)
  sowie
  3. Passive RAP (§ 250 II HGB, Pflicht)
- GoB–Entsprechung:
  - Aufwandsverrechnung im laufenden Jahr $\Rightarrow$ Periodenabgrenzung
  $\Rightarrow$ Abgrenzung der Sache und / oder der Zeit nach

3.1 Abstrakte und konkrete Passivierungsfähigkeit 3.1.3 Zusammenhänge zwischen abstrakter und konkreter Passivierungsfähigkeit

Übersicht 190

Zusammenhänge zwischen abstrakter und konkreter Passivierungsfähigkeit

1. Verpflichtung ist **nur abstrakt** nicht jedoch konkret passivierungsfähig
   - keine Passivierungsverbote für Schulden $\Rightarrow$ nicht möglich
2. Verpflichtung ist **nur konkret** nicht jedoch abstrakt passivierungsfähig
   - Aufwandsrückstellungen
   - Passive RAP
3. Verpflichtung ist **sowohl konkret als auch abstrakt** passivierungsfähig
   - alle Verbindlichkeiten / Rückstellungen für Außenverpflichtungen

3.2.1 Ansatz und Ausweis von Verbindlichkeiten 3.2.1.1 Grundlagen

Übersicht 191

Verbindlichkeiten – Begriff / Ausbuchung

1. **Begriff:**
   - **Außenverpflichtungen** zur Erbringung einer Leistung, die
     - **dem Grunde** und
     - **der Höhe nach** sicher feststehen.

2. **Ausbuchung:**
   - **Erfüllung** der Verbindlichkeit, d.h. geschuldete Leistung erbracht
   - **Erlass** der Verbindlichkeit durch den Gläubiger
   - **Rückkauf** eigener Schuldverschreibungen

3.2.1 Ansatz und Ausweis von Verbindlichkeiten 3.2.1.1 Grundlagen

Übersicht 192

Verbindlichkeiten – Systematisierungskriterien

1. **Gegenstand**: Sach– (erhaltene Anzahlung) oder Geldleistung (Darlehen)
2. **Fristigkeit**: (Ursprungs– / Restlaufzeit)
3. **Art der Sicherung**: ungesichert oder (vollständig bzw. teilweise) gesichert
4. **Empfänger der Leistung**: z.B. Kreditinstitute, Lieferanten, verbundene Unternehmen
5. Vorhandensein einer **Gegenleistung**:
   - ohne Gegenleistung (z.B. Schadenersatzverpflichtungen)
   - mit Gegenleistung (kreditierter Geldbetrag, kreditierte Sach- oder Dienstleistung, erhaltene Anzahlung)

3.2.1 Ansatz und Ausweis von Verbindlichkeiten   3.2.1.1 Grundlagen

Übersicht 193

Verbindlichkeiten – Gliederung (§ 266 III C. HGB)

- Erkennbare **Systematisierungskriterien**:
  - Entstehungsgrund
  - Empfänger der Leistung

⇒ Gliederungsschema **nicht überschneidungsfrei**:
  - eindeutige Zuordnung nicht immer möglich, Zuordnung nach dem **Empfänger hat Vorrang**
  - Vermerk / Anhangangabe der Mitzugehörigkeit zu einem anderen Posten der Bilanz, „wenn dies zur Aufstellung eines klaren und übersichtlichen Jahresabschlusses erforderlich ist" (§ 265 III HGB)

3.2.1 Ansatz und Ausweis von Verbindlichkeiten   3.2.1.2 Anleihen
3.2.1.3 Verbindlichkeiten gegenüber Kreditinstituten

Übersicht 194

Anleihen (§ 266 III C. 1. HGB)

Inhalt:

- verbriefte Geldschulden aus Kreditaufnahme des Unternehmens
- Angabe von Wandelanleihen („davon konvertibel")

Verbindlichkeiten gegenüber Kreditinstituten (§ 266 III C. 2. HGB)

Inhalt:

- unverbriefte Geldschulden aus Kreditaufnahme des Unternehmens

| 3.2.1 | Ansatz und Ausweis von Verbindlichkeiten | 3.2.1.4 | Erhaltene Anzahlungen |
| | | 3.2.1.5 | Verbindlichkeiten aus Lieferungen und Leistungen |

Übersicht 195

Erhaltene Anzahlungen (§ 266 III C. 3. HGB)

Inhalt:

- **Vorleistungen** eines Kunden auf ein (weiterhin, da Hauptleistung noch nicht erbracht) **schwebendes Geschäft** in Form einer (Teil–)Zahlung
- Ausweiswahlrecht: Offene Absetzung von den Vorräten (§ 268 V S. 2 HGB)

Verbindlichkeiten aus Lieferungen und Leistungen (§ 266 III C. 4. HGB)

Inhalt:

- Geldschulden aufgrund erhaltener Lieferungen oder Leistungen

| 3.2.1 | Ansatz und Ausweis von Verbindlichkeiten | 3.2.1.6 | Wechselverbindlichkeiten |

Übersicht 196

Wechselverbindlichkeiten (§ 266 III C. 5. HGB)

Inhalt:

- Ausstellung eines Solawechsels durch den Bilanzierenden
- Akzept eines von einem anderen auf den Namen des Bilanzierenden ausgestellten Wechsels
- ⇒ Zahlungsversprechen mit Wertpapiercharakter, keine Einreden aus dem Grundgeschäft etc.

3.2.1 Ansatz und Ausweis von Verbindlichkeiten	3.2.1.7 Konzernverbindlichkeiten

Übersicht 197

Verbindlichkeiten gegenüber verbundenen Unternehmen (§ 266 III C. 6. HGB)

Verbindlichkeiten gegenüber Unternehmen, mit denen ein Beteiligungsverhältnis besteht (§ 266 III C. 7. HGB)

Inhalt:

- Verbindlichkeiten gegenüber nahe stehenden Unternehmen, u.a. aus
- Kreditaufnahme
- erhaltenen Anzahlungen
- erhaltenen Lieferungen oder Leistungen

⇒ vgl. Abgrenzung korrespondierender Posten der Finanzanlagen (2.2.3.3)

3.2.1 Ansatz und Ausweis von Verbindlichkeiten	3.2.1.8 Sonstige Verbindlichkeiten

Übersicht 198

Sonstige Verbindlichkeiten (§ 266 III C. 8. HGB)

Inhalt:

- **Restposten**, z.B. Steuerschulden, rückständige Löhne und Gehälter
- passive **antizipative** Rechnungsabgrenzungsposten, z.B. Verbindlichkeiten aus Mietverträgen

3.2.1 Ansatz und Ausweis von Verbindlichkeiten	3.2.1.9 Vermerk- und Erläuterungspflichten

Übersicht 199

Vermerk- und Erläuterungspflichten – Restlaufzeiten

1. **Begriff Restlaufzeit:**
   - Zeitraum zwischen Bilanzstichtag und Fälligkeitstag der Verbindlichkeit
2. **Gegenbegriff Ursprungslaufzeit:**
   - Zeitraum zwischen Auszahlung und Fälligkeitstag der Verbindlichkeit
3. **gesondert auszuweisen / anzugeben** (§§ 268 V S. 1; 285 Nr. 1a, 2 HGB):
   - kurzfristige Verbindlichkeiten (Restlaufzeit ≤ 1 Jahr)
   - langfristige Verbindlichkeiten (Restlaufzeit > 5 Jahre)

3.2.1 Ansatz und Ausweis von Verbindlichkeiten	3.2.1.9 Vermerk- und Erläuterungspflichten

Übersicht 200

Vermerk- und Erläuterungspflichten – Sicherheiten (§ 285 Nr. 1b, 2 HGB)

- getrennt anzugeben sind u.a.:
- **(Grund-)pfandrechte** an Immobilien (Hypothek, Grundschuld)
- **Pfandrechte** an beweglichen Sachen und Rechten
- **Sicherungsübereignung** beweglicher Sachen
- **Sicherungsabtretung** von Forderungen oder Rechten (Zession)
- **Eigentumsvorbehalt** an beweglichen Sachen

| 3.2.2 | Ansatz und Ausweis von Rückstellungen | 3.2.2.1 | Grundlagen |

Übersicht 201

Rückstellungen – Abgrenzung zu den Verbindlichkeiten

1. **Gemeinsamkeiten:**
   - beides Verpflichtungen des Bilanzierenden, beides Schulden

2. **Unterschiede:**
   - Verbindlichkeiten = Passivposten für am Bilanzstichtag dem Grunde und der Höhe nach **sichere** Verpflichtungen des Bilanzierenden
   - Rückstellungen = Passivposten für am Bilanzstichtag dem Grunde und / oder der Höhe nach **ungewisse** Verpflichtungen des Bilanzierenden

| 3.2.2 | Ansatz und Ausweis von Rückstellungen | 3.2.2.1 | Grundlagen |

Übersicht 202

Rückstellungen – Arten (§ 249 I S. 1, 2 HGB)

1. Rückstellungen für ungewisse Verbindlichkeiten (**Verbindlichkeitsrückstellungen,** Passivierungspflicht)

2. Rückstellungen für drohende Verluste aus schwebenden Geschäften (**Drohverlustrückstellungen,** Passivierungspflicht

3. Rückstellungen für Gewährleistungen ohne rechtliche Verpflichtung (**Kulanzrückstellungen,** Passivierungspflicht)

4. **Aufwandsrückstellungen** (Passivierungspflicht in Einzelfällen)

3.2.2 Ansatz und Ausweis von Rückstellungen	3.2.2.2 Verbindlichkeitsrückstellungen

Übersicht 203

Verbindlichkeitsrückstellungen – abstrakte Passivierungsfähigkeit

1. **rechtliche oder faktische Verpflichtung gegenüber Dritten:**
   - durch Dritte (bürgerlich– / öffentlich–) **rechtlich erzwingbare** Erfüllung
2. **wirtschaftliche Belastung:**
   - wahrscheinliche künftige Vermögensminderung
   - Wahrscheinlichkeit: mehr Gründe für als gegen eine Inanspruchnahme
3. **Quantifizierbarkeit:**
   - Höhe der Belastung zumindest **im Rahmen einer Bandbreite** schätzbar

3.2.2 Ansatz und Ausweis von Rückstellungen	3.2.2.2 Verbindlichkeitsrückstellungen

Übersicht 204

Verbindlichkeitsrückstellungen –

Beispiele für bürgerlich–rechtliche Verpflichtungen

1. Pensionen und ähnliche Verpflichtungen aus Altersversorgung
2. noch offene Urlaubsansprüche von Arbeitnehmern
3. drohende Inanspruchnahme aus Bürgschaften
4. Prozessaufwendungen (Gerichtskosten / Anwaltshonorare)
5. Verpflichtungen aus Produkthaftung
6. sonstige Haftpflicht– / Schadenersatzansprüche Dritter

3.2.2 Ansatz und Ausweis von Rückstellungen   3.2.2.2 Verbindlichkeitsrückstellungen

Übersicht 205

Verbindlichkeitsrückstellungen –
Beispiele für öffentlich–rechtliche Verpflichtungen

1. ausstehende Abschlusszahlungen der Gewerbe– und Körperschaftsteuer
2. Aufwendungen für die handelsrechtlich vorgeschriebene Aufstellung und Prüfung des Jahresabschlusses
3. Beiträge zur Berufsgenossenschaft
4. Aufwendungen für Umweltschutz, z. B. für Umweltschutzauflagen oder Altlastensanierung

3.2.2 Ansatz und Ausweis von Rückstellungen   3.2.2.2 Verbindlichkeitsrückstellungen

Übersicht 206

Pensionsrückstellungen – unmittelbare / mittelbare Pensionsverpflichtungen

1. **unmittelbare Pensionsverpflichtung:**
   - Zahlung der Pensionsleistung durch das bilanzierende Unternehmen ohne Einschaltung eines selbständigen Versorgungsträgers
2. **mittelbare Pensionsverpflichtung:**
   - Zahlung der Pensionsleistung durch einen selbständigen Versorgungsträger (z.B. Versicherungsunternehmen, Unterstützungskasse, Pensionsfonds); häufig besteht die Pflicht des bilanzierenden Unternehmens, Fehlbeträge der Versorgungskasse etc. auszugleichen.

3.2.2 Ansatz und Ausweis von Rückstellungen

3.2.2.2 Verbindlichkeitsrückstellungen

Übersicht 207

Pensionsrückstellungen – gesetzliche Regelungen

1. **Passivierungspflicht** (§ 249 I HGB):
   - für „Neuzusagen" (unmittelbare Verpflichtungen nach dem 31.12.1986)
2. **Passivierungswahlrecht** (Art. 28 EGHGB):
   - für „Altzusagen" (unmittelbare Pensionsverpflichtungen vor dem 1.1.1987, einschließlich deren nachträglicher Erhöhungen)
   - für **mittelbare** Pensionsverpflichtungen sowie ähnliche Verpflichtungen
   - Fehlbeträge sind von Kapitalgesellschaften im Anhang abzugeben
3. **Saldierungsgebot** (§§ 246 II S. 2; 266 II E HGB):
   - für Deckungsvermögen und Altersversorgungsverpflichtungen
   $\Rightarrow$ u.U. aktiver Unterschiedsbetrag aus der Vermögensverrechung

---

3.2.2 Ansatz und Ausweis von Rückstellungen

3.2.2.3 Drohverlustrückstellungen

Übersicht 208

Drohverlustrückstellungen – Grundlagen

1. **abstrakte Passivierungsfähigkeit:**
   - rechtliche Verpflichtung gegenüber Dritten aus schwebendem Geschäft
   - wirtschaftliche Belastung durch erwarteten negativen Erfolgsbeitrag
   - Höhe des erwarteten Verlusts quantifizierbar
2. **Passivierung lt. EStG:**
   - Ansatzverbot (§ 5 IVa EStG)

3.2.2 Ansatz und Ausweis von Rückstellungen

3.2.2.3 Drohverlustrückstellungen

Übersicht 209

Drohverlustrückstellungen – schwebendes Geschäft

1. **Begriff:**
   - **Schwebendes Geschäft** = zweiseitig verpflichtender Vertrag, den der zur Sach- oder Dienstleistung Verpflichtete noch nicht erfüllt hat. (BFH, „**Hauptleistung noch nicht erbracht**")

2. **Arten:**
   - Beschaffungsgeschäfte
   - Absatzgeschäfte
   - Dauerschuldverhältnisse

3.2.2 Ansatz und Ausweis von Rückstellungen

3.2.2.3 Drohverlustrückstellungen

Übersicht 210

Drohverlustrückstellungen – drohender Verlust

1. **Verlust:**
   - Wert der eigenen Leistungen **übersteigt** den Wert der zugesagten Gegenleistungen $\Rightarrow$ negativer Erfolgsbeitrag

2. **„drohender" Verlust:**
   - negativer Erfolgsbeitrag ist aufgrund konkreter Anhaltspunkte **abzusehen**
   - die bloße Möglichkeit eines Verlusteintritts reicht zur Bildung einer Rückstellung nicht aus („allgemeines Unternehmerrisiko")

3.2.2 Ansatz und Ausweis von Rückstellungen	3.2.2.4 Kulanzrückstellungen

Übersicht 211

Kulanzrückstellungen – abstrakte Passivierungsfähigkeit

1. **wirtschaftliche / faktische Verpflichtung gegenüber Dritten:**
   - Bilanzierender ist aus wirtschaftlichen Gründen gezwungen, Kulanzleistungen zu erbringen, um keine Kunden zu verlieren (keine reinen Gefälligkeiten)

2. **wirtschaftliche Belastung:**
   - Kulanzleistung mindert künftig das Vermögen

3. **Quantifizierbarkeit:**
   - Kulanzleistung ist im Rahmen einer Bandbreite zu schätzen

3.2.2 Ansatz und Ausweis von Rückstellungen	3.2.2.5 Aufwandsrückstellungen

Übersicht 212

Aufwandsrückstellungen – Grundlagen

1. **Begriff:**
   - Rückstellungen für Aufwendungen, die im abgelaufenen Geschäftsjahr entstanden sind, aber nicht verausgabt wurden.

2. **GoB:**
   - Grundsatz der Abgrenzung der Sache nach („*matching principle*")
     ⇒ periodengerechte Erfolgsermittlung (**dynamische Bilanztheorie**)
   - Richtigkeit: Objektivierung durch genaue Umschreibung des Aufwands
     ⇒ Aufwandsrückstellungen zur allgemeinen Risikovorsorge nicht zulässig

3.2.2 Ansatz und Ausweis von Rückstellungen 3.2.2.5 Aufwandsrückstellungen

Übersicht 213

Aufwandsrückstellungen – abstrakte Passivierungsfähigkeit I

1. **Verpflichtung:**
   - keine Verpflichtung gegenüber Dritten
   - „Innenverpflichtungen" des Bilanzierenden „gegenüber sich selbst" nur Konstrukt der Bilanztheorie

2. **wirtschaftliche Belastung:**
   - zugrundeliegende künftige Ausgaben sind dem abgelaufenen Geschäftsjahr zuzurechnen und führen zu einer künftigen Vermögensminderung

---

3.2.2 Ansatz und Ausweis von Rückstellungen 3.2.2.5 Aufwandsrückstellungen

Übersicht 214

Aufwandsrückstellungen – abstrakte Passivierungsfähigkeit II

3. **Quantifizierbarkeit:**
   - Rückstellungsbetrag ist im Rahmen einer Bandbreite zu schätzen

⇒ nicht abstrakt passivierungsfähig

⇒ statt der Bildung einer Instandhaltungsrückstellung Abschreibung des Vermögensgegenstandes denkbar

3.2.2 Ansatz und Ausweis von Rückstellungen

3.2.2.5 Aufwandsrückstellungen

Übersicht 215

Aufwandsrückstellungen – konkrete Passivierungsfähigkeit

- **Passivierungspflicht** für Rückstellungen für
  - Aufwendungen für unterlassene Instandhaltung, die innerhalb eines Zeitraums von bis zu drei Monaten, und
  - Aufwendungen für unterlassene Abraumbeseitigung, die innerhalb eines Zeitraums von bis zu einem Jahr

  nachgeholt werden (§ 249 I S. 2 Nr. 1 HGB)

3.2.2 Ansatz und Ausweis von Rückstellungen

3.2.2.6 Inanspruchnahme und Auflösung

Übersicht 216

Inanspruchnahme und Auflösung von Rückstellungen – Begriff

1. **Inanspruchnahme:** **bestimmungsgemäße** Ausbuchung der Rückstellung bei Anfall der antizipierten Verpflichtungen / Aufwendungen

2. **Auflösung:** **nicht bestimmungsgemäße** Ausbuchung der Rückstellung, wenn mit der Inanspruchnahme nicht mehr zu rechnen ist (§ 249 II S. 2 HGB)

3.2.2 Ansatz und Ausweis von Rückstellungen   3.2.2.6 Inanspruchnahme und Auflösung

Übersicht 217

Inanspruchnahme von Rückstellungen – Zeitpunkt

Art der Rückstellung	Zeitpunkt der Inanspruchnahme
Rückstellungen für ungewisse Verbindlichkeiten	Eintreten der Verpflichtung
Drohverlustrückstellungen	tatsächliches Eintreten des antizipierten Verlustes
Rückstellungen für Gewährleistungen ohne rechtliche Verpflichtung	Eintreten der Verpflichtung
Aufwandsrückstellungen	Verausgabung der Aufwendungen

3.2.2 Ansatz und Ausweis von Rückstellungen   3.2.2.6 Inanspruchnahme und Auflösung

Übersicht 218

Inanspruchnahme von Rückstellungen – Verbuchung I

1. Inanspruchnahme durch Zahlung:

- Rückstellung an Bank
- oder (tlw. in der Praxis):

    Kompensation des Kontos, über das die Rückstellung gebildet wurde:
    - „entsprechende Aufwandsart"   an   Bank und
    - Rückstellung   an   „entsprechende Aufwandsart"
- ggf. vorher Umwandlung in eine Verbindlichkeit

3.2.2 Ansatz und Ausweis von Rückstellungen   3.2.2.6 Inanspruchnahme und Auflösung

Übersicht 219

Inanspruchnahme von Rückstellungen – Verbuchung II

2. Inanspruchnahme durch innerbetrieblichen Aufwand:
- z.B. Reparaturen aufgrund von Garantieverpflichtungen
  - Garantierückstellung an „Materialaufwand etc."

  oder bei mehreren Aufwandsarten „vereinfacht"
  - Garantierückstellung an sonstige betriebliche Erträge
- z.B. drohende Verluste aus schwebenden Geschäften
  Kompensation der Konten, über die die Rückstellung gebildet wurde:
  - „Materialaufwand etc." an RHB etc. und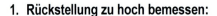
  - Drohverlustrückstellung an „Materialaufwand etc."

3.2.2 Ansatz und Ausweis von Rückstellungen   3.2.2.6 Inanspruchnahme und Auflösung

Übersicht 220

Inanspruchnahme von Rückstellungen – Differenzbeträge

1. **Rückstellung zu hoch bemessen:**
- Ausweis des nicht benötigten Teils als sonstiger betrieblicher Ertrag

2. **Rückstellung zu niedrig bemessen:**
- Buchung des fehlenden Betrages über das (Aufwands–)Konto, über das die Rückstellung gebildet wurde

3.2.2 Ansatz und Ausweis von Rückstellungen

3.2.2.6 Inanspruchnahme und Auflösung

Übersicht 221

Rückstellungen – Auflösung

- Erfolgswirksam zugunsten der sonstigen betrieblichen Erträge, **wenn der Grund für die Rückstellungsbildung entfallen ist** und damit mit einer Inanspruchnahme nicht mehr zu rechnen ist (§ 249 II S. 2 HGB).

3.2.2 Ansatz und Ausweis von Rückstellungen

3.2.2.7 Vermerk- und Erläuterungspflichten

Übersicht 222

Vermerk- und Erläuterungspflichten – Ausweis und Offenlegung

- **Ausweispflichten für Kapitalgesellschaften** (§ 266 III B. HGB):
  1. Rückstellungen für Pensionen und ähnliche Verpflichtungen
  2. Steuerrückstellungen
  3. sonstige Rückstellungen
- **Erläuterungspflichten für Kapitalgesellschaften im Anhang:**
  - ggf. Aufgliederung der in den sonstigen Rückstellungen enthaltenen Posten (§ 285 Nr. 12 HGB)
  - Angabe der Berechnungsgrundlagen für Pensionsrückstellungen (§ 285 Nr. 24 HGB)

3.3.1 Bewertung von Verbindlichkeiten   3.3.1.1 Erfüllungsbetrag

Übersicht 223

Erfüllungsbetrag

1. **gesetzliche Regelung** (§ 253 I S. 2 HGB):
   - Verbindlichkeiten sind zu ihrem **Erfüllungsbetrag** zu bewerten
2. **Begriff:**
   - der zur Ablösung einer Verpflichtung erforderliche Betrag, d.h. Geld oder in Geld bewertete Sach- oder Dienstleistung
3. **Bewertungsprobleme:**
   - Auszahlungsbetrag < Erfüllungsbetrag (Auszahlungsdisagio)
   - Auszahlungsbetrag > Erfüllungsbetrag (Auszahlungsagio, selten)

3.3.1 Bewertung von Verbindlichkeiten   3.3.1.1 Erfüllungsbetrag

Übersicht 224

Erfüllungsbetrag – geringerer Auszahlungsbetrag / Disagio I

1. **Charakter (Auszahlungs-)Disagio:**
   - einmalige **Zinszahlung** an den Kreditgeber
2. **Bilanzierung gemäß GoB:**
   - Grundsatz der Abgrenzung der Zeit nach: Verteilung auf die Laufzeit
3. **gesetzliche Regelung:**
   - Wahlrecht für die Bildung eines aktiven Rechnungsabgrenzungspostens (§ 250 III HGB) $\Rightarrow$ keine Pflicht zur Periodisierung
   - steuerlich Ansatzpflicht (H 6.10 EStR 2012)
   - Nichtausübung $\Rightarrow$ bei erheblichen Unterschiedsbeträgen u.U. wesentliche Verzerrung der Ertragslage

3.3.1 Bewertung von Verbindlichkeiten   3.3.1.1 Erfüllungsbetrag

Übersicht 225

Erfüllungsbetrag – geringerer Auszahlungsbetrag / Disagio II

4. Ausnahme (z.B. bei Zerobonds):
- Bewertung der Verbindlichkeit bei Zugang mit dem Auszahlungsbetrag
- jährliche erfolgswirksame Zuschreibung des auf ein Jahr entfallenden Unterschiedsbetrags

⇒ Bewertung in Höhe des Auszahlungsbetrages zzgl. der bis zum Bilanzstichtag angefallenen Zinsschuld

⇒ Abweichung von der Bewertung zum Erfüllungsbetrag, da bei vorzeitiger Tilgung künftige Zinsbestandteile nicht fällig

---

3.3.1 Bewertung von Verbindlichkeiten   3.3.1.1 Erfüllungsbetrag

Übersicht 226

Erfüllungsbetrag – höherer Auszahlungsbetrag / (Auszahlungs–)Agio

1. Charakter Auszahlungsagio:
- Entgelt des Gläubigers für künftige, gegenüber der Normalverzinsung höhere Zinszahlungen des Schuldners (= des Bilanzierenden)

  ⇒ Voraberlass von Zinsen

2. Bilanzierung:
- sofortige erfolgswirksame Verrechnung unzulässig (⇒ Realisationsprinzip)
- Periodisierung über die Laufzeit durch
- Bewertung der Verbindlichkeit zum Erfüllungsbetrag und
- Ansatz des Auszahlungsagios bei den passiven Rechnungsabgrenzungsposten (§ 250 II HGB) und zeitanteilige Auflösung über die Laufzeit

3.3.1 Bewertung von Verbindlichkeiten   3.3.1.1 Erfüllungsbetrag

Übersicht 227

Erfüllungsbetrag – Skonto / Tausch

1. **Bilanzierung – Skonto:**
   - Bewertung zum Barpreis (= Rechnungsbetrag ./. Skonto) und Hinzurechnung der Zinsen (= Entgelt für die Inanspruchnahme des Lieferantenkredits und damit Zinsaufwand) über die Laufzeit (Trennung von Güter- und Kreditgeschäft)
   - steuerlich: Bewertung zum Rechnungsbetrag, wenn keine Inanspruchnahme beabsichtigt

2. **Bilanzierung – Tausch:**
   - statt Zahlung Erbringung eigener Lieferung oder Dienstleistung
   - Bewertung der Verbindlichkeit mit dem Erfüllungsbetrag, der notwendig ist, um die geschuldete eigene Lieferung oder Dienstleistung zu erbringen

3.3.1 Bewertung von Verbindlichkeiten   3.3.1.1 Erfüllungsbetrag

Übersicht 228

Bewertung von Verbindlichkeiten – Höchstwertprinzip

1. Imparitätsprinzip (§ 252 I Nr. 4 HGB)
2. Stichtagsprinzip (§ 252 I Nr. 3 HGB)

$\Rightarrow$ **Höchstwertprinzip**:
- Stichtagswert > ursprünglicher Erfüllungsbetrag
   $\Rightarrow$ Bewertung der Verbindlichkeit zum Stichtagswert
- Stichtagswert < ursprünglicher Erfüllungsbetrag
   $\Rightarrow$ Bewertung der Verbindlichkeit zum ursprünglichen Erfüllungsbetrag (unrealisierte Erträge)

Übersicht 229

Bewertung von Verbindlichkeiten –
Fremdwährungsumrechnung (§ 256a HGB) I

1. **Erstbewertung:**
   - Geldkurs (d.h. Kurs, zu dem Fremdwährung gekauft werden kann) im Zeitpunkt des Zugangs der Verbindlichkeit, ggf. Devisenkassamittelkurs zulässig
   - Ausnahme: günstigerer Sicherungskurs (§ 254 S. 1 HGB)
2. **Negative Entwicklung des ungesicherten Umrechnungskurses:**
   - Erfassung durch außerplanmäßige **Zuschreibung** (**Höchstwertprinzip**)

Übersicht 230

Bewertung von Verbindlichkeiten –
Fremdwährungsumrechnung (§ 256a HGB) II

3. **Positive Entwicklung des ungesicherten Umrechnungskurses:**
   - Restlaufzeit > 1 Jahr: Realisierung erst **mit tatsächlicher Tilgung** der Verbindlichkeit (**Realisationsprinzip**)
   - Restlaufzeit ≤ 1 Jahr: Bewertung zum **Devisenkassamittelkurs des Abschlussstichtages**, d.h. unter **Verstoß gegen das Höchstwertprinzip** letztlich zum Tageswert

3.3.2 Bewertung von Rückstellungen   3.3.2.1   Erfüllungsbetrag

Übersicht 231

Erfüllungsbetrag – Grundlagen

1. **gesetzliche Regelung:**
   - Bewertung von Rückstellungen mit dem nach vernünftiger kaufmännischer Beurteilung notwendigen Erfüllungsbetrag (§ 253 I S. 2 HGB)
2. **„vernünftige kaufmännische Beurteilung"**
   $\Rightarrow$ gesetzlich weitgehend ungeregelt
   - vollständige / nachvollziehbare Informationsauswertung einschließlich
   - wertaufhellender Informationen

3.3.2 Bewertung von Rückstellungen   3.3.2.1   Erfüllungsbetrag

Übersicht 232

Erfüllungsbetrag – Ermittlung

- abhängig von Rückstellungsart:
  - Berechnung (z.B. Urlaubsrückstellungen, Steuerrückstellungen)
  - Schätzung mit Hilfe statistischer Methoden (z.B.: Garantierückstellungen, Pensionsrückstellungen)
  - sonstige Schätzungen (z.B. Garantierückstellungen für neue Produkte, Prozesskosten)

3.3.2 Bewertung von Rückstellungen   3.3.2.1 Erfüllungsbetrag

Übersicht 233

Erfüllungsbetrag – Problemfelder

1. Berücksichtigung künftiger Preis– / Lohnsteigerungen
2. Ansammlung von Rückstellungen über mehrere Geschäftsjahre
3. Abzinsung der zu antizipierenden Ausgaben

3.3.2 Bewertung von Rückstellungen   3.3.2.1 Erfüllungsbetrag

Übersicht 234

Erfüllungsbetrag – Berücksichtigung künftiger Preis– / Lohnsteigerungen

1. **Verbindlichkeits–, Kulanz– und Aufwandsrückstellungen:**
   - Erfüllungsbetrag ⇒ Berücksichtigung künftiger Preis–/Kostensteigerungen
   - **Einschränkung des Stichtagsprinzips**: Berücksichtigung nach dem Stichtag entstehender Risiken (Imparitätsprinzip; § 252 I Nr. 4 HGB)
2. **Drohverlustrückstellungen:**
   - Bewertung von **künftigem** Anspruch und **künftiger** Verpflichtung
   - bei Vergleich von Leistung und Gegenleistung mit heutigen Preisen evtl. keine Rückstellungsbildung
   ⇒ Berücksichtigung von Preissteigerungen (Imparitätsprinzip)

3.3.2 Bewertung von Rückstellungen   3.3.2.1 Erfüllungsbetrag

Übersicht 235

Erfüllungsbetrag – Ansammlung von Rückstellungen

1. Grundsatz der Abgrenzung der Sache nach:

- ratierliche Ansammlung kann bei Auseinanderfallen von rechtlicher Entstehung und wirtschaftlicher Verursachung sinnvoll sein
- z.B. bei Rekultivierungsverpflichtungen

2. Ansammlung:

- Objektivierung durch lineare Ansammlung, bei Kapitalgesellschaften unter Angabe der Differenz zur Gesamtverpflichtung (§ 285 Nr. 3a HGB)

3.3.2 Bewertung von Rückstellungen   3.3.2.1 Erfüllungsbetrag

Übersicht 236

Erfüllungsbetrag – Abzinsung

1. gesetzliche Regelung (§ 253 II S. 1, 2 HGB):

- Rückstellungen mit einer Restlaufzeit von > 1 Jahr sind abzuzinsen
- Abzinsung mit dem restlaufzeitenadäquaten durchschnittlichen Marktzinssatz (Bekanntgabe durch die Deutsche Bundesbank)
- Restlaufzeit kann mit 15 Jahren pauschaliert werden (Wahlrecht)
- Pensionsrückstellungen sind steuerlich mit 6% abzuzinsen (§ 6a EStG)

2. Informationsfunktion:

- Berücksichtigung der gegenläufigen Effekte der Preis– und Kostensteigerungen sowie der Abzinsung

Drohverlustrückstellungen aus schwebenden Absatzgeschäften I

1. **Begriff des schwebenden Absatzgeschäfts:**
   - Verpflichtung des Bilanzierenden zur Erbringung einer Leistung; die jedoch noch nicht (vollständig) erbracht ist; damit Erfolg noch nicht realisiert

2. **Berechnung des drohenden Verlustes:**

       erwartete Erträge aus dem Absatzgeschäft
   − bereits aktivierte Anschaffungs- oder Herstellungskosten
   − noch anfallende Aufwendungen
   = drohender Verlust (negativer Erfolgsbeitrag)

Drohverlustrückstellungen aus schwebenden Absatzgeschäften II

3. **Bilanzierung bei bereits erfolgter Aktivierung unfertiger Erzeugnisse / Leistungen:**
   - **Abschreibung** der unfertigen Erzeugnisse / Leistungen, wenn der drohende Verlust diesen eindeutig zuzuordnen ist

   $\Rightarrow$ retrograde Bewertung

4. **Bilanzierung des (verbleibenden) drohenden Verlustes:**

   Ansatz einer Rückstellung für drohende Verluste aus schwebenden Geschäften in Höhe des (verbleibenden) drohenden Verlustes

3.3.2 Bewertung von Rückstellungen   3.3.2.3 Pensionsrückstellungen

Übersicht 239

Pensionsrückstellungen – Zuführung

1. **ratierliche Ansammlung** der Rückstellung, so dass bei Rentenbeginn der Barwert der künftigen Rentenzahlungen in die Rückstellung eingestellt worden ist
2. jährlicher **Zuführungsbetrag** abhängig von:
    - geschätzten künftigen Rentenzahlungen
    - erwarteter Rentenbezugsdauer
    - durchschnittlichem Marktzinssatz
    - gewählter versicherungsmathematischer Bewertungsmethode

3.3.2 Bewertung von Rückstellungen   3.3.2.3 Pensionsrückstellungen

Übersicht 240

Pensionsrückstellungen – Inanspruchnahme

1. **Beginn:**
    - mit Aufnahme der laufenden Pensionszahlungen
2. **Höhe:**
    - Versicherungsmethode: Verbleibende Pensionsrückstellung entspricht dem Barwert der noch zu leistenden Pensionszahlungen
3. **Ausweis von Zuführung und Inanspruchnahme:**
    - lediglich als **Saldo** aus Zuführungen und Inanspruchnahmen

Eigenkapital (EK) – Grundlagen

1. **Begriff:**
   - EK = Aktiva ./. Schulden ./. passive RAP ./. passive latente Steuern

2. **Entstehung:**
   - Zuführung von außen (Außenfinanzierung): Von Eigentümern in der Vergangenheit als Einlagen zur Verfügung gestellte Vermögensgegenstände oder erbrachte Forderungsverzichte (Umwandlung von Schulden in Eigenkapital)
   - Zuführung von innen (Innenfinanzierung): Thesaurierung von Gewinnen

Eigenkapital – Gliederung (§ 266 III HGB)

A. Eigenkapital

  I. Gezeichnetes Kapital

  II. Kapitalrücklage

  III. Gewinnrücklagen

  IV. Gewinn–/ Verlustvortrag   ⎫ IV. Bilanzgewinn / –verlust

  V. Jahresüberschuss / Jahresfehlbetrag ⎭ (§ 268 I HGB)

4 Bilanzierung des Eigenkapitals 4.1 Grundlagen

Übersicht 243

Eigenkapital – Entstehung der Komponenten

1. Gezeichnetes Kapital: Einlagen der Gesellschafter
2. Kapitalrücklage: Alle in die Rücklagen einzustellenden Beträge, die dem Unternehmen von außen zufließen.
3. Gewinnrücklagen: Thesaurierung (Einbehaltung) des Jahresüberschusses / ggf. Verrechnung des Jahresfehlbetrages
4. Gewinnvortrag / Verlustvortrag: Ergebnisse der Vorjahre, die nicht in die Rücklagen eingestellt oder mit ihnen verrechnet wurden.
5. Jahresüberschuss / Jahresfehlbetrag: Ergebnis des Geschäftsjahres

4.2 Ausweis des Eigenkapitals von Kapitalgesellschaften 4.2.1 Gezeichnetes Kapital

Übersicht 244

Gezeichnetes Kapital – Begriff

- Gezeichnetes Kapital = der Teil des Eigenkapitals, auf den „die **Haftung der Gesellschafter** für die Verbindlichkeiten der Kapitalgesellschaft gegenüber den Gläubigern **beschränkt** ist" (§ 272 I S. 1 HGB)
- AG / KGaA $\Rightarrow$ Grundkapital (§§ 1 II, 6, 7, 278 I AktG)
- GmbH $\Rightarrow$ Stammkapital (§ 5 GmbHG)
- u.U. gezeichnetes Kapital $\neq$ eingezahltes Kapital

4.2 Ausweis des Eigenkapitals von   4.2.1 Gezeichnetes Kapital
Kapitalgesellschaften

Übersicht 245

Gezeichnetes Kapital – Ausweis (§ 272 I, Ia, Ib HGB)

- Ausweis zum Nennbetrag, d.h. zum
  - Betrag des **Grundkapitals** gemäß Satzung (§ 23 III Nr. 3 AktG) bzw.
  - des **Stammkapitals** gemäß Gesellschaftsvertrag (§ 3 I Nr. 3 GmbHG)
- Gegenbegriff: Ausgabebetrag (ggf. inkl. Agio)
- **Korrektur** im Fall **ausstehender Einlagen**
- Korrektur nach **Erwerb eigener Anteile**

4.2 Ausweis des Eigenkapitals von   4.2.1 Gezeichnetes Kapital
Kapitalgesellschaften

Übersicht 246

Gezeichnetes Kapital – Ausstehende Einlagen (§ 272 I S. 3 HGB)

1. **Entstehung:**
   - Einlagen nicht vollständig geleistet (Nennbetrag > eingezahlter Betrag)
   - z.B. bei Versicherungsunternehmen
2. **Charakter:**
   - Forderungen der Gesellschaft an ihre Gesellschafter, sofern eingefordert
   - ansonsten Korrekturposten zum gezeichneten Kapital
3. **Ausweis:**
   - Offene Absetzung nicht eingeforderter ausstehender Einlagen
   - Eingefordertes aber noch nicht eingezahltes Kapital
     $\Rightarrow$ Forderungen im Umlaufvermögen

4.2 Ausweis des Eigenkapitals von Kapitalgesellschaften

4.2.1 Gezeichnetes Kapital

Übersicht 247

Gezeichnetes Kapital – Eigene Anteile I

1. **Entstehung:**

- Erwerb eigener Aktien bzw. Geschäftsanteile durch AG bzw. GmbH
- nur beschränkt zulässig (§§ 71ff. AktG, § 33 GmbHG)

2. **Charakter:**

- Einlagenrückgewähr – im AktG / GmbHG grundsätzlich verboten (Gläubigerschutz; § 57 I AktG, § 30 GmbHG)
- Korrekturposten zum gezeichneten Kapital

4.2 Ausweis des Eigenkapitals von Kapitalgesellschaften

4.2.1 Gezeichnetes Kapital

Übersicht 248

Gezeichnetes Kapital – Eigene Anteile II

3. **Ausweis:**

- offene Absetzung des Nennbetrags / rechnerischen Wertes der eigenen Anteile vom gezeichneten Kapital (§ 272 Ia S. 1, Ib S. 1 HGB)
- Verrechnung der Differenz zwischen den Anschaffungskosten und dem Nennbetrag / rechnerischen Wert der eigenen Anteile mit frei verfügbaren Rücklagen (§ 272 Ia S. 2 HGB)
- Anschaffungsnebenkosten der eigenen Anteile sind Aufwand des Geschäftsjahres (§ 272 Ia S. 3 HGB)

| 4.2 | Ausweis des Eigenkapitals von Kapitalgesellschaften | 4.2.1 | Gezeichnetes Kapital |

Übersicht 249

Gezeichnetes Kapital – Eigene Anteile III

4. **Veräußerung** (§ 272 Ib S. 2–4 HGB):

- Einstellung der Differenz zwischen Veräußerungserlös und Nennbetrag / rechnerischem Wert der eigenen Anteile bis zur Höhe des mit frei verfügbaren Rücklagen verrechneten Betrages in die jeweiligen Rücklagen
- Einstellung eines darüber hinausgehenden Differenzbetrages in die Kapitalrücklage
- Nebenkosten der Veräußerung sind Aufwand des Geschäftsjahres

| 4.2 | Ausweis des Eigenkapitals von Kapitalgesellschaften | 4.2.2 | Rücklagen |

Übersicht 250

Rücklagen – Grundlagen

1. **Begriff / Zweck:**

   - Puffer zum Verlustausgleich, Schonung des gezeichneten Kapitals
   - Erhöhung der Haftungsbasis des Unternehmens

2. **Arten:**

   - Kapitalrücklage
   - Gewinnrücklagen

4.2.2 Rücklagen   4.2.2.1 Kapitalrücklage

Übersicht 251

Kapitalrücklage – Einstellungen / Entnahmen

- Beträge, die dem Unternehmen von außen zusätzlich zum gezeichneten Kapital zufließen (§ 272 II HGB):
    1. **Agio bei Aktien** und (Wandel–/Options–) Schuldverschreibungen
    2. Zuzahlungen der Gesellschafter gegen Gewährung eines Vorzugs (Mehrstimmrechte etc., selten)
    3. andere (freiwillige) Zuzahlungen der Gesellschafter (ohne Vorteile, selten)
- Einstellungen: erfolgsunwirksam bei Aufstellung der Bilanz (§ 270 I HGB)
- Entnahmen: Ergebnisverwendung; Ausweis in „Überleitungsrechnung" nach dem Jahresergebnis oder Anhangangabe (§ 275 IV HGB; § 158 I AktG)

4.2.2.2 Gewinnrücklagen   4.2.2.2.1 Begriff und Arten

Übersicht 252

Gewinnrücklagen – Einstellungen

- aus dem Jahresüberschuss bei der **Ergebnisverwendung** (§ 272 III S. 1 HGB)
- Wird der Jahresabschluss unter Berücksichtigung der vollständigen oder teilweisen Ergebnisverwendung aufgestellt, erfolgen die Einstellungen bereits bei der **Aufstellung der Bilanz** (§ 270 II HGB).
- **Ausnahme**:
    - Rücklage für **Anteile an einem herrschenden oder mehrheitlich beteiligten Unternehmen** ist auch dann zu bilden, wenn die Gesellschaft keinen Jahresüberschuss erzielt (§ 272 IV HGB).

Gewinnrücklagen – Arten (§ 266 III A. III. HGB; § 272 III / IV HGB)

1. gesetzliche Rücklage
2. Rücklage für Anteile an einem herrschenden oder mehrheitlich beteiligten Unternehmen
3. satzungsmäßige Rücklagen
4. andere Gewinnrücklagen

Gewinnrücklagen – gesetzliche Rücklage

1. **gesetzliche Grundlage:**
   - AG / KGaA: Pflicht zur Bildung (§ 150 I, II AktG, § 272 III S. 2 HGB)
   - GmbH: keine entsprechende Vorschrift ⇒ keine gesetzliche Rücklage
2. **Einstellung:**
   - **5% des** um einen evtl. Verlustvortrag bereinigten **Jahresüberschusses** bis
   - gesetzliche und Kapitalrücklage (§ 272 II Nr. 1-3 HGB) zusammen **10%** oder den in der Satzung bestimmten höheren Teil **des Grundkapitals** erreicht haben (§ 150 II AktG)

4.2.2.2 Gewinnrücklagen   4.2.2.2.3 Rücklage für Anteile an einem herrschenden
                                oder mehrheitlich beteiligten Unternehmen

Übersicht 255

Gewinnrücklagen – Rücklage für Anteile an einem herrschenden oder mehrheitlich beteiligten Unternehmen I

1. **gesetzliche Grundlage:**
   - Erwerb von Anteilen eines herrschenden oder mit Mehrheit beteiligten Unternehmens durch die Gesellschaft (§ 272 IV S. 1 HGB)

2. **Zweck der Einstellung:**
   - Bilanzielle Neutralisierung, da wirtschaftlich wie Erwerb eigener Anteile durch herrschendes Unternehmen zu sehen (⇒ Einlagenrückgewähr)
   - Ausschüttungssperre

   ⇒ Gläubiger- und Aktionärsschutz

4.2.2.2 Gewinnrücklagen   4.2.2.2.3 Rücklage für Anteile an einem herrschenden
                                oder mehrheitlich beteiligten Unternehmen

Übersicht 256

Gewinnrücklagen – Rücklage für Anteile an einem herrschenden oder mehrheitlich beteiligten Unternehmen II

3. **Einstellung:**
   - bei der Aufstellung der Bilanz (§ 272 IV S. 3 HGB)
   - erfolgsneutrale Umbuchung aus frei verfügbaren Gewinn- oder Kapitalrücklagen oder aus dem Gewinnvortrag des Vorjahres oder
   - aus dem Jahresergebnis (Überleitungsrechnung)

4. **Entnahme (§§ 253 III, IV, 272 IV S. 4 HGB):**
   - Ausgabe, Veräußerung oder Einziehung der Anteile
   - Abschreibung der Anteile auf einen niedrigeren Wert

4.2.2.2 Gewinnrücklagen   4.2.2.2.4 Satzungsmäßige Rücklagen

Übersicht 257

Gewinnrücklagen – satzungsmäßige Rücklagen

1. **Begriff:**
   - alle Rücklagen, zu deren Bildung die Kapitalgesellschaft aufgrund von Satzung bzw. Gesellschaftsvertrag **verpflichtet** ist (§ 272 III S. 2 HGB)
   - Rücklagen, bei denen die gesellschaftsrechtliche Regelung ein **Wahlrecht** vorsieht, sind unter den **anderen Gewinnrücklagen** auszuweisen („Ermessensrücklagen")
2. **gesetzliche Regelung:**
   - AG / KGaA: § 58 IV AktG; GmbH: § 29 I GmbHG
3. **Einstellung / Entnahme:**
   - gemäß Satzung / Gesellschaftsvertrag

4.2.2.2 Gewinnrücklagen   4.2.2.2.5 Andere Gewinnrücklagen

Übersicht 258

Gewinnrücklagen – andere Gewinnrücklagen

1. **Begriff:**
   - **Sammelposten**: alle in die Gewinnrücklagen eingestellten Beträge, die nicht die gesetzliche, satzungsmäßige oder Rücklage für Anteile an einem herrschenden oder mehrheitlich beteiligten Unternehmen sind.
2. **Zuführungsbegrenzung** (nur AG, § 58 I, II, III AktG):
   - die Hälfte des Jahresüberschusses steht zur Disposition der Aktionäre
   - weitere Zuführungsmöglichkeiten der Aktionäre in der Hauptversammlung im Rahmen des Gewinnverwendungsbeschlusses
   - Vorschriften zum Schutz der Minderheitsaktionäre (§ 254 AktG)

4.2 Ausweis des Eigenkapitals von Kapitalgesellschaften
4.2.3 Jahresergebnis

Übersicht 259

Jahresergebnis – Ausweisalternativen

1. **ohne Berücksichtigung der Verwendung** des Jahresergebnisses (§ 266 III A. HGB)

2. unter Berücksichtigung der **teilweisen Verwendung** des Jahresergebnisses (§ 268 I HGB), ggf. zwingend (z.B. § 150 I AktG)

3. unter Berücksichtigung der **vollständigen Verwendung** des Jahresergebnisses (§ 268 I HGB)

- **Ergebnisverwendung**: Entnahme aus der Kapitalrücklage, Einstellung in / Entnahme aus Gewinnrücklagen oder Gewinnausschüttung

4.2 Ausweis des Eigenkapitals von Kapitalgesellschaften
4.2.3 Jahresergebnis

Übersicht 260

Jahresergebnis – Überleitungsrechnung für AG (§ 158 I AktG) I

Jahresüberschuss / Jahresfehlbetrag

1. Gewinnvortrag / Verlustvortrag aus dem Vorjahr
2. Entnahmen aus der Kapitalrücklage
3. Entnahmen aus Gewinnrücklagen
4. Einstellungen in Gewinnrücklagen
5. Bilanzgewinn / Bilanzverlust

4.2 Ausweis des Eigenkapitals von Kapitalgesellschaften
4.2.4 Nicht durch Eigenkapital gedeckter Fehlbetrag

Übersicht 261

Nicht durch Eigenkapital gedeckter Fehlbetrag – Grundlagen

1. bilanzielles Eigenkapital durch aufgelaufene Verluste aufgezehrt
2. Schulden + passive RAP + passive latente Steuern > Summe Aktiva
3. gesonderter Ausweis des Saldos auf der Aktivseite am **Schluss der Bilanz:** „Nicht durch Eigenkapital gedeckter Fehlbetrag" (§ 268 III HGB)

4.2 Ausweis des Eigenkapitals von Kapitalgesellschaften
4.2.4 Nicht durch Eigenkapital gedeckter Fehlbetrag

Übersicht 262

Nicht durch Eigenkapital gedeckter Fehlbetrag – formelle vs. materielle Überschuldung

1. Nicht durch Eigenkapital gedeckter Fehlbetrag
   $\Rightarrow$ **nur bilanzielle** (formelle) **Überschuldung**
2. **Insolvenzanmeldung** nur bei Überschuldung im Sinne des Insolvenzrechts, wenn **Fortführung unwahrscheinlich** (materielle Überschuldung, § 19 InsO):
   - **Überschuldungsstatus** auf Basis von Zeitwerten / Zerschlagungswerten
   - Formelle Überschuldung entspricht nur dann materieller Überschuldung, wenn die Kapitalgesellschaft nicht über stille Reserven verfügt.

Rechnungsabgrenzungsposten (RAP) – Grundlagen

1. **Begriff:**
   - Korrekturposten zur Periodisierung von Einzahlungen / Auszahlungen und Aufwendungen / Erträgen (= Erfolgen)
2. **Entstehung:**
   - Aufwendungen / Erträge und Zahlungen fallen in verschiedene Perioden
3. **GoB:**
   - Grundsatz der Abgrenzung der Sache und der Zeit nach
4. **Bilanztheorie:**
   - Dynamische Bilanztheorie (SCHMALENBACH)

Transitorische Rechnungsabgrenzungsposten I

1. **Entstehung:**
   - Zahlung liegt zeitlich vor dem Erfolg:
     - Auszahlung vor, Aufwand nach Abschlussstichtag
     - Einzahlung vor, Ertrag nach Abschlussstichtag
2. **Begriff:**
   - Auszahlungen / Einzahlungen sind Aufwand / Ertrag für eine bestimmte Zeit nach dem Abschlussstichtag
   - Auszahlungen / Einzahlungen sind Vorleistungen eines zeitraumbezogenen Vertrages; es besteht ein Rechtsanspruch auf Gegenleistung

Transitorische Rechnungsabgrenzungsposten II

3. „bestimmte Zeit":
   - Zeitraum:
     - kalendarisch festgelegt oder
     - ggf. Schätzung

4. Bilanzierung:
   - § 250 I, II HGB: Ansatzpflicht auf der Aktiv– oder Passivseite als aktiver oder passiver Rechnungsabgrenzungsposten

---

Antizipative Rechnungsabgrenzungsposten

1. Entstehung:
   - Erfolg liegt zeitlich vor der Zahlung:
     - Ertrag vor, Einzahlung nach Abschlussstichtag (= Vermögensgegenstand)
     - Aufwand vor, Auszahlung nach Abschlussstichtag (= Schuld)

2. Bilanzierung:
   - Ansatzpflicht (§ 246 I S. 1 HGB), Ausweis unter:
     - sonstige Vermögensgegenstände (§ 266 II B. II. 4. HGB) bzw.
     - sonstige Verbindlichkeiten (§ 266 III C. 8. HGB)

Übersicht 267

Derivativer Geschäfts- oder Firmenwert – Begriff / Entstehung

1. **Begriff:**
   - Entgeltlich erworbener Geschäfts- oder Firmenwert (GoF) = **Differenz** zwischen der **Gegenleistung** für das übernommene Unternehmen (Anschaffungskosten) und dem **Saldo der Zeitwerte** der übernommenen Vermögensgegenstände und Schulden (§ 246 I S. 4 HGB)
2. **Entstehung:**
   - bei der Übernahme eines Unternehmens durch Erwerb von Vermögensgegenständen und Schulden (*asset deal*, insbesondere beim Kauf von Teilbetrieben); beim Erwerb von Anteilen (*share deal*) kein Ausweis eines GoF; Bewertung der Anteile mit den Anschaffungskosten

Übersicht 268

Derivativer Geschäfts- oder Firmenwert – Inhalt / Charakter

1. **Inhalt:**
   - nicht bilanzierungsfähige Werte eines Unternehmens (z.B. Ruf des Unternehmens, Kundenstamm)
   - der bei einer ertragswertorientierten Bewertung den Zeitwert des Reinvermögens (Vermögensgegenstände abzgl. Schulden) übersteigende Wert des Unternehmens
2. **Charakter:**
   - **kein Vermögensgegenstand**, da nicht selbständig verwertbar

Übersicht 269

Geschäfts- oder Firmenwert – Bilanzierung I

1. Derivativer Geschäfts- oder Firmenwert – handelsrechtlich:

- Aktivierungspflicht, gilt als zeitlich begrenzt nutzbarer Vermögensgegenstand (§ 246 I S. 4 HGB)
- Ausweis im Anlagevermögen unter den immateriellen Vermögensgegenständen (§ 266 II A. I. 3. HGB)
- planmäßige Abschreibung über die individuelle betriebliche Nutzungsdauer *(BilRUG: 5 ≤ ND ≤10 Jahre, wenn Nutzungsdauer nicht bestimmbar)*, Begründung einer mehr als 5-jährigen Nutzungsdauer im Anhang (§ 285 Nr. 13 HGB)
- Wertaufholungsverbot (§ 253 V S. 2 HGB)

Übersicht 270

Geschäfts- oder Firmenwert – Bilanzierung II

2. Derivativer Geschäfts- oder Firmenwert – steuerrechtlich:

- Aktivierungspflicht, da Wirtschaftsgut
- steuerrechtliche Afa: linear über 15 Jahre (§ 7 I S. 3 EStG)

3. Originärer Geschäfts- oder Firmenwert:

- handelsrechtlich: Aktivierungsverbot
- steuerrechtlich: Aktivierungsverbot (Maßgeblichkeit)

5.3 Latente Steuern   5.3.1 Grundlagen der Steuerabgrenzung

Übersicht 271

Latente Steuern – Grundlagen

1. **Begriff:**
   - „latent" = verborgen; Gegensatz: effektive (tatsächliche) Steuerbelastung
2. **Zweck:**
   - Anpassung des Ertragsteueraufwands aufgrund künftiger Steuerbe- und -entlastungen, die aus (dem Abbau von) Differenzen zwischen Handels- und Steuerbilanz erwartet werden (*temporary* – Konzept)

5.3 Latente Steuern   5.3.1 Grundlagen der Steuerabgrenzung

Übersicht 272

Latente Steuern – Ursachen I

1. **Trennung** zwischen handelsrechtlichem Jahresabschluss („**Handelsbilanz**") und steuerlicher Bemessungsgrundlage („**Steuerbilanz**")
2. Maßgeblichkeit (§ 5 I EStG) teilweise durchbrochen ⇒ unterschiedliche Ansatz- und Bewertungsvorschriften für Handels- und Steuerbilanz
3. **Unterschiede gleichen sich** im Zeitablauf **aus**
4. Steuerbemessung orientiert sich allein an steuerlichen Wertansätzen
5. tatsächlicher Steueraufwand (–rückerstattung) und Steuerposition (Zahlung/ Erstattung) auch für die Handelsbilanz bestimmt

5.3 Latente Steuern   5.3.1 Grundlagen der Steuerabgrenzung

Übersicht 273

Latente Steuern – Ursachen II

6. aufgrund abweichender Bilanzposten **passt** der aus der Steuerbilanz übernommene **Steueraufwand** sowie die Steuerposition **nicht zur Handelsbilanz**
7. zusätzlich Berücksichtigung von Verlustvorträgen
8. **Anpassung** des Steueraufwandes und der Steuerposition in der Handelsbilanz erforderlich („*true and fair view*" / „*fair presentation*")
9. da zeitlich begrenzte Differenzen, **Abgrenzungsposten**

5.3 Latente Steuern   5.3.2 Ansatz

Übersicht 274

Latente Steuern – Ansatz / Saldierung (§§ 274, 306 HGB)

	Aktive latente Steuern	Passive latente Steuern
	Gesamtdifferenzenbetrachtung	
Jahresabschluss	Aktivierungswahlrecht, Ausschüttungssperre (§ 268 VIII S. 2 HGB)	Passivierungspflicht
Konzernabschluss	Aktivierungspflicht	Passivierungspflicht

5.3 Latente Steuern   5.3.3. Ausweis
                       5.3.4 Bewertung

Übersicht 275

Latente Steuern – Ausweis / Bewertung

1. **Ausweis:**
   - **aktive latente Steuern** (§§ 274 I S. 2, 266 II D HGB)
   - **passive latente Steuern** (§§ 274 I S. 1, 266 III E HGB)
   - Netto– oder Bruttoausweis
   - Anhangerläuterungen (§ 285 Nr. 29 HGB)

2. **Bewertung** (*„liability method"*, § 274 II S. 1 HGB):
   - i.d.R. künftiger, da meist unbekannt hilfsweise gegenwärtiger Steuersatz
   - Steuersatzänderungen: Anpassung der Steuerabgrenzung (+/–)

6 Schuldähnliche Verpflichtungen   6.1   Vermerk von Haftungsverhältnissen

Übersicht 276

Schuldähnliche Verpflichtungen – Vermerk von Haftungsverhältnissen

- potentielle Verpflichtung gegenüber Dritten, bei der (noch) mehr gegen als für eine Inanspruchnahme spricht
- kein hinreichend konkreter Zwang zur Leistungserbringung
   $\Rightarrow$ keine abstrakte Passivierungsfähigkeit
$\Rightarrow$ **Vermerk** (**kein Ansatz**, § 251 HGB) **unter der Bilanz** von Verpflichtungen aus
   - der Begebung und Übertragung von Wechseln (Wechselobligo)
   - Bürgschaften, Wechsel- und Scheckbürgschaften
   - Gewährleistungsverträgen
   - der Bestellung von Sicherheiten für fremde Verbindlichkeiten

| 6 Schuldähnliche Verpflichtungen | 6.2 Angabe sonstiger finanzieller Verpflichtungen |

Übersicht 277

Sonstige finanzielle Verpflichtungen – Grundlagen

1. Inhalt / Angabe:

- zukünftige sichere oder wahrscheinliche Verpflichtungen aus Dauerschuldverhältnissen und schwebenden Geschäften, d.h.
- Sachverhalte, die weder passivierungsfähig, noch Haftungsverhältnisse im Sinne des § 251 HGB sind, aber künftige Zahlungsverpflichtungen gegenüber Dritten begründen können
- Anhangangabe für Kapitalgesellschaften: Gesamtbetrag der **sonstigen finanziellen Verpflichtungen,** „sofern diese Angabe für die Beurteilung der Finanzlage von Bedeutung ist" (§ 285 Nr. 3a HGB)

| 6 Schuldähnliche Verpflichtungen | 6.2 Angabe sonstiger finanzieller Verpflichtungen |

Übersicht 278

Sonstige finanzielle Verpflichtungen – Arten

2. Arten:

- mehrjährige Verpflichtungen aus Miet- oder Leasingverträgen
- Verpflichtungen
    - aus kontrahierten Investitionsvorhaben
    - aus künftigen Großreparaturen / Umweltschutzmaßnahmen
    - aus langfristigen Abnahmeverträgen
    - aus derivativen Finanzinstrumenten

7   Gewinn– und Verlustrechnung   7.1   Grundlagen

Übersicht 279

Gewinn– und Verlustrechnung (GuV) – Grundlagen

1. Bestandteil des Jahresabschlusses (§ 242 III HGB)
2. Gegenüberstellung von Aufwendungen und Erträgen des Geschäftsjahrs (§ 242 II HGB)
   - Gewinn– / Ergebnisermittlung
   - Darstellung der Ertragslage (§ 264 II HGB)
     $\Rightarrow$ Analyse der Erfolgskomponenten
3. Zeitraumrechnung (auf Geschäftsjahr bezogen)
   $\Leftrightarrow$ Bilanz: auf Bilanzstichtag bezogene Zeitpunktrechnung

7   Gewinn– und Verlustrechnung   7.2   Gliederungsgrundsätze

Übersicht 280

Gliederungsgrundsätze – Betriebswirtschaftliche Grundsätze

1. keine Saldierung von Aufwands– und Ertragsposten
2. Gliederung der Aufwendungen und Erträge nach
   - Aufwandsarten / Ertragsarten
   - ihren Entstehungsbereichen $\Rightarrow$ Segmentberichterstattung / Erfolgsspaltung
   - ihrer Periodenzugehörigkeit $\Rightarrow$ periodenzugehörig / periodenfremd
   - ihrer Nachhaltigkeit $\Rightarrow$ ordentlich / außerordentlich

7.3 Inhaltliche Gliederung 7.3.1 Grundlagen

Übersicht 281

Inhaltliche Gliederung – Gliederung bei Nicht-Kapitalgesellschaften

Gliederungsanforderungen (§ 243 II HGB):

1. Gesamt- oder Umsatzkostenverfahren (GKV / UKV)
2. ausreichende Aufgliederung der Aufwendungen und Erträge
3. Konto- oder Staffelform
4. Erfolgsspaltung

⇒ Gliederung nach § 275 HGB auch für Nicht-Kapitalgesellschaften sinnvoll

7.3 Inhaltliche Gliederung 7.3.1 Grundlagen

Übersicht 282

Inhaltliche Gliederung – Gliederung bei Kapitalgesellschaften I

1. Aufstellung der GuV gem. § 275 I S. 1 HGB in Staffelform
2. Gliederungsschemata (GKV / UKV):
   - Reihenfolge angegebener Posten zwingend
   - Mindestgliederung:
     - weitere Untergliederung / neue Posten grundsätzlich möglich (§ 265 V HGB)
     - *zusätzliche Zwischensummen zulässig (§ 265 V HGB-E / BilRUG)*
     - Zusammenfassung der Posten unter bestimmten Voraussetzungen zulässig (Posten unerheblich / größere Klarheit; § 265 VII HGB)

7.3 Inhaltliche Gliederung 7.3.1 Grundlagen

Übersicht 283

Inhaltliche Gliederung – Gliederung bei Kapitalgesellschaften II

3. Angabe von Vorjahresbeträgen (§ 265 II S. 1 HGB)

4. Ausweis von Posten kann entfallen, wenn auch im letzten Geschäftsjahr kein Betrag auszuweisen war (§ 265 VIII HGB).

5. Ausweisstetigkeit (§ 265 I HGB)

7.3 Inhaltliche Gliederung 7.3.2 Produktionserfolgsrechnung / Absatzerfolgsrechnung

Übersicht 284

Produktionserfolgsrechnung vs. Absatzerfolgsrechnung I

Produktionserfolgsrechnung = „Gesamtkostenverfahren"	Absatzerfolgsrechnung = „Umsatzkostenverfahren"
1. Gliederungskonzeption	
• nach Aufwandsarten	• nach Funktionsbereichen
2. verrechnete Aufwendungen	
• alle der Produktion zurechenbaren Aufwendungen des Geschäftsjahres	• alle dem Umsatzprozess zurechenbaren Aufwendungen

Produktionserfolgsrechnung vs. Absatzerfolgsrechnung II

Produktionserfolgsrechnung = „Gesamtkostenverfahren"	Absatzerfolgsrechnung = „Umsatzkostenverfahren"
3. verrechnete Erträge	
• sämtliche der Produktion zurechenbaren Erträge des Geschäftsjahres: • Umsatzerlöse • Bestandserhöhungen • andere aktivierte Eigenleistungen	• sämtliche dem Absatz zurechenbaren Erträge des Geschäftsjahres: • Umsatzerlöse

Produktionserfolgsrechnung vs. Absatzerfolgsrechnung III

Produktionserfolgsrechnung = „Gesamtkostenverfahren"	Absatzerfolgsrechnung = „Umsatzkostenverfahren"
4. Berücksichtigung abweichender Produktions– und Absatzmengen in der GuV	
• Bildung der Posten „Bestandsveränderungen" / „andere aktivierte Eigenleistungen" in Höhe der Abweichung von Produktions– und Absatzmenge	• Korrektur der Aufwendungen in Höhe der Bestandsveränderungen sowie der Aufwendungen für aktivierte Eigenleistungen
5. Berücksichtigung abweichender Produktions– und Absatzmengen in der Bilanz	
• durch Zu– oder Abgänge in der Bilanz	

Übersicht 287

Gesamtkostenverfahren – Erfolgsspaltung

1. Betriebsergebnis („Ergebnis aus **betrieblich**er Tätigkeit") ⎫
2. Finanzergebnis („Ergebnis aus **Finanzierung**stätigkeit") ⎬ Ergebnis der gewöhnlichen Geschäftstätigkeit („ordentliches Ergebnis")
3. außerordentliches Ergebnis („**nicht nachhaltig**es Ergebnis") *(entfällt nach BilRUG)*
4. Steueraufwand („**Steuerbelastung**" / „Steuerergebnis")

Übersicht 288

Gesamtkostenverfahren – Posten des Betriebsergebnisses

aus der eigentlichen Betriebstätigkeit resultierende Erfolgskomponenten:

1. **betriebliche Erträge** (§ 275 II Nr. 1 – 4 HGB):
   - Umsatzerlöse
   - Bestandserhöhungen bei Erzeugnissen
   - andere aktivierte Eigenleistungen
   - sonstige betriebliche Erträge

2. **betriebliche Aufwendungen** (§ 275 II Nr. 5 – 8 HGB):
   - Materialaufwand (und ggf. Bestandsminderungen bei Erzeugnissen, Nr. 2)
   - Personalaufwand
   - Abschreibungen
   - sonstige betriebliche Aufwendungen

7.3.3 Gesamtkostenverfahren   7.3.3.1 Posten des Betriebsergebnisses

Übersicht 289

Gesamtkostenverfahren – Umsatzerlöse (§§ 275 II Nr. 1, 277 HGB)

- Erlöse aus für die **gewöhnliche Geschäftstätigkeit** typischen
  - Erzeugnissen und Waren sowie
  - Dienstleistungen
- **regelmäßig** anfallende **untypische** Erträge ⇒ „**sonstige betriebliche Erträge**" (z.B. Miete für Werkswohnungen)
- *BilRUG: alle (nicht nur typische) Erlöse aus Gütern und Dienstleistungen der Kapitalgesellschaft – gewöhnliche Geschäftstätigkeit künftig irrelevant*
- Kürzung um Erlösschmälerungen / Umsatzsteuer (Nettoausweis)

7.3.3 Gesamtkostenverfahren   7.3.3.1 Posten des Betriebsergebnisses

Übersicht 290

Gesamtkostenverfahren – Erhöhung oder Verminderung des Bestands an fertigen und unfertigen Erzeugnissen (§ 275 II Nr. 2 HGB)

- Differenz
  - der Jahresendbestände des Geschäftsjahres und
  - der Jahresendbestände des Vorjahres
- an fertigen und unfertigen **Erzeugnissen** (zu Herstellungskosten), ggf. korrigiert um übliche außerplanmäßige Abschreibungen (§ 277 II HGB)

Übersicht 291

Gesamtkostenverfahren – andere aktivierte Eigenleistungen (§275 II Nr. 3 HGB)

- Erträge aufgrund selbst erstellter Vermögensgegenstände, die nicht unter den Posten „Erhöhung oder Verminderung des Bestands an fertigen und unfertigen Erzeugnissen" fallen
- Beispiele:
  - Selbsterstellte und selbstgenutzte Vermögensgegenstände des Anlagevermögens
  - selbst durchgeführte (ansatzpflichtige) Großreparaturen

Übersicht 292

Gesamtkostenverfahren – sonstige betriebliche Erträge (§ 275 II Nr. 4 HGB) I

- Sammelposten; alle regelmäßig anfallenden Erträge, sofern
  - nicht typisch für das Unternehmen und
  - keine außerordentlichen Erträge und
  - keine Finanzerträge
  - *BilRUG:* regelmäßig anfallende Erträge, die keine Umsatzerlöse sind und Erträge, die derzeit als außerordentliche Erträge ausgewiesen werden.

7.3.3 Gesamtkostenverfahren   7.3.3.1 Posten des Betriebsergebnisses

Übersicht 293

Gesamtkostenverfahren – sonstige betriebliche Erträge (§ 275 II Nr. 4 HGB) II

- z.B. Erträge aus:
  - dem Abgang von Vermögensgegenständen des Anlagevermögens
  - Zuschreibungen zu Vermögensgegenständen des Anlagevermögens
  - der Herabsetzung von Pauschalwertberichtigungen
  - der Auflösung von Rückstellungen
  - Schadenersatzleistungen
  - der Währungsumrechnung (§ 277 V S. 2 HGB)

7.3.3 Gesamtkostenverfahren   7.3.3.1 Posten des Betriebsergebnisses

Übersicht 294

Gesamtkostenverfahren – Materialaufwand (§ 275 II Nr. 5 HGB) I

1. **Aufwendungen für Roh-, Hilfs- und Betriebsstoffe (RHB) und für bezogene Waren** (§ 275 II Nr. 5a HGB):
   - in der Produktion verbrauchte / eingesetzte RHB
   - verkaufte Handelswaren
   - „übliche" Abschreibungen auf RHB / Waren (Inventurdifferenzen im Rahmen der Vorjahre)
   - Veränderungen von Festwerten

7.3.3 Gesamtkostenverfahren   7.3.3.1 Posten des Betriebsergebnisses

Übersicht 295

Gesamtkostenverfahren – Materialaufwand (§ 275 II Nr. 5 HGB) II

2. Aufwendungen für bezogene Leistungen (§ 275 II Nr. 5b HGB):

- Aufwendungen für Lohnverarbeitung und -bearbeitung
- fremdbezogene Energie für die Produktion

$\Rightarrow$ Leistungen Dritter, die nicht als Materialaufwand zu sehen sind, da sie nicht unmittelbar zur Produktion beigetragen haben (z.B. Telefongebühren etc.), sind unter den **sonstigen betrieblichen Aufwendungen** auszuweisen.

7.3.3 Gesamtkostenverfahren   7.3.3.1 Posten des Betriebsergebnisses

Übersicht 296

Gesamtkostenverfahren – Personalaufwand (§ 275 II Nr. 6 HGB)

1. Löhne und Gehälter (§ 275 II Nr. 6a HGB):

- Bruttoarbeitsentgelte einschließlich abgeführter Lohnsteuer und des Arbeitnehmeranteils zur Sozialversicherung des abgelaufenen Geschäftsjahres unabhängig vom Zeitpunkt der Zahlung (§ 252 I Nr. 5 HGB).

2. soziale Abgaben und Aufwendungen für Altersversorgung und für Unterstützung, davon für Altersversorgung (§ 275 II Nr. 6 b HGB):

- Arbeitgeberanteile zur Sozialversicherung / Berufsgenossenschaft
- Aufwendungen für Altersversorgung: Zuführungen zu den Pensionsrückstellungen (ohne Zinsanteil $\Rightarrow$ Zinsaufwand; § 277 V S. 1 HGB)

7.3.3 Gesamtkostenverfahren 7.3.3.1 Posten des Betriebsergebnisses

Übersicht 297

Gesamtkostenverfahren – Abschreibungen (§ 275 II Nr. 7a, 7b HGB) I

1. **Abschreibungen auf immaterielle Vermögensgegenstände des Anlagevermögens und Sachanlagen**
   - planmäßige und außerplanmäßige Abschreibungen (§ 253 II – IV HGB)
   - außerplanmäßige Abschreibungen: „davon"-Vermerk (§ 277 III S. 1 HGB)

2. **Abschreibungen auf Vermögensgegenstände des Umlaufvermögens, soweit diese die in der Kapitalgesellschaft üblichen Abschreibungen überschreiten**
   - über die „üblichen" Abschreibungen (Inventurdifferenzen, Pauschalwertberichtigungen) hinausgehende „Mehrabschreibungen" (z.B. durch Brand vernichtete Lagerbestände, erhebliche Forderungsausfälle)

7.3.3 Gesamtkostenverfahren 7.3.3.1 Posten des Betriebsergebnisses

Übersicht 298

Gesamtkostenverfahren – übliche außerplanmäßige Abschreibungen

Abschreibungen auf:	Ausweis im GKV unter:
unfertige und fertige Erzeugnisse / unfertige Leistungen	Posten 2: Erhöhung oder Verminderung des Bestands an fertigen und unfertigen Erzeugnissen
Roh-, Hilfs- und Betriebsstoffe / Handelswaren	Posten 5a: Aufwendungen für Roh-, Hilfs- und Betriebsstoffe und für bezogene Waren
Forderungen / sonstige Vermögensgegenstände / flüssige Mittel	Posten 8: sonstige betriebliche Aufwendungen

7.3.3 Gesamtkostenverfahren   7.3.3.1 Posten des Betriebsergebnisses

Übersicht 299

Gesamtkostenverfahren –
sonstige betriebliche Aufwendungen (§ 275 II Nr. 8 HGB)

- Sammelposten; alle regelmäßig anfallenden Aufwendungen, sofern
  - nicht anderen betrieblichen Aufwendungen zuzuordnen
  - keine außerordentlichen Aufwendungen und
  - keine Finanzaufwendungen
- z.B. Aufwendungen aus:
  - dem Abgang von Gegenständen des Anlagevermögens
  - „üblichen" Abschreibungen auf Forderungen
  - der Währungsumrechnung (§ 277 V HGB)

7.3.3 Gesamtkostenverfahren   7.3.3.2 Posten des Finanzergebnisses

Übersicht 300

Gesamtkostenverfahren – Posten des Finanzergebnisses

aus der Finanzierungstätigkeit resultierende Erfolgskomponenten:

1. **Ertragsposten des Finanzbereichs** (§ 275 II Nr. 9 – 11 HGB):
   - Beteiligungserträge
   - (andere) Wertpapiererträge
   - Zinserträge
2. **Aufwandsposten des Finanzbereichs** (§ 275 II Nr. 12 – 13 HGB):
   - Abschreibungen auf Finanzvermögen
   - Zinsaufwendungen

7.3.3 Gesamtkostenverfahren   7.3.3.2 Posten des Finanzergebnisses

Übersicht 301

**Gesamtkostenverfahren – Erträge aus Beteiligungen,
davon aus verbundenen Unternehmen (§ 275 II Nr. 9 HGB) I**

- laufende Erträge aus den Bilanzposten „Beteiligungen" und „Anteile an verbundenen Unternehmen" (vgl. §§ 271 II, 290 HGB)
- Beispiele:
  - Dividenden aus Kapitalgesellschaften (AG, GmbH)
  - Gewinnanteile aus Personengesellschaften (oHG, KG)
  - Gewinnanteile aus (typischen und atypischen) stillen Gesellschaften
- **Bruttoausweis**, d.h. einschließlich KESt und SolZ

7.3.3 Gesamtkostenverfahren   7.3.3.2 Posten des Finanzergebnisses

Übersicht 302

**Gesamtkostenverfahren – Erträge aus Beteiligungen,
davon aus verbundenen Unternehmen (§ 275 II Nr. 9 HGB) II**

- **Vereinnahmung:**
  - **Kapitalgesellschaften**: Im Zeitpunkt des **Gewinnverwendungsbeschlusses**, da der Gewinnanspruch erst dann entsteht; Gewinnthesaurierungen führen nicht zu Beteiligungserträgen.
  - **Personengesellschaften**: „**Spiegelbildtheorie**" (sogenannte „phasengleiche Realisation"); Ausweis bei Entstehen in Personengesellschaft, d.h. Ende des Geschäftsjahres, soweit Ausschüttungsanspruch besteht.

7.3.3 Gesamtkostenverfahren   7.3.3.2 Posten des Finanzergebnisses

Übersicht 303

Gesamtkostenverfahren – Erträge aus anderen Wertpapieren und Ausleihungen des Finanzanlagevermögens, davon aus verbundenen Unternehmen (§ 275 II Nr. 10 HGB) I

- laufende Erträge aus Finanzanlagen, sofern keine
  - Erträge aus Beteiligungen oder
  - Erträge aus Anteilen an verbundenen Unternehmen oder
  - gesondert auszuweisenden Erträge aus Gewinnabführung / Verlustübernahme (§ 277 III S. 2 HGB)

7.3.3 Gesamtkostenverfahren   7.3.3.2 Posten des Finanzergebnisses

Übersicht 304

Gesamtkostenverfahren – Erträge aus anderen Wertpapieren und Ausleihungen des Finanzanlagevermögens, davon aus verbundenen Unternehmen (§ 275 II Nr. 10 HGB) II

- Beispiele:
  - Zinsen, Dividenden und ähnliche Ausschüttungen auf Wertpapiere des Anlagevermögens,
  - Zinserträge aus Ausleihungen des Finanzanlagevermögens (z.B. langfristige Darlehen) sowie
  - Aufzinsungsbeträge für un– bzw. niedrigverzinsliche Forderungen des AV
- Bruttoausweis, d.h. einschließlich KESt und SolZ

Übersicht 305

Gesamtkostenverfahren – sonstige Zinsen und ähnliche Erträge davon aus verbundenen Unternehmen (§ 275 II Nr. 11 HGB)

- Zinsen und ähnliche Erträge, die nicht Finanzanlagen betreffen
- Beispiele:
  - Zinsen für Guthaben bei Kreditinstituten
  - Zinsen aus Forderungen und Darlehen an Dritte
  - Zinsen, Dividenden und dergleichen auf Wertpapiere des Umlaufvermögens
  - Aufzinsungsbeträge für un– bzw. niedrigverzinsliche Forderungen des UV
- Bruttoausweis, d.h. einschließlich KESt und SolZ

Übersicht 306

Gesamtkostenverfahren – Abschreibungen auf Finanzanlagen und auf Wertpapiere des Umlaufvermögens (§ 275 II Nr. 12 HGB)

- außerplanmäßige Abschreibungen auf Finanzanlagen wegen dauernder oder vorübergehender Wertminderung (§ 253 III S. 3, 4 HGB)
- Abschreibungen von Wertpapieren des Umlaufvermögens auf den niedrigeren Börsen– oder Marktpreis oder den niedrigeren beizulegenden Wert (§ 253 IV HGB)

Gesamtkostenverfahren – Zinsen und ähnliche Aufwendungen, davon an verbundene Unternehmen (§ 275 II Nr. 13 HGB)

- Zins– / (ähnliche) Aufwendungen an Dritte für dem Bilanzierenden überlassenes Fremdkapital oder für übernommene Haftung zu seinen Gunsten
- Beispiele:
  - Zinsen / Überziehungs– und Bereitstellungsprovisionen
  - Bürgschafts– und Avalprovisionen
  - Abschreibungen auf ein aktiviertes Agio oder Disagio
  - Zinsanteil der Zuführung zu den Rückstellungen (§ 277 V S. 1 HGB)

Gesamtkostenverfahren – Ergebnis der gewöhnlichen Geschäftstätigkeit (§ 275 II Nr. 14 HGB)

1. **Inhalt:**
   - Das Ergebnis aus der gewöhnlichen Geschäftstätigkeit zeigt das Ergebnis aus dem Betriebs– und Finanzbereich vor Steuern und vor außerordentlichen Einflüssen.

   ⇒ grober Einblick in die Erfolgsstruktur

2. **Problem bei der Analyse:**
   - Abgrenzung der außerordentlichen Einflüsse

BilRUG: Posten „Ergebnis der gewöhnlichen Geschäftstätigkeit" entfällt

7.3.3 Gesamtkostenverfahren   7.3.3.4 Posten des außerordentlichen Ergebnisses

Gesamtkostenverfahren – Posten des außerordentlichen Ergebnisses I

außerhalb der gewöhnlichen Geschäftstätigkeit anfallende Erfolgskomponenten:

- außerordentliche Erträge (§ 275 II Nr. 15 HGB)
- außerordentliche Aufwendungen (§ 275 II Nr. 16 HGB)
- außerordentliches Ergebnis (§ 275 II Nr. 17 HGB)

BilRUG: getrennter Ausweis außerordentlicher Posten entfällt in der GuV, aber Anhangangabe erforderlich (§ 285 Nr. 30 HGB-E)

7.3.3 Gesamtkostenverfahren   7.3.3.4 Posten des außerordentlichen Ergebnisses

Gesamtkostenverfahren – Posten des außerordentlichen Ergebnisses II

1. **Abgrenzung** (§ 277 IV HGB):
   - Erfolgskomponenten, die
     a) in hohem Maße ungewöhnlich sind und
     b) selten oder unregelmäßig vorkommen und
     c) vom Betrag her wesentlich sind (strittig)

| 7.3.3 Gesamtkostenverfahren | 7.3.3.4 Posten des außerordentlichen Ergebnisses |

Übersicht 311

Gesamtkostenverfahren – Posten des außerordentlichen Ergebnisses III

2. Beispiele:

- Katastrophen
- Enteignungen
- Stilllegungen, Aufgabe von Geschäftszweigen

3. Kritik:

- Abgrenzung **zu eng**: Im außerordentlichen Ergebnis sollten alle Erfolgskomponenten ausgewiesen werden, die für die gewöhnliche Geschäftstätigkeit untypisch sind oder unregelmäßig anfallen.

| 7.3.3 Gesamtkostenverfahren | 7.3.3.5 Posten des Steuerergebnisses |

Übersicht 312

Gesamtkostenverfahren – Posten des Steuerergebnisses I

1. Steuern vom Einkommen und vom Ertrag (§ 275 II Nr. 18 HGB / *14 HGB-E*):

- gezahlte / erstattete Steuern vom Einkommen und vom Ertrag (z.B. KSt, GewSt), für die die Unternehmung Steuerschuldner ist, unabhängig davon, ob sie auf laufende oder frühere Geschäftsjahre entfallen
- für Dritte einbehaltene / abgeführte Steuern (z.B. von den Arbeitnehmern zu zahlende LSt / ESt) sind bei denjenigen Aufwendungen auszuweisen, bei denen sie angefallen sind (z.B. Personalaufwand)
- gesonderter Ausweis des Aufwands / Ertrags aus der Bildung / Auflösung latenter Steuern (§ 274 II S. 3 HGB)

Gesamtkostenverfahren – Posten des Steuerergebnisses II

2. *BilRUG: neuer Posten „**Ergebnis nach Steuern**" (§ 275 II Nr. 15 HGB-E)*
3. **sonstige Steuern** (§ 275 II Nr. 19 HGB / *16 HGB-E*):
   - alle Steuern, die nicht unter den Posten „Steuern vom Einkommen und vom Ertrag" fallen, z.B.
     - Substanzsteuern (z.b. Grundsteuer)
     - Verbrauchsteuern (z.B. Biersteuer)
     - Verkehrsteuern (z.B. Versicherungssteuer)

Gesamtkostenverfahren –
Jahresüberschuss / Jahresfehlbetrag (§ 275 II Nr. 20 / *17 HGB-E*)

- im Geschäftsjahr erzielter Gewinn (Jahresüberschuss) bzw. Verlust (Jahresfehlbetrag)
- Summe aus
  - Betriebsergebnis
  - Finanzergebnis
  - außerordentlichem Ergebnis
  - und Steueraufwand

7.3.4 Umsatzkostenverfahren   7.3.4.1 Grundlagen

Übersicht 315

Umsatzkostenverfahren – Grundlagen

1. Gliederungskonzeption:

- UKV: Gliederung des absatzbezogenen Aufwands nach **Funktionsbereichen**
- GKV: Gliederung des betriebsbezogenen Aufwands nach **Aufwandsarten**
  - $\Rightarrow$ formale / inhaltliche Unterschiede bei den (Einzel–)Posten des Betriebsergebnisses nach UKV / GKV
  - $\Rightarrow$ Betriebsergebnis (als Saldo) nach UKV / GKV grundsätzlich gleich

2. Vorkommen:

- UKV ist das international gebräuchlichere Verfahren (IFRS / US–GAAP)

7.3.4 Umsatzkostenverfahren   7.3.4.2 Posten des Betriebsergebnisses

Übersicht 316

Umsatzkostenverfahren – Posten des Betriebsergebnisses

aus der eigentlichen Betriebstätigkeit resultierende Erfolgskomponenten:

1. betriebliche Erträge (§ 275 III Nr. 1, 6 HGB):
- Umsatzerlöse
- sonstige betriebliche Erträge

2. betriebliche Aufwendungen (§ 275 III Nr. 2, 4, 5, 7 HGB):
- Herstellungskosten
- Vertriebskosten
- allgemeine Verwaltungskosten
- sonstige betriebliche Aufwendungen

Umsatzkostenverfahren – Umsatzerlöse (§ 275 III Nr. 1 HGB)

⇒ analog Gesamtkostenverfahren

Umsatzkostenverfahren – Herstellungskosten der zur Erzielung der Umsatzerlöse erbrachten Leistungen (§ 275 III Nr. 2 HGB)

1. Herstellungskosten, die den Umsatzerlösen zugerechnet werden können, unabhängig davon, in welcher Periode sie angefallen sind
2. nicht aktivierte Herstellungskosten, z.B. Kosten der Unterbeschäftigung
3. Anschaffungskosten verkaufter Waren

Umsatzkostenverfahren – Bruttoergebnis vom Umsatz (§ 275 III Nr. 3 HGB)

- Saldo aus Umsatzerlösen und darauf entfallenden Herstellungskosten

Umsatzkostenverfahren – Vertriebskosten (§ 275 III Nr. 4 HGB)

- Aktivierungsverbot in der Bilanz (§ 255 II S. 4 HGB)
  ⇒ periodenbezogene, nicht umsatzbezogene Aufwendungen
- Beispiele:
  - Sondereinzelkosten Vertrieb: Verpackungskosten, Provisionen etc.
  - Vertriebsgemeinkosten: Lagerkosten Fertigerzeugnisse etc.

7.3.4 Umsatzkostenverfahren   7.3.4.2 Posten des Betriebsergebnisses

Übersicht 319

Umsatzkostenverfahren – allgemeine Verwaltungskosten (§ 275 III Nr. 5 HGB)

- Kosten der allgemeinen Verwaltung, sofern nicht
    - als Herstellungskosten aktiviert oder
    - auf den Herstellungsbereich bzw. Vertriebsbereich entfallend
- Beispiele:
    - Aufwendungen für die Geschäftsführung
    - Aufwendungen für das Rechnungswesen

7.3.4 Umsatzkostenverfahren   7.3.4.2 Posten des Betriebsergebnisses

Übersicht 320

Umsatzkostenverfahren – sonstige betriebliche Erträge (§ 275 III Nr. 6 HGB)

$\Rightarrow$ analog Gesamtkostenverfahren

Umsatzkostenverfahren – sonstige betriebliche Aufwendungen (§ 275 III Nr. 7 HGB)

$\Rightarrow$ gleiche Aufwendungen wie im Gesamtkostenverfahren

- soweit keine Zuordnung zu den Funktionsbereichen Herstellung, Vertrieb oder Verwaltung
- ggf. zusätzliche Aufwendungen (z.B. Abschreibungen auf den GoF, Forschungskosten)

7.3.4 Umsatzkostenverfahren — 7.3.4.3 Posten des Finanzergebnisses

Übersicht 321

Umsatzkostenverfahren – Posten des Finanzergebnisses

$\Rightarrow$ analog Gesamtkostenverfahren

- Ausnahme:
  - „Zinsen und ähnliche Aufwendungen" werden z.T. auf die Funktionsbereiche (Posten 2, 4 und 5) aufgespalten
  - Zinsen wurden im Rahmen der Herstellungskosten aktiviert

7.3.4 Umsatzkostenverfahren — 7.3.4.4 Ergebnis der gewöhnlichen Geschäftstätigkeit –
7.3.4.7 Jahreserfolg

Übersicht 322

Umsatzkostenverfahren – Ergebnis der gewöhnlichen Geschäftstätigkeit

$\Rightarrow$ analog Gesamtkostenverfahren

- Ausnahme:
  - betriebliche Kostensteuern werden auf die Funktionsbereiche (Posten 2, 4 und 5) aufgespalten

Umsatzkostenverfahren – Posten des außerordentlichen Ergebnisses

Umsatzkostenverfahren – Posten des Steuerergebnisses (Ausnahmen s.o.)

Umsatzkostenverfahren – Jahresergebnis

$\Rightarrow$ analog / identisch Gesamtkostenverfahren

Übersicht 323

Anhang – Grundlagen

1. **gesetzliche Regelung:**
   - dritter Bestandteil des Jahresabschlusses von Kapitalgesellschaften neben Bilanz und GuV (§ 264 I S. 1 HGB)

2. **Funktionen:**
   - Ergänzung / Erläuterung
   - Korrektur
   - Entlastung

   $\Rightarrow$ Informationsfunktion des Jahresabschlusses

Übersicht 324

Anhang – Abgrenzung der Berichtspflichten

1. Angabe: Nennung (quantitativ oder verbal)
2. Ausweis: Nennung (quantitativ)
3. Aufgliederung: Aufspaltung einer quantitativen Größe in Bestandteile
4. Erläuterung: verbale Kommentierung von Inhalt und / oder Verursachung
5. Darstellung: Angabe, zusätzlich Aufgliederung oder Erläuterung
6. Begründung: verbale Offenlegung der Gründe für eine bestimmte Handlungsweise

Übersicht 325

Anhang – Beispiele für Pflichtangaben

1. § 265 II S. 2, 3 HGB: Angabe und Erläuterung nicht vergleichbarer / angepasster Vorjahresbeträge
2. § 277 IV S. 2, 3 HGB: Erläuterung des Betrags und der Art von außerordentlichen sowie der einem anderen Geschäftsjahr zuzuordnenden Erträge und Aufwendungen, sofern nicht von untergeordneter Bedeutung. *(BilRUG: Betrag und Art außerordentlicher Erträge und Aufwendungen)*
3. § 284 II Nr. 1 HGB: Angabe der angewandten Bilanzierungs- und Bewertungsmethoden
4. § 285 Nr. 8 HGB: bei Anwendung des Umsatzkostenverfahrens Angabe von Materialaufwand und Personalaufwand des Geschäftsjahrs

Übersicht 326

Anhang – Zusatzangaben, falls der Jahresabschluss aufgrund besonderer Umstände kein den tatsächlichen Verhältnissen entsprechendes Bild vermittelt (§ 264 II S. 2 HGB)

- **Beispiele:**
  - Ertragseinbruch am Ende eines Geschäftsjahrs
  - Verlustausweis bei langfristiger Fertigung
  - Auflösung stiller Reserven in erheblichem Umfang
  - in den sonstigen betrieblichen Aufwendungen und Erträgen enthaltene wesentliche aperiodische / betriebsfremde Komponenten

8.2　Inhalt　　　　　　　8.2.2　Wahlpflichtangaben

Übersicht 327

Anhang – Wahlpflichtangaben / rechtsformspezifische Angaben

1. **Inhalt:**
   - Wahlrecht besteht **nicht** hinsichtlich der grundsätzlichen Aufnahme in den Jahresabschluss, sondern nur bezüglich des **Ausweises** in der Bilanz / GuV oder der **Angabe** im Anhang
2. **Zweck:**
   - Entlastung von Bilanz / GuV, Erhöhung der Klarheit und Übersichtlichkeit
3. **Beispiel:**
   - § 268 VI HGB: Angabe eines Disagios, das in den aktiven Rechnungsabgrenzungsposten ausgewiesen wird (§ 250 III HGB)

8.2　Inhalt　　　　　　　8.2.3　Freiwillige Angaben

Übersicht 328

Freiwillige Angaben – Beispiele

- Kapitalflussrechnung (Teil des Konzernabschlusses, § 297 I HGB)
- Eigenkapitalspiegel (Teil des Konzernabschlusses, § 297 I HGB)
- Segmentberichterstattung (möglich im Konzernabschluss, § 297 I HGB)
- Wertschöpfungsrechnung
- Angabe des Ergebnisses je Aktie

8 Anhang 8.3 Gliederung

Anhang – Gliederung

1. **Anforderungen:**
   - keine explizite gesetzliche Regelung
   (BilRUG: in der Reihenfolge der Jahresabschlussposten)
   - GoB der Klarheit und Übersichtlichkeit
2. **Beispielgliederung:**
   a) Angabe und Erläuterung der angewandten Rechnungslegungsvorschriften und der Form der Darstellung von Bilanz und GuV (z.B. bei Banken)
   b) Angaben, Aufgliederungen, Erläuterungen und Begründungen zu Ansatz, Ausweis und Bewertung der Posten in Bilanz und GuV
   c) sonstige Angaben

9 Lagebericht 9.1 Grundlagen

Lagebericht – Grundlagen

1. **gesetzliche Regelung (§ 264 I S. 1 HGB):**
   - Aufstellungspflicht für Kapitalgesellschaften
   - eigenständiges Rechnungslegungsinstrument
   - **kein Bestandteil des Jahresabschlusses**
2. **Aufgaben (§ 289 I HGB):**
   - Vermittlung eines den tatsächlichen Verhältnissen entsprechendes Bildes des Geschäftsverlaufs / der Lage der Kapitalgesellschaft $\Rightarrow$ Information
   - Verdichtung der Jahresabschlussinformationen
   - zeitliche und sachliche Ergänzung des Jahresabschlusses

9.2 Inhalt   9.2.1 Bestandteile nach § 289 I HGB

Übersicht 331

Lagebericht – Bestandteile nach § 289 I HGB

1. **Analyse („Wirtschaftsbericht")**
   - der gesamtwirtschaftlichen Situation
   - der Situation in der Branche und
   - des hieraus resultierenden **Geschäftsverlaufs** / der Situation der Gesellschaft einschließlich ihrer finanziellen **Leistungsindikatoren**

2. **Beurteilung („Prognosebericht")**
   - der voraussichtlichen Entwicklung (2 Jahre, Chancen/Risiken)
   - unter Angabe der zugrunde liegenden Planungsprämissen

9.2 Inhalt   9.2.2 Bestandteile nach § 289 II HGB

Übersicht 332

Lagebericht – Bestandteile nach § 289 II HGB

1. Vorgänge von besonderer Bedeutung nach Schluss des Geschäftsjahres *(„***Nachtragsbericht***")*; *künftig im Anhang (BilRUG)*

2. Risikomanagement sowie bestimmte Risiken bei der Verwendung von Finanzinstrumenten (**„Risikobericht zu Finanzinstrumenten"**)

3. Bereich Forschung und Entwicklung (**„Forschungs- und Entwicklungsbericht"**)

4. Zweigniederlassungen (**„Zweigniederlassungsbericht"**)

5. Grundzüge des Vergütungssystems, wenn börsennotierte AG

Übersicht 333

Konzern – Begriff

- **Konzern:**
  - Zusammenschluss
  - rechtlich selbständiger, aber
  - wirtschaftlich voneinander abhängiger Unternehmen

- **Einheitstheorie:** Konzernunternehmen sind Betriebsstätten der größeren wirtschaftlichen Einheit Konzern

Übersicht 334

Konzern – Arten

1. **faktischer Konzern** (§§ 18 I S. 1, 3; 17 II AktG):
   - **Leitungsmacht** des **Mutterunternehmens** (M) durch
   - Kapital– / Stimmenmehrheit bei mindestens einem **Tochterunternehmen** (T)

2. **Vertragskonzern** (§§ 18 I S. 2; 291 ff. AktG):
   - Leitungsmacht des M bei T durch Beherrschungsvertrag
   - **Beherrschungsvertrag:** Weisungsbefugnis des herrschenden Unternehmens (= M) ggü. dem beherrschten Unternehmen (= T)

Übersicht 335

Konzern – Risiken

- gesamtwirtschaftlich: **Wettbewerbsbeschränkungen**
- gesellschaftsrechtlich:
  - **Gewinnverlagerungen** zwischen den Konzernunternehmen zu Lasten konzernfremder Minderheitsgesellschafter (= Nicht–Gesellschafter des Mutterunternehmens)
  - **Vermögensverlagerungen** zwischen den Konzernunternehmen zu Lasten der Gläubiger einzelner Konzernunternehmen

Übersicht 336

Konzern – Rechtsfolgen

1. **Kartellrecht:**
Verbot von Kartellen (Gesetz gegen Wettbewerbsbeschränkungen [GWB], EU–Recht)

2. **Aktienrecht:**
Schutz von Minderheitsaktionären und Gläubigern (§§ 18, 291 ff. AktG)

3. **Handelsrecht:**
Pflicht zur Aufstellung eines Konzernabschlusses (§§ 290 ff. HGB)

Konzernabschluss – Begriff und Inhalt I

1. **Begriff:**
   - Abschluss einer wirtschaftlichen Einheit, die aus mehreren rechtlich selbständigen Unternehmen besteht
   - Bestandteile: Konzernbilanz, Konzerngewinn– und –verlustrechnung, Konzernanhang, Kapitalflussrechnung, Eigenkapitalspiegel, optional: Segmentberichterstattung (§ 297 I HGB)

Konzernabschluss – Begriff und Inhalt II

2. **Inhalt (§ 297 III S. 1 HGB):**
   - Darstellung der Vermögens-, Finanz- und Ertragslage der einbezogenen Unternehmen, **als ob** diese Unternehmen **insgesamt ein einziges Unternehmen** wären (Einheitstheorie)
   - ⇒ **keine einfache Addition** aller Jahresabschlüsse!

Konzernabschluss – Beispiel I

- Kapitalgesellschaft M hat Unternehmen T am 31.12.01 gegründet und dabei 100 % der Anteile für T€ 100 übernommen

⇒ Anteilsmehrheit; beide Unternehmen bilden den MT–Konzern

- Bilanzen von M zum 31.12.01:

Bilanz M vor Gründung (T€)				Bilanz M nach Gründung (T€)			
Bank	250	Eigenkapital	250	Anteile an T	100	Eigenkapital	250
				Bank	150		
	250		250		250		250

Konzernabschluss – Beispiel II

- Jahresabschluss von T zum 31.12.01:

Bilanz T (T€)				GuV T (T€)	
Bank	100	Eigenkapital	100		
	100		100		

- M hat T im Jahr 02 ein Darlehen über T€ 60 gewährt
- T hat im Jahr 02 an M Waren für T€ 90 geliefert und dabei einen Jahresüberschuss (JÜ) von T€ 20 erzielt

Übersicht 341

Konzernabschluss – Beispiel III

⇒ Jahresabschlüsse von M und T zum 31.12.02:

Bilanz M (T€)			
Anteile an T	100	Eigenkapital	250
Forderung gg. T	60		
Waren (von T)	90		
	250		250

GuV M (T€)	

Bilanz T (T€)			
Anlagevermögen	100	Eigenkapital	120
Umlaufvermögen	80	Verbindlichkeit ggü. M	60
	180		180

GuV T (T€)			
Materialaufwand	70	Umsatz	90
Jahresüberschuss	20		
	90		90

Übersicht 342

Konzernabschluss – Ausweis der Aufwendungen und Erträge

- Wie hoch sind die Erträge des MT–Konzerns?
- Addition der Erträge von M und T: T€ 90
- aber: Ertrag von T stammt aus Verkauf der Waren an M
- T weist Ertrag aus, obwohl **aus Konzernsicht nichts an Dritte verkauft** wurde und noch Absatzrisiken bestehen

⇒ im Konzern wurden keine Erträge realisiert, sondern nur Waren umgelagert

⇒ Erträge (und zugehörige Aufwendungen) müssen eliminiert werden

⇒ **Aufwands– und Ertragskonsolidierung**

Konzernabschluss – Gewinnausweis

- Wie hoch ist der Gewinn des MT–Konzerns?
    - Addition der Gewinne von M und T: T€ 20
    - aber: T weist Gewinn aus, obwohl aus Konzernsicht keine Erträge realisiert wurden
    ⇒ der **Konzern hat keinen Gewinn realisiert**
    ⇒ Gewinne müssen eliminiert werden
    ⇒ **Zwischengewinneliminierung**

Konzernabschluss – Ausweis der Forderungen und Schulden

- Wie hoch sind die Forderungen und Schulden des MT–Konzerns?
    - Addition der Forderungen von M und T: T€ 60
    - Addition Schulden von M und T: T€ 60
    - aber: es bestehen weder Forderungen noch Schulden gegenüber Dritten
    ⇒ der **Konzern hat weder Forderungen noch Schulden**
    ⇒ konzerninterne Forderungen und Schulden müssen saldiert werden
    ⇒ **Schuldenkonsolidierung**

Übersicht 345

Konzernabschluss – Eigenkapitalausweis

- Wie hoch ist das Eigenkapital des MT-Konzerns?
- Addition des Eigenkapitals von M und T: T€ 370
- aber: Eigenkapital von T wurde von M zur Verfügung gestellt und der Gewinn ist nicht realisiert
- letztlich steht dem Konzern nur das gezeichnete Kapital der Mutter (T€ 250) zur Verfügung

$\Rightarrow$ Doppelzählung des Eigenkapitals muss eliminiert werden

$\Rightarrow$ **Kapitalkonsolidierung**

Übersicht 346

Konzernabschluss – Beispiel IV

$\Rightarrow$ Konzernabschluss des MT-Konzerns zum 31.12.02:

Konzernbilanz MT (T€)			Konzern-GuV MT (T€)	
Anlagevermögen$_T$	100	Eigenkapital$_M$ 250		
Umlaufvermögen$_T$	80			
Waren$_M$	70			
	250	250		

Übersicht 347

Konzernabschluss – Funktion

- kein zutreffender Einblick in die wirtschaftliche Lage des Konzerns durch die Jahresabschlüsse
- (zusätzliche) Information über die Vermögens-, Finanz- und Ertragslage des Konzerns durch Konzernabschluss (§ 297 II S. 2 HGB)
  $\Rightarrow$ **reine Informationsfunktion**
- **keine Ausschüttungs– / Zahlungsbemessungsfunktion** analog zum Jahresabschluss (Konzern keine Rechtsperson $\Rightarrow$ kein Träger von Rechten und Pflichten)

Übersicht 348

Konzernabschluss – Adressaten

1. Konzernführung (Selbstinformation)
2. gegenwärtige und künftige Anteilseigner des Mutterunternehmens und der Tochterunternehmen (Anlageentscheidungen)
3. Fremdkapitalgeber des Mutterunternehmens und der Tochterunternehmen (Kreditwürdigkeitsprüfungen)
4. Dritte (Arbeitnehmer, Tarifpartner, Kunden/Lieferanten, Öffentlichkeit)

Übersicht 349

Konzernabschluss – Arbeitsablauf I

1. **Aufstellungspflicht (§ 290 I HGB):**
   - Beherrschungsmöglichkeit eines Mutterunternehmens über mindestens ein Tochterunternehmen

2. **Abgrenzung des Konsolidierungskreises (§§ 294 I, 290, 296 HGB):**
   - Identifizierung aller Tochterunternehmen (§ 290 HGB)
   - Einbeziehungswahlrechte (§ 296 HGB)

3. **Handelsbilanz II (HB II; Bilanz und GuV):**
   - Anpassung der Abschlüsse aller Konzernunternehmen an einheitliche Bilanzierungs- und Bewertungsmethoden / Umrechnung in die Konzernwährung

Übersicht 350

Konzernabschluss – Arbeitsablauf II

4. **Handelsbilanz III (HB III; Bilanz und GuV):**
   - Aufdeckung aller stillen Reserven und Lasten in den Abschlüssen der Tochterunternehmen (Reinvermögen zu Zeitwerten; § 301 I S. 2 HGB)

5. **Summenbilanz (Bilanz und GuV):**
   - Addition HB II des Mutterunternehmens mit den HB III der Tochterunternehmen

6. **Kapitalkonsolidierung (§ 301 I, III S. 1 HGB):**
   - Aufrechnung der Anteile des Mutterunternehmens an den Tochterunternehmen gegen die korrespondierenden Eigenkapitalposten auf Basis der HB III unter Aufdeckung aller stillen Reserven und Lasten ⇒ ggf. Unterschiedsbeträge

Konzernabschluss – Arbeitsablauf III

7. **Schuldenkonsolidierung** (§ 303 I HGB):
   - Aufrechnung konzerninterner Forderungen und Schulden
8. **Zwischenergebniseliminierung** (§ 304 I HGB):
   - Eliminierung der Ergebnisse konzerninterner Lieferungen und Leistungen
9. **Aufwands– und Ertragskonsolidierung** (§ 305 I HGB):
   - Aufrechnung konzerninterner Erträge mit den entsprechenden Aufwendungen
10. **Zusammenfassung** der Summenbilanz und aller Konsolidierungen
    ⇒ **Konzernabschluss**

Aufstellungspflicht – Grundlagen HGB / IFRS

- **keine Legaldefinition** des Konzerns im **HGB** und in den **IFRS**
- Pflicht zur Aufstellung eines Konzernabschlusses besteht, wenn eine Kapitalgesellschaft **beherrschenden Einfluss** auf ein anderes Unternehmen **ausüben kann** (control–Konzept, § 290 I HGB)
- **Beherrschender Einfluss**: Möglichkeit, die Finanz- und Geschäftspolitik eines anderen Unternehmens zu bestimmen, um aus dessen Tätigkeit Nutzen zu ziehen
- **Beherrschung** (*power to control*) **nach IFRS** rechtsformunabhängig, wenn schwankende wirtschaftliche Erfolge beeinflusst werden können (IFRS 10.A)

Übersicht 353

Aufstellungspflicht HGB – Beherrschungsmöglichkeit

Zur Aufstellung eines Konzernabschlusses sind verpflichtet:

- gesetzliche Vertreter
- einer **Kapitalgesellschaft** mit **Sitz im Inland** (= **Mutterunternehmen**), wenn
- diese auf ein anderes Unternehmen (= **Tochterunternehmen**)
- unmittelbar oder mittelbar **beherrschenden Einfluss** ausüben kann

⇒ Aufstellungspflicht aufgrund **möglicher** Beherrschung (§ 290 I HGB)

Übersicht 354

Aufstellungspflicht HGB – Konkrete Tatbestände

Beherrschender Einfluss des Mutterunternehmens besteht stets bei:

1. Stimmrechtsmehrheit oder
2. Organbestellungsrecht als Gesellschafter oder
3. Beherrschungsrecht aufgrund von Vertrag / Satzung oder
4. Mehrheit der Chancen und Risiken aus einer Zweckgesellschaft

(typisierte Mutter–Tochter-Beziehungen, § 290 II HGB)

Übersicht 355

Aufstellungspflicht HGB – Zweckgesellschaften

- Zweckgesellschaft: Unternehmen, das zur Erreichung eines eng begrenzten und genau definierten Ziels des Mutterunternehmens dient (§ 290 II Nr. 4 HGB)
- Beispiele: Leasinggeschäfte, Forschungs- und Entwicklungstätigkeiten, Verbriefungsgeschäfte
- Mehrheit der Risiken und Chancen: Beherrschung bei wirtschaftlicher Betrachtung
- Bei Kollision von rechtlicher und wirtschaftlicher Betrachtungsweise: Tatsächliche wirtschaftliche Beherrschung geht möglicher rechtlicher Beherrschung vor.

Übersicht 356

Zweckgesellschaften – Beispiel für rechtliche / wirtschaftliche Beherrschung

- Maschinenbau GmbH (MB) gründet Leasinggeber GmbH (LG) und verkauft ihr eine Maschine.
- (einziger) Zweck von LG: Überlassung dieser Maschine an Leasingnehmer GmbH (LN) und Refinanzierung über Bankkredit (Leasingforderung an LN als Sicherheit)
- Die Vertragsbedingungen werden so gestaltet, dass die Maschine LN zuzurechnen ist (§ 246 I 2 HGB).
    ⇒ Mehrheit der Chancen und Risiken der LG liegen in der Maschine
    ⇒ LG ist damit Zweckgesellschaft von LN, und muss deshalb (nur) von LN konsolidiert werden, obwohl die Anteile an LG ausschließlich bei MB liegen.

Übersicht 357

Aufstellungspflicht IFRS – Grundlagen

- Pflicht zur Aufstellung eines Konzernabschlusses (*consolidated financial statements*) bei Vorliegen eines control (= Beherrschungs–)Verhältnisses (IFRS 10.4)
- Definition **der Beherrschung eines Beteiligungsunternehmens** (IFRS 10.A): "Ein Investor [M] beherrscht ein Beteiligungsunternehmen [T], wenn er schwankenden Renditen aus seinem Engagement in dem Beteiligungsunternehmen ausgesetzt ist [...] und die Fähigkeit hat, diese Renditen mittels seiner Verfügungsgewalt über das Beteiligungsunternehmen zu beeinflussen."
- **unabhängig von Rechtsform** und **Sitz** des Mutterunternehmens

Übersicht 358

Aufstellungspflicht IFRS – Kriterien für ein control-Verhältnis (IFRS 10.7)

- Beherrschung, wenn der Investor folgende Eigenschaften besitzt:
  - **Verfügungsgewalt** über das Beteiligungsunternehmen, z:B. aufgrund einer Stimmrechtsmehrheit (IFRS 10.B35), aber auch bei nachhaltiger Präsenzmehrheit (IFRS 10.B38 ff.)
  - **Risiko** durch schwankende Renditen des Beteiligungsunternehmens
  - Fähigkeit, die Höhe dieser Rendite **unternehmerisch zu beeinflussen**
  - $\Rightarrow$ Beherrschung anhand qualitativer Kriterien; umfassender als nach HGB

Übersicht 359

Aufstellungspflicht – befreiende Konzernabschlüsse übergeordneter Mutterunternehmen (§§ 291, 292 HGB)

- Control–Konzept: Grundsätzlich Aufstellungspflicht für Teilkonzernabschlüsse
- keine Aufstellung von Teilkonzernabschlüssen erforderlich, wenn (u.a.)
  - übergeordnetes Mutterunternehmen einen Konzernabschluss aufstellt,
  - der zu befreiendes Mutter– und seine Tochterunternehmen einbezieht,
  - der Abschluss und seine Prüfung EG–Richtlinien entsprechen

⇒ **befreiender Konzernabschluss** entspricht damit (ggf. nur!) den nationalen Rechnungslegungsvorschriften des aufstellenden Mutterunternehmens

Übersicht 360

Aufstellungspflicht – größenabhängige Befreiungen (§ 293 HGB)

- **Befreiung** von der Konzernrechnungslegungspflicht **für kleine Konzerne**
- Größenklassen (Bilanzsumme, Umsatzerlöse, Arbeitnehmer; § 293 I S. 1 HGB)
- Bezugsgrundlage entweder summierte Jahresabschlüsse (Bruttomethode, 20 % höhere Schwellenwerte) oder Konzernabschluss (Nettomethode)
- keine Befreiung, wenn ein Konzernunternehmen kapitalmarktorientiert ist (§ 293 V HGB)

Aufstellungspflicht – anzuwendende Rechnungslegungsnormen

- **kapitalmarktorientierte** Mutterunternehmen:
  - Unternehmen, die börsennotierte Wertpapiere begeben
  - ⇒ ab 2005 Konzernabschlüsse zwingend nach **IFRS** (EU-Verordnung)
  - ⇒ Befreiung vom Konzernabschluss nach HGB (§ 315a I, II HGB)
- **sonstige** Mutterunternehmen:
  - Konzernabschlüsse weiterhin nach **HGB** oder
  - **freiwillige** Anwendung der **IFRS** (§ 315a III HGB)

Konsolidierungskreis – Grundlagen

- **grundsätzlich Vollständigkeitsgebot** (§ 294 I HGB):
  Einbeziehung aller Tochterunternehmen im Rahmen der Vollkonsolidierung
- **Ausnahmen:**
  - Konsolidierungs**wahlrechte** (§ 296 HGB)

Übersicht 363

Konsolidierungskreis – Konsolidierungswahlrechte (§ 296 HGB) I

1. **eingeschränkte Verfügungsmacht über das Tochterunternehmen, z.B.:**
   - politische Beschränkungen bei ausländischen Tochterunternehmen
   - Entherrschungsvertrag
   - Tochterunternehmen im Insolvenzverfahren

2. **unverhältnismäßig hohe Kosten / Verzögerungen bei der Aufstellung, z.B.**
   - Erwerb eines unbedeutenden Tochterunternehmens kurz vor dem Stichtag des Konzernabschlusses

   ⇒ Aufstellung des Konzernabschlusses nicht innerhalb gesetzlicher Fristen

Übersicht 364

Konsolidierungskreis – Konsolidierungswahlrechte (§ 296 HGB) II

3. **Anteile ausschließlich zur Weiterveräußerung erworben:**

   ⇒ vorübergehender Anteilsbesitz, z.B.:
   - Anteile, die Kreditinstitute mit Platzierungsabsicht erwerben
   - Anteile, die im Rahmen einer Fusion erworben werden, aber aus kartellrechtlichen Gründen weiter zu veräußern sind

4. **untergeordnete Bedeutung des Tochterunternehmens:**
   - Gesamtbetrachtung aller Tochterunternehmen maßgeblich

10.5 Vollkonsolidierung   10.5.1 Kapitalkonsolidierung

Übersicht 365

Kapitalkonsolidierung – Grundlagen

- **Fiktion des Einzelerwerbs („Erwerbsmethode"):**
Ansatz und Bewertung der Vermögensgegenstände und Schulden des Tochterunternehmens (T) in der Konzernbilanz, als ob das Mutterunternehmen (M) sie einzeln gekauft hätte
- **Aufrechnung** der **Anteile** des Mutterunternehmens an dem Tochterunternehmen **gegen** alle **Eigenkapitalposten** des Tochterunternehmens (inkl. Jahresergebnis)
⇒ Übernahme der Vermögensgegenstände und Schulden des Tochterunternehmens an Stelle der Anteile in die Konzernbilanz (§ 301 I S. 1 HGB)
⇒ Vermeidung von „Doppelzählungen"

10.5 Vollkonsolidierung   10.5.1 Kapitalkonsolidierung

Übersicht 366

Fiktion des Einzelerwerbs – Beispiel für *asset deal* I

- Kapitalgesellschaft M hat Unternehmen T durch Erwerb aller Vermögensgegenständen und Fremdkapital für T€ 200 erworben (*asset deal*)
- Bilanzen **vor** dem **Erwerb** (stille Reserven von T: AV T€ 40; FK T€ 5)

Bilanz M (T€)				Bilanz T (T€)			
Anlagevermögen	400	Eigenkapital	710	Anlagevermögen	195	Eigenkapital	95
Bank	200	Fremdkapital	300	Umlaufvermögen	100	Fremdkapital	200
sonstiges Umlaufvermögen	410						
	1.010		1.010		295		295

10.5 Vollkonsolidierung   10.5.1 Kapitalkonsolidierung

Übersicht 367

Fiktion des Einzelerwerbs – Beispiel für *asset deal* II

Kaufpreis   T€ 200

− Reinvermögen zu Zeitwerten: (195 + 40 +100 − 200 + 5)   T€ 140

= Geschäfts- oder Firmenwert (GoF, § 246 I S. 4 HGB)   T€ 60

- Bilanz von M **nach dem Erwerb**:

Bilanz M (T€)			
GoF	60	Eigenkapital	710
Anlagevermögen	635	Fremdkapital	495
Umlaufvermögen	510		
	1.205		**1.205**

10.5 Vollkonsolidierung   10.5.1 Kapitalkonsolidierung

Übersicht 368

Kapitalkonsolidierung – Neubewertungsmethode

- Wertansatz des Eigenkapitals (d.h. letztlich der Vermögensgegenstände und Schulden) des Tochterunternehmens (§ 301 I S. 2 HGB):

    Zeitwert in der HB III (oder Neubewertungsbilanz), d.h.:

- konzerneinheitliche Bilanzierung und Bewertung in der HB II
- Aufdeckung **aller** stillen Reserven und Lasten (auch für Minderheitsgesellschafter) in der HB III vor Konsolidierung (nicht in der HB II!)

Kapitalkonsolidierung – Geschäfts- oder Firmenwert

Buchwert der Anteile an T > Zeitwert des Eigenkapitals von T:

- Kaufpreis für T überstieg das M zustehende (anteilige) Reinvermögen von T
  $\Rightarrow$ Kaufpreis > **Substanzwert**$_T$
- Unterschiedsbetrag = Geschäfts- oder Firmenwert (**goodwill;** §301 III S. 1 HGB)
- Ursache: im Kaufpreis vergütete positive Ertragsaussichten von T (Kaufpreis entspricht i.d.R. dem **Ertragswert** von T)

Kapitalkonsolidierung – passiver Unterschiedsbetrag

Buchwert der Anteile an T < Zeitwert des Eigenkapitals von T:

- Kaufpreis für T unterschritt das M zustehende (anteilige) Reinvermögen von T
  $\Rightarrow$ Kaufpreis < **Substanzwert**$_T$
- Unterschiedsbetrag = Unterschiedsbetrag aus der Kapitalkonsolidierung (§301 III S. 1 HGB)
- Ursachen:
  - im Kaufpreis berücksichtigte negative Ertragsaussichten von T (*badwill*)
  - Kaufpreis < Unternehmenswert *(lucky buy)*

10.5 Vollkonsolidierung   10.5.1 Kapitalkonsolidierung

Übersicht 371

Beispiel zur Kapitalkonsolidierung – Erstkonsolidierung (100%) I

- M ist Kapitalgesellschaft mit Sitz im Inland
- M erwirbt zum 31.12.01 sämtliche Anteile von T für T€ 200
- ⇒ M muss einen Konzernabschluss aufstellen
- Buchwert der Anteile an T (FAV) = Anschaffungskosten
- T hat selbsterstellte Patente im Wert von T€ 10
- T hat selbsterstellte Sachanlage um T€ 5 höher zu bewerten (konzerneinheitliche Bewertung); Zeitwert der Sachanlagen von T: T€ 225
- Zeitwert der Schulden von T: T€ 195 (stille Reserven in Rückstellungen)

10.5 Vollkonsolidierung   10.5.1 Kapitalkonsolidierung

Übersicht 372

Beispiel zur Kapitalkonsolidierung – Erstkonsolidierung (100%) II

Bilanzen T 01 (T€)	HB	HB II	HB III
Immaterielle Vermögensgegenstände des AV (IAV)			10
Sachanlagevermögen (SAV)	195	200	225
Umlaufvermögen (UV)	100	100	100
Summe Aktiva	**295**	**300**	**335**
Gezeichnetes Kapital (GK)	50	50	50
Rücklagen (RL)	35	40	80
Jahresüberschuss (JÜ)	10	10	10
Schulden (FK)	200	200	195
Summe Passiva	**295**	**300**	**335**

10.5 Vollkonsolidierung   10.5.1 Kapitalkonsolidierung

Übersicht 373

Beispiel zur Kapitalkonsolidierung – Erstkonsolidierung (100%) III

01/T€	Bilanz M		Bilanz T		Summenbilanz		Konsolidierung		Konzernbilanz	
GoF							60		60	
IAV			10		10				10	
SAV	400		225		625				625	
FAV	200				200			200		
UV	410		100		510				510	
GK		400		50		450	50			400
RL		260		80		340	80			260
JÜ		50		10		60	10			50
FK		300		195		495				495
Σ	1.010	1.010	335	335	1.345	1.345	200	200	1.205	1.205

10.5 Vollkonsolidierung   10.5.1 Kapitalkonsolidierung

Übersicht 374

Beispiel zur Kapitalkonsolidierung – Erstkonsolidierung (100%) IV

1. Summenbilanz aus HB II von M und HB III von T, da bei Neubewertungsmethode Bewertung des Eigenkapitals von T zu Zeitwerten(§ 301 I S. 2 HGB)

2. Verrechnung der Anteile von M an T (T€ 200) mit dem (anteiligen) Eigenkapital von T (50 + 80+ 10 = T€ 140; § 301 I S. 1 HGB)

3. entstehender Unterschiedsbetrag auf der Aktivseite = 200 – 140 = T€ 60 = Geschäfts– oder Firmenwert (GoF; § 301 III S. 1 HGB)

4. Zusammenfassung von Summenbilanz und Konsolidierung = Konzernbilanz

⇒ Erstkonsolidierung erfolgsneutral!

10.5 Vollkonsolidierung 10.5.1 Kapitalkonsolidierung

Übersicht 375

Beispiel zur Kapitalkonsolidierung – Erstkonsolidierung (80%) I

- gleiche Annahmen wie im vorherigen Beispiel, außer:
- M erwirbt zum 31.12.01 80% der Anteile von T für T€ 160

10.5 Vollkonsolidierung 10.5.1 Kapitalkonsolidierung

Übersicht 376

Beispiel zur Kapitalkonsolidierung – Erstkonsolidierung (80%) II

01/T€	Bilanz M		Bilanz T		Summenbilanz		Konsolidierung				Konzernbilanz	
GoF							48				48	
IAV			10		10						10	
SAV	400		225		625						625	
FAV	160				160				160			
UV	450		100		550						550	
GK		400		50		450	40	**10**				400
RL		260		80		340	64	**16**				260
JÜ		50		10		60	8	**2**				50
AAG									28			28
FK		300		195		495						495
Σ	1.010	1.010	335	335	1.345	1.345	188		188		1.233	1.233

Übersicht 377

Beispiel zur Kapitalkonsolidierung – Erstkonsolidierung (80%) III

- gleiches Vorgehen wie im vorherigen Beispiel, außer:
2. Verrechnung der Anteile von M an T (T€ 160) mit dem auf M entfallenden (anteiligen = 80%igen) Eigenkapital von T (0,8 • 140 = T€ 112; § 301 I S. 1 HGB)
3. entstehender Unterschiedsbetrag auf der Aktivseite = 160 – 112 = T€ 48 = Geschäfts- oder Firmenwert (GoF; § 301 III S. 1 HGB)
4. Ausgleichsposten für Anteile anderer Gesellschafter (AAG; *BilRUG: „nicht beherrschende Anteile")* = nicht auf M entfallendes Eigenkapital von T (0,2 • 140 = **T€ 28**)

⇒ Teil des Konzerneigenkapitals (einschließlich Anteil an aufgedeckten stillen Reserven und Lasten; ohne Anteil am GoF!; § 307 I HGB)

Übersicht 378

Beispiel zur Kapitalkonsolidierung – Folgekonsolidierung (80%) I

- Kapitalkonsolidierung zum 31.12.02:
- vollständige Thesaurierung des Jahresüberschusses 01 von T
- lineare Abschreibung, Restnutzungsdauern am 31.12.01:
  - GoF: 4 Jahre
  - Patente: 10 Jahre
  - Sachanlagen: 5 Jahre
- unveränderter Zeitwert der Schulden von T

Übersicht 379

Beispiel zur Kapitalkonsolidierung – Folgekonsolidierung (80%) II

Bilanzen T 02 (T€)	HB	HB II	HB III
Immaterielle Vermögensgegenstände des AV (IAV)			9
Sachanlagevermögen (SAV)	156	160	180
Umlaufvermögen (UV)	166	166	166
Summe Aktiva	**322**	**326**	**355**
Gezeichnetes Kapital (GK)	50	50	50
Rücklagen (RL)	45	50	90
Jahresüberschuss (JÜ)	27	26	20
Schulden (FK)	200	200	195
Summe Passiva	**322**	**326**	**355**

Übersicht 380

Beispiel zur Kapitalkonsolidierung – Folgekonsolidierung (80%) III

02/T€	Bilanz M		Bilanz T		Summenbilanz		Konsolidierung		Konzernbilanz	
GoF						48	**12**		36	
IAV			9		9				9	
SAV	320		180		500				500	
FAV	160				160			160		
UV	520		166		686				686	
GK		400		50		450	40	10		400
RL		260		90		350	72	18		260
JÜ		40		20		60	**12**	**4**		44
AAG							28	**4**		32
FK		300		195		495				495
Σ	**1.000**	**1.000**	**355**	**355**	**1.355**	**1.355**	**204**	**204**	**1.231**	**1.231**

Übersicht 381

Beispiel zur Kapitalkonsolidierung – Folgekonsolidierung (80%) IV

02/T€	GuV M	GuV T	Summen–GuV	Konsolidierung	Konzern-GuV
U		800	400	1.200		1.200
BE		90	90		90
SBE		10	10		10
MA	430	270	700		700
PA	200	130	330		330
AS	80	46	126	12	138
SBA	50	34	84		84
JÜ	40	20	60	12	48
AMU					44
AAG					4

U = Umsatzerlöse, BE = Bestandserhöhungen, SBE/A = sonstige betriebliche Erträge/Aufwendungen
MA = Materialaufwand; PA = Personalaufwand, AS = Abschreibungen, AMU = Anteil M am Jahresüberschuss

Übersicht 382

Beispiel zur Kapitalkonsolidierung – Folgekonsolidierung (80%) V

1. Summenbilanz 02 aus HB II von M 02 und HB III von T 02

⇒ **Wiederholung der Erstkonsolidierung (JÜ$_T$ 01 = Teil der Rücklagen$_T$ 02):**

2. Verrechnung der Anteile von M an T (T€ 160) mit dem anteiligen Eigenkapital von T (T€ 112; § 301 I S. 1 HGB)

3. entstehender Unterschiedsbetrag auf der Aktivseite ⇒ GoF

   (T€ 48; § 301 III S. 1 HGB)

4. Ausgleichsposten für Anteile anderer Gesellschafter (AAG) (T€ 28; § 307 I HGB)

10.5 Vollkonsolidierung   10.5.1 Kapitalkonsolidierung

Übersicht 383

Beispiel zur Kapitalkonsolidierung – Folgekonsolidierung (80%) VI

⇒ **Folgekonsolidierung i.e.S.:**

5. Ausweis des nicht M zustehenden Teils des $JÜ_T$ 02 (0,2 • 20 = **T€ 4**) auch im AAG; Davon–Angabe in der Konzern–GuV; § 307 I, II HGB
6. Abschreibung des bei der Erstkonsolidierung entstandenen GoF zu Lasten des Konzern–JÜ 02 (48 / 4 = *T€ 12*); §§ 309 I, 253 I S. 1, III S. 1, 2 HGB

⇒ Folgekonsolidierung erfolgswirksam!

10.5 Vollkonsolidierung   10.5.2 Schuldenkonsolidierung

Übersicht 384

Schuldenkonsolidierung – Grundlagen I

- **Passivierungsgrundsatz:**
Unternehmen kann in der Bilanz keine Forderungen und Schulden gegenüber sich selbst ansetzen (keine Verpflichtung gegenüber Dritten)

- **Einheitstheorie:**
Konzernunternehmen sind Betriebsstätten der wirtschaftlichen Einheit Konzern

⇒ im Konzernabschluss als Abschluss eines fiktiven Unternehmens sind keine Forderungen und Schulden gegenüber einbezogenen Unternehmen anzusetzen (§ 303 I HGB)

10.5 Vollkonsolidierung 10.5.2 Schuldenkonsolidierung

Übersicht 385

Schuldenkonsolidierung – Grundlagen II

- **Vorgehensweise:**
  - Verrechnung (Konsolidierung) der in den Jahresabschlüssen enthaltenen gegenseitigen Forderungen, Schulden und Rechnungsabgrenzungsposten, kein Vermerk konzerninterner Haftungsverhältnisse
  - Posten bei M und T in gleicher Höhe:
    erfolgsneutrale Ausbuchung (z.B. Forderungen gegen verbundene Unternehmen gegen Verbindlichkeiten gegenüber verbundenen Unternehmen)
  - Posten bei M und T in unterschiedlicher Höhe / fehlende Posten:
    erfolgswirksame Konsolidierung gegen korrespondierende Aufwendungen (z.B. bei Abschreibungen auf Forderungen oder Rückstellungen)

10.5 Vollkonsolidierung 10.5.2 Schuldenkonsolidierung

Übersicht 386

Beispiel zur Schuldenkonsolidierung I

- gleiche Annahmen wie im Beispiel zur Folgekonsolidierung
- ergänzende Angaben zur Schuldenkonsolidierung zum 31.12.02:
  - M hat T am 1.01.02 ein zweijähriges Darlehen i.H.v. T€ 50 gewährt
  - M hat per 31.12.02 Gewährleistungsrückstellungen (sonstige betriebliche Aufwendungen) im Zusammenhang mit einer Lieferung an T i.H.v. T€ 2 gebildet

10.5 Vollkonsolidierung   10.5.2 Schuldenkonsolidierung

Übersicht 387

Beispiel zur Schuldenkonsolidierung II

02/T€	Bilanz M		Bilanz T		Summenbilanz		Konsolidierung		Konzernbilanz	
GoF							48	12	36	
IAV	9			9					9	
SAV	320		180		500				500	
FAV	160				160			160		
UV	520		166		686			50	636	
GK		400		50		450	40	10		400
RL		260		90		350	72	18		260
JÜ		40		20		60	12	4	2	46
AAG								32		32
FK		300		195		495	50	2		443
Σ	1.000	1.000	355	355	1.355	1.355	256	256	1.181	1.181

10.5 Vollkonsolidierung   10.5.2 Schuldenkonsolidierung

Übersicht 388

Beispiel zur Schuldenkonsolidierung III

02/T€	GuV M	GuV T	Summen–GuV	Konsolidierung		Konzern–GuV
U	800	400	1.200			1.200
BE		90	90			90
SBE		10	10			10
MA	430	270	700			700
PA	200	130	330			330
AS	80	46	126	12		138
SBA	50	34	84		2	82
JÜ	40	20	60	2	12	50
AMU						46
AAG						4

U = Umsatzerlöse, BE = Bestandserhöhungen, SBE/A = sonstige betriebliche Erträge/Aufwendungen
MA = Materialaufwand; PA = Personalaufwand, AS = Abschreibungen, AMU = Anteil MU am Jahresüberschuss

10.5 Vollkonsolidierung   10.5.2 Schuldenkonsolidierung

Übersicht 389

Beispiel zur Schuldenkonsolidierung IV

- gleiches Vorgehen wie im vorherigen Beispiel und zusätzlich:
7. Ausbuchung der Verbindlichkeiten gegenüber verbundenen Unternehmen und der Forderungen gegen verbundene Unternehmen i.H.v. T€ 50, da aus Konzernsicht keine Schuld (**erfolgsneutrale Konsolidierung**, § 303 I HGB)
8. Konsolidierung der Gewährleistungsrückstellungen (von M) gegen den Jahresüberschuss in der Bilanz und der entsprechenden sonstigen betrieblichen Aufwendungen (von M) gegen den Jahresüberschuss in der GuV i.H.v. je T€ 2, da aus Konzernsicht keine Schuld und keine Aufwendungen (**erfolgswirksame Konsolidierung**, § 303 I HGB)

10.5 Vollkonsolidierung   10.5.3 Zwischenergebniseliminierung

Übersicht 390

Zwischenergebniseliminierung – Grundlagen I

- **Realisationsprinzip:**

  innerhalb eines Unternehmens, z.B. bei Lieferungen von einem Betrieb an einen anderen, entstehen keine Gewinne oder Verluste

- **Einheitstheorie:**

  Konzernunternehmen sind Betriebsstätten der wirtschaftlichen Einheit Konzern

  ⇒ im Konzernabschluss als Abschluss eines fiktiven Unternehmens sind keine Gewinne oder Verluste aus konzerninternen Lieferungen anzusetzen (§ 304 I HGB)

10.5 Vollkonsolidierung   10.5.3 Zwischenergebniseliminierung

Übersicht 391

Zwischenergebniseliminierung – Grundlagen II

- Vorgehensweise:
  - Bewertung der Vermögensgegenstände aus konzerninternen Lieferungen mit den **Anschaffungs- oder Herstellungskosten des Konzerns** (Konzernanschaffungs– / –herstellungskosten)
  - **erfolgswirksame Verrechnung** der Unterschiede zum Wertansatz in der HB II des Konzernunternehmens

10.5 Vollkonsolidierung   10.5.3 Zwischenergebniseliminierung

Übersicht 392

Beispiel zur Zwischenergebniseliminierung I

- gleiche Annahmen wie im Beispiel zur Schuldenkonsolidierung
- ergänzende Angaben zur Zwischenergebniseliminierung zum 31.12.02:
- M liefert im November 02 Bauteile aus der Produktion des Jahres 02 an T zum Preis von T€ 20 (vgl. Selbstkostenkalkulation in folgender Tabelle)
- am 31.12.02 sind alle gelieferten Bauteile von T weiterverarbeitet, aber noch keine Produkte verkauft worden (vgl. Herstellungskostenkalkulation in folgender Tabelle)
- Konzernbewertungsrichtlinien geben Herstellungskostenobergrenze vor

10.5 Vollkonsolidierung   10.5.3 Zwischenergebniseliminierung

Übersicht 393

Beispiel zur Zwischenergebniseliminierung II

02/(T€)	M	T	Konzern
Materialeinzelkosten (MA)	4	35	19
Fertigungslöhne (PA)	2	8	10
Leasinggebühr für Maschine an T (SBA)	1		
Zuschlag Abschreibungen (AS)	4	25	29
Kosten des Transports der Bauteile zu T (SBA)			4
Herstellungskostenuntergrenze	11	68	62
Zuschlag allgemeine Verwaltung (PA)	3	22	25
Herstellungskostenobergrenze	14	90	87
Kosten des Transports der Bauteile zu T (SBA)		4	↑
Gewinnaufschlag		2	
Selbstkostenpreis		20	
⇒ **Zwischengewinn**		3	

10.5 Vollkonsolidierung   10.5.3 Zwischenergebniseliminierung

Übersicht 394

Beispiel zur Zwischenergebniseliminierung III

02/T€	Bilanz M		Bilanz T		Summenbilanz		Konsolidierung		Konzernbilanz	
GoF							48	12	36	
IAV	9		9						9	
SAV	320		180		500				500	
FAV	160				160			160		
UV	520		166		686		50	3	633	
GK		400		50		450	40	10		400
RL		260		90		350	72	18		260
JÜ		40		20		60	12 4 3	2		43
AAG								32		32
FK		300		195		495	50	2		443
Σ	**1.000**	**1.000**	**355**	**355**	**1.355**	**1.355**	**259**	**259**	**1.178**	**1.178**

Beispiel zur Zwischenergebniseliminierung IV

02/T€	GuV M	GuV T	Summen-GuV	Konsolidierung			Konzern-GuV
U	800	400	1.200				1.200
BE		90	90	3			87
SBE		10	10				10
MA	430	270	700				700
PA	200	130	330				330
AS	80	46	126		12		138
SBA	50	34	84			2	82
JÜ	40	20	60	2	12	3	47
AMU							43
AAG							4

U = Umsatzerlöse, BE = Bestandserhöhungen, SBE/A = sonstige betriebliche Erträge/Aufwendungen
MA = Materialaufwand; PA = Personalaufwand, AS = Abschreibungen, AMU = Anteil MU am Jahresüberschuss

Beispiel zur Zwischenergebniseliminierung V

- gleiches Vorgehen wie im vorherigen Beispiel und zusätzlich:

9. Eliminierung des im Wert der Erzeugnisse enthaltenen Zwischengewinns (§ 304 I HGB):

   - Zwischengewinn (T€ 3) = Buchwert$_T$ (HK) der Erzeugnisse (T€ 90)
     - Konzernherstellungskosten (T€ 87)

   ⇒ innerhalb eines [fiktiven] Unternehmens innerbetriebliche Vorgänge

   ⇒ Eliminierung in der Bilanz (UV) / analog in der GuV (Bestandserhöhungen)

- Kosten des Transports der Bauteile zu T bei M Vertriebskosten (da Bauteile = Erzeugnisse), im Konzern Fertigungsgemeinkosten

Aufwands- und Ertragskonsolidierung – Grundlagen I

- **Realisationsprinzip:**
  innerhalb eines Unternehmens, z.B. bei Lieferungen von einem Betrieb an einen anderen, entstehen keine Umsatzerlöse und Aufwendungen
- **Einheitstheorie:**
  Konzernunternehmen sind Betriebsstätten der wirtschaftlichen Einheit Konzern
  ⇒ im Konzernabschluss als Abschluss eines fiktiven Unternehmens sind **keine** Aufwendungen und Erträge aus **konzerninternen Lieferungen / Leistungen** anzusetzen (§ 305 I HGB)

Aufwands- und Ertragskonsolidierung – Grundlagen II

- Vorgehensweise:
  - **erfolgsneutrale Verrechnung** (Konsolidierung) der Innenumsatzerlöse mit den korrespondierenden Aufwendungen oder Umgliederung in andere Erträge (z.B. Umsatzerlöse in Jahresabschlüssen von Konzernunternehmen aus Lieferungen im Konzern; § 305 I Nr. 1 HGB)
  - erfolgsneutrale Verrechnung anderer Erträge aus konzerninternen Beziehungen mit den entsprechenden Aufwendungen (z.B. Mieterträge / Mietaufwendungen; § 305 I Nr. 2 HGB)

Beispiel zur Aufwands– und Ertragskonsolidierung I

- gleiche Annahmen wie im Beispiel zur Zwischenergebniseliminierung
- Aufwands- und Ertragskonsolidierung zum 31.12.02

Übersicht 399

Beispiel zur Aufwands– und Ertragskonsolidierung II

Übersicht 400

02/T€	GuV M	GuV T	Summen–GuV	Konsolidierung		Konzern–GuV
U	800	400	1.200	20		1.180
BE		90	90	3		87
SBE		10	10	1		9
MA	430	270	700		20	680
PA	200	130	330			330
AS	80	46	126	12		138
SBA	50	34	84	2	1	81
JÜ	40	20	60	2 12	3	47
AMU						43
AAG						4

U = Umsatzerlöse, BE = Bestandserhöhungen, SBE/A = sonstige betriebliche Erträge/Aufwendungen
MA = Materialaufwand; PA = Personalaufwand, AS = Abschreibungen, AMU = Anteil MU am Jahresüberschuss

10.5 Vollkonsolidierung   10.5.4   Aufwands- und Ertragskonsolidierung

Übersicht 401

Beispiel zur Aufwands- und Ertragskonsolidierung III

- gleiches Vorgehen wie im vorherigen Beispiel und zusätzlich:

10. Verrechnung der Umsatzerlöse von M (T€ 20) mit dem Materialaufwand von T (**Konsolidierung von Innenumsatzerlösen aus Lieferungen,** § 305 I Nr. 1 HGB)

11. Verrechnung des Ertrags aus der Leasinggebühr für eine Maschine bei T (T€ 1) mit den sonstigen betrieblichen Aufwendungen von M (**Konsolidierung von sonstigen betrieblichen Erträgen aus Leistungen,** § 305 I Nr. 2 HGB)

10   Konzernrechnungslegung   10.6   Grundlagen der Quotenkonsolidierung

Übersicht 402

Quotenkonsolidierung – Anwendungsbereich

- Wahlrecht für Gemeinschaftsunternehmen (§ 310 I HGB)
- Gemeinschaftsunternehmen („*joint ventures*" mit Unternehmenseigenschaft):
  - wirtschaftliche Zusammenarbeit zwischen mindestens zwei voneinander unabhängigen Unternehmen ⇒ Gesellschafter- / Stammunternehmen
  - Gründung oder Kauf eines rechtlich selbständigen Unternehmens zur dauerhaften Wahrnehmung von Aufgaben im Interesse der Gesellschafter ⇒ keine Arbeitsgemeinschaften, da Zusammenarbeit nicht auf Dauer
  - gemeinschaftliche Leitung ⇒ kein beherrschender Einfluss eines der Gesellschafterunternehmen

10.6 Grundlagen der Quotenkonsolidierung

Übersicht 403

Quotenkonsolidierung – Konsolidierungstechnik

- geringerer Einfluss der Gesellschafterunternehmen
- $\Rightarrow$ andere Konsolidierungstechnik (anteilmäßige Konsolidierung; § 310 HGB)
- nur anteilmäßige Aufnahme der Abschlussposten des Gemeinschaftsunternehmens in die Summenbilanz (Kapitalanteil maßgeblich), damit
- nur **anteilmäßige** Aufnahme der Vermögensgegenstände, Schulden und Rechnungsabgrenzungsposten sowie Erträge und Aufwendungen des Gemeinschaftsunternehmens in den Konzernabschluss
- $\Rightarrow$ kein Ausgleichsposten für Anteile anderer Gesellschafter

10.7 Grundlagen der Einbeziehung at Equity

Übersicht 404

Einbeziehung at Equity – Anwendungsbereich

- Pflicht für **assoziierte Unternehmen** im Konzernabschluss (§ 311 I S. 1 HGB)
- Beteiligung eines einbezogenen Konzernunternehmens (§ 271 I HGB)
- keine Vollkonsolidierung, da kein beherrschender Einfluss (§ 290 HGB) oder Verzicht auf die Einbeziehung (§ 296 HGB)
- keine Quotenkonsolidierung als Gemeinschaftsunternehmen
- Maßgeblicher Einfluss auf Geschäfts- / Finanzpolitik durch einbezogenes Konzernunternehmen
- $\Rightarrow$ u.U. Einbeziehung at Equity auch bei Tochterunternehmen, die aufgrund eines Einbeziehungswahlrechts nicht vollkonsolidiert werden

Übersicht 405

Einbeziehung at Equity – maßgeblicher Einfluss (§ 311 I HGB)

- Vermutung eines maßgeblichen Einflusses **ab 20% der Stimmrechte** (§ 311 I S. 2 HGB)
- tatsächliche Ausübung des maßgeblichen Einflusses, z.B.:
  - Mitgliedschaft im Aufsichtsrat
  - bedeutende Lieferbeziehungen
  - finanzielle oder technologische Abhängigkeiten

$\Rightarrow$ schwächerer Einfluss als bei Tochterunternehmen

Übersicht 406

Einbeziehung at Equity – Vorgehensweise I

- **gesonderter Ausweis** der „Beteiligungen an assoziierten Unternehmen" (BaU) im Finanzanlagevermögen des Konzerns (§ 311 I S. 1 HGB)
- Bewertung at Equity (§ 312 HGB):
  - Bewertung bei Anschaffung zum Buchwert und **Fortschreibung um anteilige Eigenkapitalveränderungen** beim assoziierten Unternehmen.

$\Rightarrow$ Fortschreibung des Beteiligungswertes entsprechend der Ertragslage und Gewinnverwendungspolitik des assoziierten Unternehmens

$\Rightarrow$ ggf. **Durchbrechung des Anschaffungskostenprinzips**

Übersicht 407

Einbeziehung at Equity – Vorgehensweise II

- Angabe des Unterschiedsbetrages zwischen Buchwert und anteiligem Eigenkapital sowie eines ggf. darin enthaltenen Geschäfts- oder Firmenwertes (GoF) oder passiven Unterschiedsbetrages im Anhang

- Behandlung eines Geschäfts- oder Firmenwertes / passiven Unterschiedsbetrages gemäß § 309 HGB.

- Fortführung / Abschreibung / Auflösung des übrigen Unterschiedsbetrages

Übersicht 408

Beispiel zur Einbeziehung at Equity – erstmalige Einbeziehung I

- Annahmen:
- M ist Kapitalgesellschaft mit Sitz im Inland, E ist GmbH
- M muss einen Konzernabschluss aufstellen
- M erwirbt zum 31.12.01 30 % der Anteile an E für T€ 150
- keine stillen Reserven und Lasten im Jahresabschluss von E
- Geschäfts- oder Firmenwert wird über 4 Jahre abgeschrieben

Beispiel zur Einbeziehung at Equity – erstmalige Einbeziehung II

- Bilanzen vor Anteilserwerb zum 31.12.01:

Konzernbilanz M 01 (T€)			
Sachanlagen	100	Eigenkapital	250
Umlaufvermögen	250	Fremdkapital	100
	350		350

Bilanz E 01 (T€)			
Anlagevermögen	100	Eigenkapital	100
	100		100

Beispiel zur Einbeziehung at Equity – erstmalige Einbeziehung III

- M hat 30 % der Anteile an E erworben $\Rightarrow$ anteiliges Eigenkapital T€ 30

- $\Rightarrow$ „Beteiligungen an assoziierten Unternehmen" (BaU) bewertet zum Buchwert (= Kaufpreis = T€ 150), §§ 311 I S. 1, 312 I S. 1 HGB

- $\Rightarrow$ Unterschiedsbetrag zwischen dem Buchwert (T€ 150) und dem anteiligen Eigenkapital (T€ 30) ist (mangels stiller Reserven und Lasten) Geschäfts- oder Firmenwert (T€ 120)

Übersicht 411

Beispiel zur Einbeziehung at Equity – erstmalige Einbeziehung IV

- Konzernbilanz von M nach Anteilserwerb zum 31.12.01:

Konzernbilanz M 01 (T€)			
Sachanlagen	100	Eigenkapital	250
BaU	150	Fremdkapital	100
Umlaufvermögen	100		
	350		350

- Angabe im Konzernanhang:

Im Buchwert der Anteile an assoziierten Unternehmen ist ein Geschäfts- oder Firmenwert i.H.v. T€ 120 enthalten.

Übersicht 412

Beispiel zur Einbeziehung at Equity – Folgeeinbeziehung I

- Jahresüberschuss von E im Jahr 02: T€ 200

Konzernbilanz M 02 (T€)				Konzern–GuV M 02 (T€)			
Sachanlagen	100	Eigenkapital	250			Beteiligungserträge	60
BaU	180	Jahresüberschuss	30	Abschreibung GoF	30		
Umlaufvermögen	100	Fremdkapital	100	Jahresüberschuss	30		
	380		380				
				Konzernanhang: Buchwert der Anteile an assoziierten Unternehmen enthält GoF (T€ 90)			

- Buchungen: BaU   60   an   Beteiligungserträge   60
              Abschreibung GoF   30   an   BaU   30

Übersicht 413

Beispiel zur Einbeziehung at Equity – Folgeeinbeziehung II

- Ausschüttung von E im Jahr 03 (für 02): T€ 100

Konzernbilanz M 03 (T€)			
Sachanlagen	100	Eigenkapital	250
BaU	120	Gewinnvortrag	30
Umlaufvermögen	130	Jahresfehlbetrag	–30
		Fremdkapital	100
	350		350

Konzern–GuV M 03 (T€)			
Abschreibung GoF	30	Jahresfehlbetrag	30

Konzernanhang: Buchwert der Anteile an assoziierten Unternehmen enthält GoF (T€ 60)

- Buchungen: Bank$_M$ 30 an Beteiligungserträge$_M$ 30
  Beteiligungserträge$_M$ 30 an BaU 30
  Abschreibung GoF 30 an BaU 30

Übersicht 414

Einbeziehung at Equity – Problematik

1. M weist in der Konzern–GuV Beteiligungserträge aus, auf deren Ausschüttung M keinen Einfluss hat (Beteiligungsquote 20 % bis 50 %).

2. Ein aus der GuV retrograd ermittelter Cash Flow wird im Jahr der Erwirtschaftung der Beteiligungserträge positiv beeinflusst – im Jahr der effektiven Ausschüttung bleibt er unverändert.

3. Die Einbeziehung at Equity konzentriert sich auf einen Posten, das anteilige Eigenkapital. Der Ausweis in der Konzernbilanz ist somit unabhängig von Bilanzsumme und –struktur des assoziierten Unternehmens *(one line consolidation)*.

Übersicht 415

Grundlagen der IFRS – Herkunft

- International Accounting Standards Board (**IASB**, London; internationale nichtstaatliche Fachorganisation) verabschiedet
- International Financial Reporting Standards (**IFRS**), früher: International Accounting Standards (**IAS**); September 2014: 12 IFRS / 28 IAS in Kraft und von der EU übernommen
- zusätzlich Interpretationen der Standards durch das International Financial Reporting Interpretations Committee (**IFRIC**), früher Standing Interpretations Committee (**SIC**), mit gleicher Verbindlichkeit wie Standards (September 2014: 18 IFRIC / 8 SIC in Kraft und von der EU übernommen)

Übersicht 416

Grundlagen der IFRS – Rechtswirkung

- **keine unmittelbare Rechtswirkung** in einzelnen Staaten
- ab 2005 (2007) verpflichtend für alle Konzernabschlüsse **kapitalmarktorientierter** Gesellschaften mit Sitz in der EU (= Zulassung von Wertpapieren zum Handel in einem geregelten Markt eines Mitgliedsstaates)
- nach § 315a III HGB auch für Konzernabschlüsse **nicht kapitalmarktorientierter** Gesellschaften freiwillig anwendbar
- nach § 325 IIa HGB für die **Offenlegung des Jahresabschlusses** anwendbar
  ⇒ **Einzelabschluss**

Übersicht 417

Grundlagen der IFRS – Zielsetzung des IASB

- weltweite **Harmonisierung der Rechnungslegung**
  ⇒ **internationale Vergleichbarkeit** der Abschlüsse
  ⇒ nur ein Abschluss als Voraussetzung für die Börsenzulassung weltweit
  ⇒ enge Zusammenarbeit mit der International Organization of Securities Commissions (IOSCO) – internationale Organisation der Börsenaufsichtsbehörden

Übersicht 418

Grundlagen der IFRS – Rahmenkonzept (*conceptual framework*) I

- **Ziel des Abschlusses**:
  Vermittlung entscheidungsrelevanter Informationen (***decision usefulness***)
  (IFRS CF.OB2 / IAS 1.9 [*conceptual framework* / Standardnummer.Absatz])
- **Grundannahme** (*underlying assumption*):
  - Unternehmensfortführung (***going concern*** ≅ § 252 I Nr. 2 HGB)
- **Beschränkung** (*constraint*):
  - Abwägung von Kosten und Nutzen (*costs are justified by the benefits of reporting that information* ≅ Grundsatz der Wirtschaftlichkeit)

Übersicht 419

Grundlagen der IFRS – Rahmenkonzept (*conceptual framework*) II

- **Grundsätze** (*qualitative characteristics*, teilweise mit GoB vergleichbar):
  - Relevanz (*relevance* ≅ Wesentlichkeit)
  - Glaubwürdigkeit der Darstellung (*faithful representation* ≅ Richtigkeit, Willkürfreiheit, Vollständigkeit)
  - Vergleichbarkeit (*comparability* ≅ Stetigkeit)
  - Nachprüfbarkeit (*verifiability* ≅ Nachvollziehbarkeit)
  - zeitnahe Berichterstattung (*timeliness* ≅ Aufstellungs– / Offenlegungsfristen)
  - Verständlichkeit (*understandability* ≅ Klarheit und Übersichtlichkeit)

Übersicht 420

Grundlagen der IFRS – Aufbau der einzelnen IAS /IFRS

IAS	IFRS
Zielsetzung	Zielsetzung
Anwendungsbereich	Anwendungsbereich
Definitionen	Prinzipien (fett) und Erläuterungen
Prinzipien und Erläuterungen	Angaben, z.T. Darstellung
Angaben, z.T. Darstellung	ggf. Übergangsbestimmungen
ggf. Übergangsbestimmungen	Inkrafttreten
Inkrafttreten	Anhang mit Definitionen
ggf. Anhänge	ggf. weitere Anhänge

11 Rechnungslegung nach IFRS   11.1 Grundlagen

Übersicht 421

Grundlagen der IFRS – grundlegende Unterschiede zum HGB

1. strenge **Trennung** zwischen **handels-** und **steuerrechtlicher Bilanzierung**
2. geringere Bedeutung des **Vorsichtsprinzips** *(prudence)*, z.T. abweichende Definition der **Gewinnrealisierung**
3. umfangreichere Anhangangaben und **Erläuterungen**

⇒ z.T. Anpassung der deutschen (Konzern–)Rechnungslegung an die IFRS durch Deutsche Rechnungslegungsstandards (DRS) des DRSC (Deutsches Rechnungslegungs Standards Committee; § 342 HGB)

11.2 Ansatz *(recognition)*   11.2.1 Aktiva

Übersicht 422

Unterschiede IFRS – HGB – Vermögenswerte *(assets)* I

- Definition (**abstrakte Bilanzierungsfähigkeit**):

  "a resource controlled by the entity as a result of past events and from which future economic benefits are expected to flow to the entity" (IFRS CF.4.4(a))

- Ansatzpflicht (**konkrete Bilanzierungsfähigkeit**, *recognition*), wenn (IFRS CF.4.38):
  - Wahrscheinlichkeit des Nutzenzuflusses und
  - Möglichkeit verlässlicher Bewertung

11.2 Ansatz (recognition)   11.2.1 Aktiva

Übersicht 423

Unterschiede IFRS – HGB – Vermögenswerte (assets) II

- Begriff Vermögenswert **umfassender** als Vermögensgegenstand, da Möglichkeit künftigen Nutzenzuflusses weiter als Einzelverwertbarkeit
- Begriff Vermögenswert schließt (u.a.) Rechnungsabgrenzungsposten ein
- Begriff Vermögenswert schließt latente Steueransprüche ein

11.2 Ansatz (recognition)   11.2.1 Aktiva

Übersicht 424

Unterschiede IFRS – HGB – einzelne Aktiva I

1. **Immaterielle Vermögenswerte** (intangible assets, IAS 38):
   - grundsätzlich **Aktivierungspflicht** für selbstgeschaffene immaterielle Vermögenswerte (aus der Entwicklung, wenn bestimmte Kriterien erfüllt [IAS 38.57], z.B. Entwicklungskosten für Autonachfolgemodelle)

2. **Leasing** (IAS 17, seit 2010 grundlegende Überarbeitung, nicht abgeschlossen):
   - Ansatzpflicht beim Leasingnehmer, wenn Finanzierungsleasing
   - vor allem Chancen und Risiken während der Vertragslaufzeit relevant, keine quantitativen Kriterien (wie z.B. in den Leasingerlassen des BMF)
   $\Rightarrow$ tendenziell häufiger vom Leasingnehmer zu bilanzieren

11.2 Ansatz *(recognition)*   11.2.1 Aktiva

Übersicht 425

Unterschiede IFRS – HGB – einzelne Aktiva II

3. **Disagio** (IAS 39.43, 39.47):

- kein Ansatz, da Bewertung der Verbindlichkeit mit dem Auszahlungsbetrag und Zuschreibung über die Laufzeit

4. **latente Steuern** *(deferred taxes,* IAS 12):

- Ansatzpflicht auch für latente Steueransprüche (IAS 12.24, 12.34)
- latente Steueransprüche auch bei steuerlichen Verlustvorträgen, die erst nach fünf Jahren verrechnet werden können (IAS 12.34)
- u.U. Saldierungspflicht mit latenten Steuerschulden (IAS 12.71 ff.)

11.2 Ansatz *(recognition)*   11.2.2 Passiva

Übersicht 426

Unterschiede IFRS – HGB – Schulden (*liabilities*) I

- Definition (**abstrakte Bilanzierungsfähigkeit**):

  „*a present obligation of the entity arising from past events, the settlement of which is expected to result in an outflow from the entity of resources embodying economic benefits*" (IFRS CF.4.4(b))

  ⇒ nur Verpflichtungen gegenüber Dritten (IFRS CF.4.16, 4.17)
  ⇒ keine Aufwandsrückstellungen

11.2 Ansatz *(recognition)*   11.2.2 Passiva

Übersicht 427

Unterschiede IFRS – HGB – Schulden (*liabilities*) II

- Ansatzpflicht (**konkrete Bilanzierungsfähigkeit**), wenn (IFRS CF.4.38):
  - Wahrscheinlichkeit des Nutzenabflusses und
  - Möglichkeit verlässlicher Bewertung
  - ⇒ **tendenziell engere Abgrenzung** als nach HGB, da höhere Wahrscheinlichkeit und verlässliche Bewertung präziser als Quantifizierbarkeit
- Begriff Schulden schließt Rechnungsabgrenzungsposten und latente Steuerschulden ein

11.2 Ansatz *(recognition)*   11.2.2 Passiva

Übersicht 428

Unterschiede IFRS – HGB – einzelne Passiva I

1. **Eigenkapital** (*equity*):
- erfolgsneutral gebildete Rücklagen, z.B.
  - Gewinne / Verluste aus Zeitwertbilanzierung (IAS 39.55(b))
  - Neubewertungsrücklagen (IAS 16.39 f.)
- **Gesellschaftereinlagen bei Personengesellschaften** und Genossenschaften gehören **grundsätzlich** zu den **Schulden** (IAS 32.11, 32.16), aber Ausnahmen (IAS 32.16A ff., IFRIC 2)

11.2 Ansatz *(recognition)*   11.2.2 Passiva

Übersicht 429

Unterschiede IFRS – HGB – einzelne Passiva II

2. **Passiver Unterschiedsbetrag aus Kapitalkonsolidierung:**
- bei Erwerb zu einem Preis unter Marktwert *(bargain purchase)* kritische Überprüfung und ggf. Korrektur von Ansatz und Bewertung des übernommenen Reinvermögens
- verbleibender Betrag ist erfolgswirksam zu vereinnahmen (IFRS 3.34)

11.2 Ansatz *(recognition)*   11.2.2 Passiva

Übersicht 430

Unterschiede IFRS – HGB – einzelne Passiva III

3. **Sonstige Rückstellungen** *(provisions, IAS 37)*:
- Verpflichtung wahrscheinlich und zuverlässig schätzbar (IAS 37.14)
- keine Aufwandsrückstellungen (IAS 37.20)
- Eventualverbindlichkeit *(contingent liabilitity, IAS 37.10)*:
  - mögliche, nicht unwahrscheinliche Verpflichtung
  - ⇒ kein Ansatz, nur Anhangangabe (IAS 37.27, 37.86)
- Ausnahmen im Rahmen der Kapitalkonsolidierung (IFRS 3.23)

Übersicht 431

Ausweis (*presentation*) – Bestandteile des Abschlusses (IAS 1.10)

- Bilanz (*statement of financial position*)
- Gesamtergebnisrechnung (*statement of comprehensive income*)
- Eigenkapitalveränderungsrechnung (*statement of changes in equity*)
- Kapitalflussrechnung (*statement of cash flows*; IAS 7)
- Anhang (*notes*)
- ggf. Segmentinformationen (*operating segments*; IFRS 8)
- neben dem Abschluss üblich (IAS 1.13): Bericht des Managements über die Unternehmenslage (*financial review by management*)

Übersicht 432

Ausweis (*presentation*) – Unterschiede IFRS – HGB – Bilanz / GuV

- nur **Mindestgliederung** von Bilanz (IAS 1.54) und Gesamtergebnisrechnung (IAS 1.81 ff.), teilweise Detailregelungen in einzelnen Standards
- grundsätzlich getrennte Darstellung kurz- und langfristiger Vermögenswerte und Schulden (IAS 1.60)
- zur Veräußerung gehaltene langfristige Vermögenswerte (*non–current assets held for sale*) und aufgegebene Geschäftsbereiche (*discontinued operations)*:
    ⇒ Gesonderter Ausweis der Vermögenswerte (und ggf. Schulden) sowie der Aufgabeergebnisse (nach Steuern; IFRS 5)

11.4 Bewertung (*measurement*) 11.4.1 Erstmalige Bewertung

Übersicht 433

Unterschiede IFRS – HGB – Werte I

1. **Anschaffungskosten** ($\cong$ *costs of purchase*):

- Keine systematische Trennung der Anschaffungs- und Herstellungskosten (*costs*); keine durchgängige Definition (IAS 2, IAS 16, IAS 38)
- Einbeziehungspflicht für Abbruch- und Entsorgungskosten (IAS 16.16(c))
- Einbeziehungspflicht für Fremdkapitalkosten bei langem Anschaffungszeitraum (= qualifizierter Vermögenswert; IAS 23)
- bei Tausch i.d.R. beizulegender Zeitwert (IAS 16.24 ff.)

$\Rightarrow$ erfolgswirksam

11.4 Bewertung (*measurement*) 11.4.1 Erstmalige Bewertung

Übersicht 434

Unterschiede IFRS – HGB – Werte II

2. **Herstellungskosten** ($\cong$ *costs of conversion*):

- Einbeziehungspflicht für **fertigungsbezogene** allgemeine Verwaltungskosten und Aufwendungen für soziale Einrichtungen / freiwillige Sozialleistungen / betriebliche Altersversorgung (IAS 2.12 ff.)
- Einbeziehungspflicht für Fremdkapitalkosten bei langem Herstellungszeitraum (= qualifizierter Vermögenswert; IAS 23)
- Einbeziehungsverbot für nicht fertigungsbezogene **allgemeine** Verwaltungskosten (IAS 2.16(c), IAS 16.19(d))

$\Rightarrow$ keine Wahlrechte; Herstellungskosten nach IFRS zwischen Unter- und Obergrenze nach HGB

11.4 Bewertung (*measurement*)   11.4.1 Erstmalige Bewertung

Übersicht 435

Unterschiede IFRS – HGB – Aktiva

1. Herstellungskosten immaterieller Vermögenswerte: nur direkt zurechenbare Kosten (IAS 38.66)
2. Fertigungsaufträge (**langfristige Fertigung**, *construction contracts*, IAS 11; künftig in IFRS 15):
   - bei verlässlicher Ergebnisschätzung Gewinnrealisierung nach dem Fertigstellungsgrad (*percentage of completion (POC)*; IAS 11.22),
   - sonst nur Realisation der einbringbaren Auftragskosten (IAS 11.32)
   ⇒ Ausweis: Forderungen aus Fertigungsaufträgen und Umsatzerlöse
   - sofortige Aufwandserfassung bei erwartetem Verlust (IAS 11.36)
   ⇒ ggf. Ausweis einer Verpflichtung aus Fertigungsaufträgen (Schuld)

11.4 Bewertung (*measurement*)   11.4.1 Erstmalige Bewertung

Übersicht 436

Unterschiede IFRS – HGB – Passiva

1. **Pensionsrückstellungen** (IAS 19):
   - „Verfahren laufender Einmalprämien" *(projected unit credit method)*
   - Abzinsung mit den stichtagsbezogenen Kapitalmarktzinsen (Rendite erstrangiger festverzinslicher Industrieanleihen, ersatzweise Staatsanleihen)
2. **sonstige Rückstellungen** (IAS 37.36 ff.):
   - bestmögliche Schätzung (*best estimate*) / Erwartungswert
   - Abzinsung mit laufzeitkongruentem Marktzins

11.4 Bewertung (*measurement*)   11.4.2 Folgebewertung

Übersicht 437

Unterschiede IFRS – HGB – Werte / beizulegender Zeitwert

- beizulegender Zeitwert (*fair value*):

  - „Preis .., der in einem geordneten Geschäftsvorfall zwischen Marktteilnehmern am Bemessungsstichtag für den Verkauf eines Vermögenswerts eingenommen bzw. für die Übertragung einer Schuld gezahlt würde" (IFRS 13.9)
    ⇒ beobachtbare Absatzmarktpreise für gleiche Gegenstände bzw. für vergleichbare Gegenstände, ggf. Schätzung mit Bewertungsmodellen
  - für Finanzinstrumente, Neubewertung von immateriellen Vermögenswerten und Sachanlagen sowie Erstkonsolidierung

---

11.4 Bewertung (*measurement*)   11.4.2 Folgebewertung

Übersicht 438

Unterschiede IFRS – HGB – Werte / erzielbarer Betrag I

1. erzielbarer Betrag (*recoverable amount*) – Definition:

- höherer der beiden folgenden Beträge (IAS 36.6):
  - **beizulegender Zeitwert** abzüglich Kosten der Veräußerung (*fair value less costs of disposal* = Betrag, der durch den Verkauf nach Abzug der Veräußerungskosten erzielt werden könnte)
  - **Nutzungswert** (*value in use* = Barwert der geschätzten künftigen Cashflows bei Nutzung im Unternehmen einschließlich Restwert)
  ⇒ höherer der beiden Beträge entspricht **optimaler Verwendung** des Vermögenswerts

11.4 Bewertung (*measurement*) 11.4.2 Folgebewertung

Übersicht 439

Unterschiede IFRS – HGB – Werte / erzielbarer Betrag II

2. **erzielbarer Betrag (*recoverable amount*) – Anwendung:**

- für Sachanlagevermögen, immaterielle Vermögenswerte, Geschäfts- oder Firmenwerte sowie at cost bewertete Beteiligungen

  ⇒ Funktion wie beizulegender Wert im HGB (aber kein Wiederbeschaffungszeitwert als Vergleichsmaßstab)

  ⇒ Niederstwertprinzip (IAS 36.59, 36.114):

- Abwertungspflicht auf erzielbaren Betrag ⇒ Wertminderungsaufwand (≅ außerplanmäßige Abschreibung) grundsätzlich erfolgswirksam

- Wertaufholungsgebot bis zum fortgeführten Buchwert ohne Wertminderungsaufwand; Wertaufholungen grundsätzlich erfolgswirksam

11.4 Bewertung (*measurement*) 11.4.2 Folgebewertung

Übersicht 440

Unterschiede IFRS – HGB – Werte / Beispiel I

- Beispiel zur Wertminderung von Vermögenswerten:
- Anschaffungskosten 01.01.01: € 500.000,

  lineare Abschreibung über 5 Jahre

- beizulegender Zeitwert 31.12.01: € 300.000
- Kosten der Veräußerung: € 12.000
- weitere Nutzung: jährliche Einzahlungsüberschüsse in den folgenden 4 Jahren i.H.v. p.a. € 110.000

  (jeweils am Jahresende, Diskontierungszinssatz: 10%)

11.4 Bewertung (*measurement*)   11.4.2 Folgebewertung

Übersicht 441

Unterschiede IFRS – HGB – Werte / Beispiel II

- Buchwert 31.12.01= € 400.000

  (= € 500.000 – € 100.000)

- beizulegender Zeitwert abzüglich Kosten der Veräußerung = € 288.000

  (= € 300.000 – € 12.000)

- Nutzungswert = € 348.685

  (= 110.000/1,1 + 110.000/1,1^2 + 110.000/1,1^3 + 110.000/1,1^4)

- ⇒ erzielbarer Betrag = Nutzungswert

- ⇒ Wertminderungsaufwand = € 400.000 – € 348.685 = € 51.315

11.4 Bewertung (*measurement*)   11.4.2 Folgebewertung

Übersicht 442

Unterschiede IFRS – HGB – Werte / Nettoveräußerungswert

- Nettoveräußerungswert (*net realisable value*):
  - geschätzter Verkaufserlös abzüglich der geschätzten Kosten bis zur Fertigstellung und der notwendigen Vertriebskosten (IAS 2.6)
- für Vorräte
  - Niederstwertprinzip für Vorräte (IAS 2.9, 2.33): Abwertungspflicht auf Nettoveräußerungswert und Wertaufholungsgebot
  - retrograde Bewertung vom Absatzmarkt des Erzeugnisses – auch für RHB–Stoffe (IAS 2.32)
- ⇒ Funktion wie beizulegender Wert im HGB (aber grundsätzlich kein Wiederbeschaffungswert als Vergleichsmaßstab)

11.4 Bewertung (measurement)   11.4.2 Folgebewertung

Übersicht 443

Unterschiede IFRS – HGB – Neubewertung I

- Neubewertung (revaluation) = Bewertung mit dem beizulegenden Zeitwert; Wahlrecht anstelle des Anschaffungskostenmodells (IAS 16.29, 31 ff.)
- Neubewertung nur gruppenweise, z.B. alle unbebauten Grundstücke (IAS 16.36 f.) ⇒ Entscheidung für Neubewertung je Posten, nicht je Vermögenswert (kein „cherry picking")
- Neubewertung nicht zwingend jährlich, aber innerhalb einer Gruppe gleichzeitig (IAS 16.34; 16.38)

11.4 Bewertung (measurement)   11.4.2 Folgebewertung

Übersicht 444

Unterschiede IFRS – HGB – Neubewertung II

- Wertsteigerung **erfolgsneutral** über eine **Neubewertungsrücklage** (revaluation surplus) innerhalb des Eigenkapitals, soweit nicht Rückgängigmachung früherer erfolgswirksamer Abwertungen (IAS 16.39)
  ⇒ Erfolgsneutral zu erfassende latente Steuerschulden
  ⇒ Neubewertungsrücklage: Wertsteigerung abzüglich latenter Steuern
- **Wertminderung erfolgswirksam**, soweit keine entsprechende Neubewertungsrücklage vorhanden, sonst erfolgsneutral (IAS 16.40)
- Neubewertung abnutzbarer Vermögenswerte führt zu Anpassung der Abschreibungen; es ist strittig, ob die aus Wertsteigerungen resultierenden zusätzlichen Abschreibungen erfolgswirksam zu erfassen sind.

11.4 Bewertung (*measurement*) 11.4.2 Folgebewertung

Übersicht 445

Unterschiede IFRS – HGB – Neubewertung III

- direkte (erfolgsneutrale) Umbuchung der Neubewertungsrücklage in die Gewinnrücklagen, wenn realisiert (IAS 16.41):
  - bei Stilllegung oder Veräußerung des Vermögenswertes
  - möglich auch bei Nutzung in Höhe der Differenz zwischen den Abschreibungen auf Basis des neuen Buchwerts und denen auf Basis der Anschaffungs–/Herstellungskosten

⇒ Annahme, dass höhere Abschreibungen auch „verdient" werden

11.4 Bewertung (*measurement*) 11.4.2 Folgebewertung

Übersicht 446

Unterschiede IFRS – HGB – Neubewertung / Beispiel I

- Beispiel zur Neubewertung von Maschinen:
  - Buchwert 31.12.01:   T € 500.000
  - beizulegender Zeitwert 31.12.01: T € 505.000
  - Restnutzungsdauer 31.12.01:   5 Jahre, lineare Abschreibung
  - beizulegender Zeitwert 31.12.03: T € 288.000
  - beizulegender Zeitwert 31.12.04: T € 210.000
- erfolgswirksame Erfassung der Erhöhung der Abschreibungen
- Umbuchung realisierter Neubewertungsrücklage in die Gewinnrücklagen
- keine Berücksichtigung latenter Steuern

Unterschiede IFRS – HGB – Neubewertung / Beispiel II

Übersicht 447

Teil-Bilanz 31.12.01 (T€)			
Maschinen	505.000	Neubewertungsrücklage	5.000

Maschinen	5.000	an	Neubewertungsrücklage	5.000

Teil-Bilanz 31.12.02 (T€)			
Maschinen	404.000	Gewinnrücklagen	1.000
		Neubewertungsrücklage	4.000

Abschreibungen	101.000	an	Maschinen	101.000
Neubewertungsrücklage	1.000	an	Gewinnrücklagen	1.000

Übersicht 448

Unterschiede IFRS – HGB – Neubewertung / Beispiel III

Teil-Bilanz 31.12.03 (T€)			
Maschinen	288.000	Gewinnrücklagen	2.000

Abschreibungen	101.000	an	Maschinen	101.000
Neubewertungsrücklage	1.000	an	Gewinnrücklagen	1.000
Neubewertungsrücklage	3.000	an	Maschinen	3.000
Wertminderungsaufwand	12.000	an	Maschinen	12.000

⇒ neue (planmäßige) Abschreibungen ab 04: 288.000 / 3 = 96.000

11.4 Bewertung (*measurement*) 11.4.2 Folgebewertung

Übersicht 449

Unterschiede IFRS – HGB – Neubewertung / Beispiel IV

Teil-Bilanz 31.12.04 (T€)			
Maschinen	210.000	Gewinnrücklagen	2.000
		Neubewertungsrücklage	10.000

- Buchwert 31.12.04:

  Abschreibungen 96.000 an Maschinen 96.000

  ⇒ Buchwert = T€ 192.000

- beizulegender Zeitwert 31.12.04: T€ 210.000

11.4 Bewertung (*measurement*) 11.4.2 Folgebewertung

Übersicht 450

Unterschiede IFRS – HGB – Neubewertung / Beispiel V

- gesamte Aufwertung = beizulegender Zeitwert – fortgeführter Buchwert = 210.000 – 192.000 = T€ 18.000
- fortgeführter Buchwert ohne Neubewertung und Abwertungen = 500.000 – 3 • 100.000 = T€ 200.000

⇒ erfolgswirksame Zuschreibung = 200.000 – 192.000 = T€ 8.000

⇒ Rest erfolgsneutral:

Maschinen   8.000 an Ertrag aus Wertaufholung 8.000
Maschinen 10.000 an Neubewertungsrücklage   10.000

11.4 Bewertung (*measurement*)   11.4.2 Folgebewertung

Übersicht 451

Unterschiede IFRS – HGB – Aktiva I

1. **Immaterielle Vermögenswerte** (IAS 38):
   - jährliche Überprüfung der (planmäßigen) Abschreibungen (IAS 38.104)
   - bei immateriellen Vermögenswerten mit unbestimmter Nutzungsdauer mindestens jährlich Wertminderungstest (*impairment test*, IAS 36.10(a))
   - Wahlrecht zur Neubewertung (IAS 38.72, 38.75 ff.), aber Erfüllung der Voraussetzungen selten

2. **Geschäfts- oder Firmenwert (*goodwill*):**
   - keine (planmäßige) Abschreibung, ausschließlich jährlicher Wertminderungstest (*impairment only approach*, IAS 36.10(b))

11.4 Bewertung (*measurement*)   11.4.2 Folgebewertung

Übersicht 452

Unterschiede IFRS – HGB – Aktiva II

3. **Sachanlagen:**
   - (Planmäßige) Abschreibung über unternehmensindividuelle Nutzungsdauer / nutzungsentsprechende Abschreibungsmethode (IAS 16.50 ff.)
   - jährliche Überprüfung der (planmäßigen) Abschreibungen (IAS 16.51)
   - Wahlrecht zur Neubewertung (IAS 16.29, 16.31 ff.)

4. **zur Veräußerung gehaltene langfristige Vermögenswerte** (IFRS 5.15)
   - Abwertungspflicht auf niedrigeren Zeitwert abzüglich Veräußerungskosten

11.4 Bewertung (*measurement*) 11.4.2 Folgebewertung

Übersicht 453

Unterschiede IFRS – HGB – Finanzinstrumente (FI) I

- Finanzinstrument (*financial instrument*) = „Vertrag, der gleichzeitig bei dem einen Unternehmen zu einem finanziellen Vermögenswert und bei dem anderen Unternehmen zu einer finanziellen Verbindlichkeit oder einem Eigenkapitalinstrument führt" (IAS 32.11)
- Beispiele:
  - Flüssige Mittel / Forderungen
  - Anteile an anderen Unternehmen (z. T. spezielle Standards)
  - Verbindlichkeiten
  - Derivate

11.4 Bewertung (*measurement*) 11.4.2 Folgebewertung

Übersicht 454

Unterschiede IFRS – HGB – Finanzinstrumente (FI) II

- IAS 39 in der EU weiter gültig, IFRS 9 noch nicht von der EU übernommen
- **Bewertung** abhängig von Zuordnung zu einer **FI–Kategorie** (IAS 39.9):
  1. erfolgswirksam zum beizulegenden Zeitwert bewertete **aktive** oder **passive** FI (*financial instruments at fair value through profit or loss*)
     - Handelsbestand (*held for trading*)
     - wahlweise gewisse andere FI (*fair value*-Option)
  2. bis zur Endfälligkeit zu haltende aktive FI (*held-to-maturity*)
  3. gewährte Kredite und sonstige Forderungen (*loans and receivables*)
  4. zur Veräußerung verfügbare aktive FI (*available-for-sale*)
  5. übrige passive FI (nicht explizit als Kategorie abgegrenzt)

11.4 Bewertung (measurement) 11.4.2 Folgebewertung

Übersicht 455

Unterschiede IFRS – HGB – Finanzinstrumente (FI) III

- **Erstmalige Bewertung** zum beizulegenden Zeitwert, bei FI der Kategorien 2 bis 5 einschließlich Anschaffungsnebenkosten (IAS 39.43)
- **Folgebewertung** zum beizulegenden Zeitwert (IAS 39.46):
  - Kategorie 1 – mit erfolgswirksamer Erfassung von Zeitwertänderungen in der GuV (IAS 39.55(a))
  - Kategorie 4 – mit erfolgsneutraler Erfassung von Zeitwertänderungen im Eigenkapital (IAS 39.55(b))
- **Folgebewertung** zu **fortgeführten Anschaffungskosten** unter Anwendung der Effektivzinsmethode (*at amortised cost using the effective interest method*; IAS 39.46f., 39.9), d.h. Zinsen erfolgswirksam: Kategorien 2, 3 und 5

11.4 Bewertung (measurement) 11.4.2 Folgebewertung

Übersicht 456

Unterschiede IFRS – HGB – Wertpapiere – Beispiel I

Wertpapiergruppe	held for trading (hft) €	available–for–sale (afs) €
Kauf – Anschaffungskosten (01.10.00)	40.000	150.000
fair value (31.12.00)	45.000	170.000
Verkauf (01.02.01)	44.000	(kein Verkauf)
Kauf – Anschaffungskosten (01.12.01)	25.000	(kein Zugang)
fair value (31.12.01)	23.000	165.000

(keine Berücksichtigung latenter Steuern)

Unterschiede IFRS – HGB – Wertpapiere – Beispiel II

- 01.10.00 Anschaffung:

Wertpapiere (hft)	40.000	an Bank	40.000
Wertpapiere (afs)	150.000	an Bank	150.000

- 31.12.00:

Wertpapiere (hft)	5.000	an Ertrag	5.000
Wertpapiere (afs)	20.000	an Wertänderungsrücklage	20.000

Unterschiede IFRS – HGB – Wertpapiere – Beispiel III

- 01.02.01 Verkauf:

Bank	44.000		
Aufwand	1.000	an Wertpapiere (hft)	45.000

- 01.12.01 Anschaffung:

Wertpapiere (hft)	25.000	an Bank	25.000

- 31.12.01:

Aufwand	2.000	an Wertpapiere (hft)	2.000
Wertänderungsrücklage	5.000	an Wertpapiere (afs)	5.000

11.4 Bewertung (*measurement*)   11.4.2 Folgebewertung

Übersicht 459

Unterschiede IFRS – HGB – Darlehnsvergabe – Beispiel I

- Vergabe eines endfälliges Darlehns am 31.12.01, nominal T€ 100

- Laufzeit: 3 Jahre

- Zinssatz: 6%

- Auszahlung: 90%

- Vermittlungsprovision des Darlehnsgebers bei Darlehnsauszahlung für den Vermittler: € 52,50

11.4 Bewertung (*measurement*)   11.4.2 Folgebewertung

Übersicht 460

Unterschiede IFRS – HGB – Darlehn – Beispiel II

- Effektivzins: Diskontierungszins, bei dem die Summe der abgezinsten Ein- und Auszahlungen genau Null ergibt ⇒ hier: 10%

- Ermittlung der fortgeführten Anschaffungskosten und Zinserträge

	Zahlungen (€)	Buchwert (€)	Zinsertrag (€)
31.12.01	−90.053	90.053	0
31.12.02	6.000	93.058	9.005
31.12.03	6.000	96.364	9.306
31.12.04	106.000	0	9.636

11.4 Bewertung (*measurement*)   11.4.2 Folgebewertung

Übersicht 461

Unterschiede IFRS – HGB – Darlehn – Beispiel III

- 31.12.01:

Sonstige Forderungen	90.053	an Zahlungsmittel	90.053

- 31.12.02:

Sonstige Forderungen	3.005	an Sonstige Zinsen	3.005
Zahlungsmittel	6.000	an Sonstige Zinsen	6.000

11.4 Bewertung (*measurement*)   11.4.2 Folgebewertung

Übersicht 462

Unterschiede IFRS – HGB – Darlehn – Beispiel IV

- 31.12.03

Sonstige Forderungen	3.306	an Sonstige Zinsen	3.306
Zahlungsmittel	6.000	an Sonstige Zinsen	6.000

- 31.12.04

Sonstige Forderungen	3.636	an Sonstige Zinsen	3.636
Zahlungsmittel	106.000	an Sonstige Zinsen	6.000
		Sonstige Forderungen	100.000

12 Jahresabschlussanalyse 12.1 Grundlagen

Übersicht 463

Jahresabschlussanalyse – Begriff

- Aufbereitung und Auswertung von Informationen aus Bilanz, Gewinn- und Verlustrechnung, Anhang und Lagebericht zur Gewinnung eines den tatsächlichen Verhältnissen entsprechenden Bildes der gegenwärtigen und zukünftigen
- Vermögenslage,
- Finanzlage und
- Ertragslage

des untersuchten Unternehmens

12 Jahresabschlussanalyse 12.1 Grundlagen

Übersicht 464

Jahresabschlussanalyse – Adressaten

1. Unternehmensleitung
2. Eigentümer
3. Gläubiger
4. Dritte (Arbeitnehmer, Kunden/Lieferanten, Konkurrenten, Öffentlichkeit)

⇒ **Grundlage für Entscheidungen** (IFRS: *decision usefulness*)

Übersicht 465

Jahresabschlussanalyse – Analyseziele I

1. **Unternehmensleitung:**

   - **Gestaltung des Jahresabschlusses** im Hinblick auf:
     - Rechenschaft gegenüber Eigentümern / Dividendenpolitik
     - Kreditwürdigkeit / Rating („Basel II")
     - Analystenurteile
     - (eingeschränkt) Besteuerung

Übersicht 466

Jahresabschlussanalyse – Analyseziele II

2. **Eigentümer:**

   - Informationen über:
     - Tätigkeit der Unternehmensleitung
     - mögliche zukünftige Ausschüttungen
     - mögliche zukünftige Wertentwicklung des Unternehmens

3. **Gläubiger:**

   - Informationen zur Analyse der Kreditwürdigkeit / des Ratings

Übersicht 467

Jahresabschlussanalyse – Analyseziele III

4. Dritte (Arbeitnehmer, Kunden / Lieferanten, Konkurrenten, Öffentlichkeit):

- Informationen z.b. über:
    - Sicherheit des Arbeitsplatzes
    - Stabilität der Lieferbeziehungen
    - Konkurrenzsituation in einer Branche

Übersicht 468

Jahresabschlussanalyse – Analysebereiche I

1. Analyse der Vermögenslage:

⇒ Aussagen über

- Höhe des (Rein–)vermögens, d.h. Eigenkapitalausstattung
- Vermögens– und Kapitalstruktur

⇒ nur begrenzte Aussagen über (potentielle) Überschuldung, da

- bilanzielle Vermögenslage nicht zerschlagungsorientiert
- Überschuldungsstatus zu Zerschlagungswerten erforderlich

Übersicht 469

Jahresabschlussanalyse – Analysebereiche II

2. **Analyse der Finanzlage:**

⇒ Aussagen über:

- Kapitalaufbringung und –verwendung
- (statische) Liquidität
- Innenfinanzierungsspielraum und Kredittilgungskraft

Übersicht 470

Jahresabschlussanalyse – Analysebereiche III

2. **Analyse der Finanzlage:**

⇒ nur begrenzte Aussagen über Zahlungsfähigkeit und Illiquiditätsrisiko, da

- statische Liquiditätskennzahlen die zeitliche Dimension („jederzeitige" Zahlungsfähigkeit) vernachlässigen und
- (nicht monetäres) Bilanzvermögen nur bei Liquidierung, d.h. bei Zerschlagung des Unternehmens, die Zahlungsfähigkeit beeinflusst

Jahresabschlussanalyse – Analysebereiche IV

3. Analyse der Ertragslage:

⇒ Aussagen über

- Höhe und Quellen des Jahresergebnisses
- Fähigkeit, nachhaltig Gewinne zu erwirtschaften

⇒ nur begrenzte Aussagen über die Liquidität, da

- Einzahlungen / Auszahlungen nicht zwingend mit Erträgen / Aufwendungen korreliert sind

Jahresabschlussanalyse – Grenzen

- Analyseziele der Jahresabschlussanalyse grundsätzlich **zukunftsorientiert**
- Analysebereiche / Zahlenmaterial der Abschlüsse **vergangenheitsorientiert**

⇒ Prognose auf Grundlage der Vergangenheitszahlen notwendig

- häufig anhand von Kennzahlen (z.B. Gesamtkapitalrentabilität)
  - Grundlagen für Planungsrechnungen
  - Grundlagen zur Plausibilisierung von Planungsrechnungen
  - Statistische Analyse (z.B. Diskriminanzanalyse)

Übersicht 473

Jahresabschlussanalyse – Arbeitsablauf I

1. **Aufbereitung der Abschlüsse:**
   a) **Plausibilisierung / Prüfung des verfügbaren Datenmaterials,** insbesondere bei untestierten (= ungeprüften) Abschlüssen
   b) **Postenanalyse:**
      Zusammenfassung und Saldierung von Posten des Abschlusses („Bereinigung") $\Rightarrow$ Grundlage für
   c) **Kennzahlenanalyse:**
      Bildung und Berechnung aussagefähiger („prognosestarker") Kennzahlen zur Analyse der Vermögens-, Finanz- und Ertragslage

Übersicht 474

Jahresabschlussanalyse – Arbeitsablauf II

2. **Auswertung der Daten:**
   - Analyse / Beurteilung der errechneten Kennzahlen durch:
     a) Zeitvergleich
     b) Betriebsvergleich
     c) Branchenvergleich
     d) Soll- / Istvergleich

Übersicht 475

Jahresabschlussanalyse – Arbeitsablauf III

3. Qualitative Bilanzanalyse:

- Analyse des **Bilanzierungsgebarens**, z.B.:
- Ausnutzung von Bilanzierungswahlrechten („konservativ" / „liberal")
- **Analyse der Formulierungen** im Abschluss / Prüfungsbericht, z.B.

„In intensiven Gesprächen mit der Geschäftsleitung haben wir uns davon überzeugen lassen, dass die Dotierung der Rückstellungen angemessen ist."

12.2 Postenanalyse   12.2.1 Analyse der Bilanz

Übersicht 476

Postenanalyse – Bilanzbereinigungen I

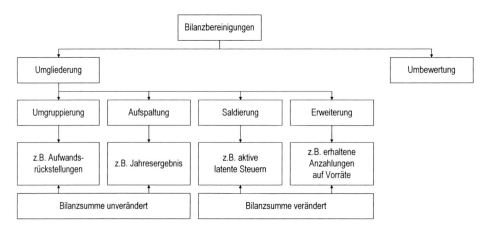

12.2 Postenanalyse   12.2.1 Analyse der Bilanz

Übersicht 477

Postenanalyse – Bilanzbereinigungen II

- Bilanzbereinigungen $\Rightarrow$ häufig Korrekturen des Eigenkapitals erforderlich
- Reihenfolge der Bilanzbereinigungen:
  1. Aktiva
  2. Passiva
- jeweils nach abnehmendem Risikograd:
  1. Eigenkapitalminderungen
  2. Eigenkapitalerhöhungen

12.2.1 Analyse der Bilanz   12.2.1.1 Analyse der Aktiva

Übersicht 478

Risikoposten Aktiva – aktive latente Steuern

- **Charakter:**
  - Abgrenzungsposten, kein Vermögen
  - Verlustvorträge jedoch ggf. werthaltig
- **analytische Behandlung (HGB / IFRS):**
  - Saldierung mit dem Eigenkapital
  - ggf. keine Saldierung des Abgrenzungspostens aufgrund steuerlicher Verlustvorträge $\Rightarrow$ analytisch ggf. werthaltig

12.2.1 Analyse der Bilanz   12.2.1.1 Analyse der Aktiva

Übersicht 479

Risikoposten Aktiva – Derivativer Geschäfts– oder Firmenwert

- **Ziel des Ansatzes:**
  Sicherstellung der **Erfolgsneutralität** des Unternehmenserwerbs / der Erstkonsolidierung
- **Charakter strittig:**
  a) nicht werthaltig, kein Vermögen (nicht einzeln verwertbar / identifizierbar)
  b) werthaltig: entspricht der Differenz zwischen dem Kurswert und dem Buchwert beim Erwerb von Aktien (share deal)
- **analytische Behandlung (HGB / IFRS):**
  bei a) Saldierung mit dem Eigenkapital

12.2.1 Analyse der Bilanz   12.2.1.1 Analyse der Aktiva

Übersicht 480

Risikoposten Aktiva – Disagio

- **Charakter:**
  - einmalige **Zins(voraus)zahlung** an den Kreditgeber
    ⇒ künftige Zinsersparnis
  - kein Vermögensgegenstand (strittig, abhängig von Rückerstattung des Disagios bei vorzeitiger Tilgung der Verbindlichkeit)
- **analytische Behandlung (HGB):**
  wenn kein Vermögensgegenstand, Saldierung mit dem Eigenkapital
- **analytische Behandlung (IFRS):**
  kein Ansatz eines Disagios zulässig, keine Bilanzbereinigung notwendig

12.2.1 Analyse der Bilanz   12.2.1.1 Analyse der Aktiva

Übersicht 481

Risikoposten Aktiva – Erhaltene Anzahlungen auf Bestellungen

- **Charakter:**

  erhaltene Anzahlungen sind Schulden, da ggf. zurückzuzahlen, gesetzlich sanktionierter Verstoß gegen das Saldierungsverbot

- **analytische Behandlung (HGB):**

  Erweiterung der Vorräte um die erhaltenen Anzahlungen auf Bestellungen und unsaldierter Ausweis unter den Verbindlichkeiten ⇒ Erhöhung der Bilanzsumme

- **analytische Behandlung (IFRS):**

  offenes Absetzen der Anzahlungen von den Vorräten nur bei Teilleistungen langfristiger Fertigungsaufträgen zulässig. ⇒ nur dann Erweiterung erforderlich

12.2.1 Analyse der Bilanz   12.2.1.1 Analyse der Aktiva

Übersicht 482

Risikoposten Aktiva – übrige

- **Bewertungsrisiken** bestehen insbesondere bei
  - Vorräten (Lagerrisiken, Bewertungsrisiken)
  - Forderungen (Einbringlichkeit, Wertberichtigungsbedarf)
  - Betriebsgrundstücken und –anlagen (Zweitverwertbarkeit, Altlasten)
- **analytische Behandlung:**
  - ggf. Versuch der Umbewertung bei gleichzeitiger Eigenkapitalkorrektur
  - i.d.R. dürften hierzu jedoch die Informationen hierzu nicht ausreichen

12.2.1 Analyse der Bilanz   12.2.1.2 Analyse der Passiva

Übersicht 483

Risikoposten Passiva – Jahresergebnis / Ausschüttungsbetrag

- **Charakter:**
  Ausschüttungsbetrag ist wirtschaftlich eine Verpflichtung = Verbindlichkeit
- **analytische Behandlung (HGB):**
  Aufspaltung des Jahresergebnisses auf Eigen- und Fremdkapital; Abspaltung des geplanten Ausschüttungsbetrags, Ausweis als kurzfristige Verbindlichkeit
  (BilRUG: Angabe im Anhang)
- **analytische Behandlung (IFRS):**
  Jahresergebnis grundsätzlich Teil der Gewinnrücklagen, somit Aufspaltung der Gewinnrücklagen (retained earnings)

12.2.1 Analyse der Bilanz   12.2.1.2 Analyse der Passiva

Übersicht 484

Risikoposten Passiva – Ausgleichsposten für Anteile anderer Gesellschafter I

- **Charakter:**
  - auch Minderheitsgesellschafter sind Anteilseigner des Konzerns (Einheitstheorie), Anteile sind Eigenkapital des Konzerns
  - Minderheitsgesellschaftern zustehender **Gewinn** erfordert i.d.R. Ausschüttung
  $\Rightarrow$ kurzfristiges Fremdkapital
  (BilRUG: künftige Bezeichnung „nicht beherrschende Anteile")

12.2.1 Analyse der Bilanz	12.2.1.2 Analyse der Passiva

Übersicht 485

Risikoposten Passiva – Ausgleichsposten für Anteile anderer Gesellschafter II

- **analytische Behandlung:**
  - Aufspaltung des Ausgleichspostens:
    - Abspaltung des anderen Gesellschaftern zustehenden Gewinns
    - ⇒ Ausweis als kurzfristige Verbindlichkeit
    - ⇒ Ausweis des verbleibenden Betrages (ggf. einschließlich anderen Gesellschaftern zuzurechnender Verlustanteile) im Eigenkapital

---

12.2.1 Analyse der Bilanz	12.2.1.2 Analyse der Passiva

Übersicht 486

Risikoposten Passiva – Ausgleichsposten für Anteile anderer Gesellschafter III

- **Vorgehensweise:**
  - GuV–Posten u. U. Saldo aus Gewinn– und Verlustanteilen
    - ⇒ ggf. Gewinnanteile im Anhang nachvollziehen
  - i.d.R. lässt Postenbezeichnung nicht erkennen, ob den Minderheitsgesellschaftern Gewinn oder Verlust zuzurechnen ist (z.B. „Ergebnisanteile")
    - ⇒ Vergleich der Posten „Jahresergebnis" und „den Anteilseignern des Mutterunternehmens zuzurechnender Ergebnisanteil"; ist das Jahresergebnis besser/schlechter, liegt ein Gewinn–/Verlustanteil vor

Risikoposten Passiva – Aufwandsrückstellungen

- **Charakter (strittig):**
  a) keine Schulden i.e.S., da keine Verpflichtungen ggü. Dritten $\Rightarrow$ Eigenkapital
  b) insbesondere bei unterlassener Instandhaltung $\Rightarrow$ Wertberichtigung zum Anlagevermögen
- **analytische Behandlung (HGB):**
  a) Umgruppierung in das Eigenkapital
  b) Saldierung mit dem Anlagevermögen
- **analytische Behandlung (IFRS):**
  Ansatzverbot, keine Bilanzbereinigung notwendig

Eigenkapital – Bereinigungen HGB

	Eigenkapital (§ 266 III A. HGB) einschließlich Ausgleichsposten für Anteile anderer Gesellschafter (§ 307 I HGB)
./.	geplante Ausschüttungen / Gewinnanteile anderer Gesellschafter
=	bilanzielles Eigenkapital
./.	aktive latente Steuern (§§ 274 I S. 2, 306 HGB)
./.	derivativer Geschäfts– oder Firmenwert (§§ 246 I S. 4, 301 III S. 1 HGB)
./.	Disagio (§§ 250 III, 268 VI HGB)
./.	Unterdeckung der Pensionsrückstellungen (Art. 28 EGHGB)
+	Aufwandsrückstellungen (§ 249 I S. 2 Nr. 1 HGB)
=	**bereinigtes Eigenkapital**

12.2.1 Analyse der Bilanz   12.2.1.2 Analyse der Passiva

Übersicht 489

Eigenkapital – Bereinigungen IFRS

	Eigenkapital einschließlich nicht beherrschender Anteile (Minderheitsgesellschafter)
+	als sonstige finanzielle Verbindlichkeiten ausgewiesenes „Eigenkapital"
./.	geplante Ausschüttungen / Gewinnanteile der Minderheitsgesellschafter
=	bilanzielles Eigenkapital
./.	latente Steueransprüche
./.	derivativer Geschäfts- oder Firmenwert
=	**bereinigtes Eigenkapital**

12.2.1 Analyse der Bilanz   12.2.1.3 Fristenstrukturbilanz

Übersicht 490

Fristenstrukturbilanz – Grundlagen I

- Ziel:
  - Aufdeckung von Finanzierungsrisiken
    $\Rightarrow$ Zahlungsunfähigkeit
    $\Rightarrow$ Anschlussfinanzierung
  - Gewährleistung einer fristenkongruenten Finanzierung:
    - langfristig gebundenes Vermögen ist langfristig zu finanzieren
    - kurzfristig gebundenes Vermögen kann kurzfristig finanziert werden
    $\Rightarrow$ **Goldene Bilanzregel**
  $\Rightarrow$ Erkennen von Finanzierungsspielräumen / –defiziten

Fristenstrukturbilanz – Grundlagen II

- **Vorgehensweise:**
  - Gegenüberstellung der Fristigkeit der Aktiva und der Passiva
    1. Gliederung der Aktiva nach ihrer Bindungsdauer:
       Bindungsdauer > 1 Jahr $\Rightarrow$ mittel– und langfristige Aktiva
    2. Gliederung der Passiva nach ihrer Fristigkeit
       (Bindungsbereitschaft der Kapitalgeber):
       Fristigkeit > 1 Jahr und $\leq$ 5 Jahre $\Rightarrow$ mittelfristige Passiva
       Fristigkeit > 5 Jahre $\Rightarrow$ langfristige Passiva

Fristenstrukturbilanz – Grundlagen III

- **Probleme:**
  - rein statische Betrachtungsweise
  - vereinfachende Annahmen
  - Aussagefähigkeit durch Bewertungsspielräume eingeschränkt
- für IFRS–Abschlüsse grundsätzlich Pflicht (IAS 1.60)

12.2.1 Analyse der Bilanz   12.2.1.3 Fristenstrukturbilanz

Übersicht 493

Fristenstrukturbilanz – Gliederung Aktiva

- **mittel- und langfristige Aktiva:**
  - Anlagevermögen (§ 247 II HGB: soll dauernd dem Geschäftsbetrieb dienen)
  - Forderungen mit einer Restlaufzeit von mehr als einem Jahr (§ 268 IV 1 HGB: Vermerke in der Bilanz)
  - aktive latente Steuern (Annahme: Bindungsdauer > 1 Jahr)
- **kurzfristige Aktiva:**
  - übriges Umlaufvermögen (Annahme: Bindungsdauer ≤ 1 Jahr)
  - aktive RAP (Annahme: Bindungsdauer ≤ 1 Jahr)

12.2.1 Analyse der Bilanz   12.2.1.3 Fristenstrukturbilanz

Übersicht 494

Fristenstrukturbilanz – Gliederung Passiva I

- **langfristige Passiva:**
  - bereinigtes Eigenkapital
  - langfristiges Fremdkapital:
    - (alle) Pensionsrückstellungen
    - Verbindlichkeiten mit einer Restlaufzeit (RLZ) von mehr als fünf Jahren (§ 285 Nr. 1a, 2 HGB, Angabe im Anhang)
- **mittelfristige Passiva:**
  - Verbindlichkeiten mit einer Restlaufzeit über einem Jahr und bis zu 5 Jahren (Differenz der Angaben nach § 268 V 1 und § 285 Nr. 1a, 2 HGB)
  - passive latente Steuern (Annahme: Bindungsdauer > 1 Jahr)

Übersicht 495

Fristenstrukturbilanz – Gliederung Passiva II

- **kurzfristige Passiva:**
  - Steuerrückstellungen
  - sonstige Rückstellungen (ohne Aufwandsrückstellungen)
  - passive Unterschiedsbeträge aus der Konsolidierung
  - Verbindlichkeiten mit einer Restlaufzeit bis zu einem Jahr (§ 268 V 1 HGB; Vermerke in der Bilanz)
  - auszuschüttender Betrag des Mutterunternehmens
  - anderen Gesellschaftern zustehender Gewinn (Annahme: Ausschüttung)
  - passive RAP (Annahme: Bindungsdauer $\leq$ 1 Jahr)

Übersicht 496

Fristenstrukturbilanz – banküblicher Aufbau

Aktiva	Passiva
mittel– / langfristige Aktiva: • Anlagevermögen • Forderungen (RLZ > 1 Jahr) • aktive latente Steuern	mittel– / langfristige Passiva: • bereinigtes Eigenkapital • langfristiges Fremdkapital • mittelfristiges Fremdkapital • passive latente Steuern
kurzfristige Aktiva: • übriges Umlaufvermögen • RAP	kurzfristige Passiva: • kurzfristiges Fremdkapital • RAP

12.2.2 Analyse der Gewinn- und Verlustrechnung
12.2.2.1 Analyse der Aufwendungen und Erträge

Übersicht 497

Postenanalyse – Grundlagen der Erfolgskorrekturrechnung

- **Ziel:**
  Ermittlung eines bereinigten Jahresergebnisses (analog Bilanzbereinigung)
- **Vorgehensweise:**
  Nachvollziehen der Bilanzbereinigungen in der GuV
- **Problem:**
  - erfolgsmäßige Auswirkungen der Bilanzbereinigungen selten direkt aus der Gewinn- und Verlustrechnung ersichtlich
  - $\Rightarrow$ Bestandsveränderungsrechnung (Zunahmen / Abnahmen) in der Bilanz
  - $\Rightarrow$ Analysefehler bei Änderungen im Konsolidierungskreis

12.2.2 Analyse der Gewinn- und Verlustrechnung
12.2.2.1 Analyse der Aufwendungen und Erträge

Übersicht 498

Erfolgskorrekturrechnung – aktive latente Steuern

- **Auswirkung der Veränderung des Bilanzpostens in der GuV:**
  - bei Erhöhung: Verminderung des Steueraufwandes
  - bei Verminderung: Erhöhung des Steueraufwandes
- **analytische Behandlung (bei IFRS nur Näherungslösung):**
  - bei Erhöhung: Erhöhung des Steueraufwandes
    $\Rightarrow$ Verminderung des Jahresergebnisses
  - bei Verminderung: Verminderung des Steueraufwandes
    $\Rightarrow$ Erhöhung des Jahresergebnisses

12.2.2 Analyse der Gewinn- und Verlustrechnung

12.2.2.1 Analyse der Aufwendungen und Erträge

Übersicht 499

Erfolgskorrekturrechnung – Derivativer Geschäfts- oder Firmenwert

- **Auswirkung des Ansatzes in der GuV:**
  - im Aktivierungsjahr: Verminderung des Aufwands (nur Jahresabschluss)
  - in den Folgejahren: Erhöhung der Abschreibungen
- **analytische Behandlung:**
  - im Aktivierungsjahr: Erhöhung des Aufwands (nur Jahresabschluss)
    $\Rightarrow$ Verminderung des Jahresergebnisses
  - in den Folgejahren: Verminderung der Abschreibungen
    $\Rightarrow$ Erhöhung des Jahresergebnisses
- im Konzernabschluss entfällt die Korrektur (nur) im Aktivierungsjahr

12.2.2 Analyse der Gewinn- und Verlustrechnung

12.2.2.1 Analyse der Aufwendungen und Erträge

Übersicht 500

Erfolgskorrekturrechnung – Disagio

- **Auswirkung des Ansatzes in der GuV:**
  - im Aktivierungsjahr: Verminderung des Zinsaufwandes
  - in den Folgejahren: Erhöhung des Zinsaufwandes
- **analytische Behandlung (nur HGB):**
  - im Aktivierungsjahr: Erhöhung des Zinsaufwandes
    $\Rightarrow$ Verminderung des Jahresergebnisses
  - in den Folgejahren: Verminderung des Zinsaufwandes
    $\Rightarrow$ Erhöhung des Jahresergebnisses

12.2.2 Analyse der Gewinn- und Verlustrechnung

12.2.2.1 Analyse der Aufwendungen und Erträge

Übersicht 501

Erfolgskorrekturrechnung – Aufwandsrückstellungen I

- **Auswirkung des Ansatzes in der GuV:**
  - im Jahr der Bildung: Erhöhung der jeweiligen Aufwendungen
  - im Jahr der Inanspruchnahme: Verminderung der jeweiligen Aufwendungen
  - im Jahr der Auflösung: Erhöhung der sonstigen betrieblichen Erträge

12.2.2 Analyse der Gewinn- und Verlustrechnung

12.2.2.1 Analyse der Aufwendungen und Erträge

Übersicht 502

Erfolgskorrekturrechnung – Aufwandsrückstellungen II

- **Problem:**
  - Bildung und Inanspruchnahme der Aufwandsrückstellungen nur selten erkennbar ($\Rightarrow$ Rückstellungsspiegel), Auflösung nur bei entsprechender Erläuterung der sonstigen betrieblichen Erträge

  $\Rightarrow$ Annahme:

  Zunahme der Aufwandsrückstellungen in der Bilanz = Bildung; Abnahme der Aufwandsrückstellungen = Inanspruchnahme / Auflösung

  $\Rightarrow$ Fehler, wenn Zunahme / Abnahme der Aufwandsrückstellungen auf Änderungen im Konsolidierungskreis beruht

12.2.2 Analyse der Gewinn- und Verlustrechnung	12.2.2.1 Analyse der Aufwendungen und Erträge
	Übersicht 503

Erfolgskorrekturrechnung – Aufwandsrückstellungen III

- **analytische Behandlung der Zunahme / Abnahme der Aufwandsrückstellungen (nur HGB):**
  - im Jahr der Zunahme: Verminderung der sonstigen betrieblichen Aufwendungen
    $\Rightarrow$ Erhöhung des Jahresergebnisses
  - in Jahr der Abnahme: Verminderung der sonstigen betrieblichen Erträge
    $\Rightarrow$ Verminderung des Jahresergebnisses

12.2.2 Analyse der Gewinn- und Verlustrechnung	12.2.2.2 Erfolgsspaltung
	Übersicht 504

Erfolgsspaltung – Grundlagen

- **Ziel:**
  - Beurteilung der Ergebnisqualität
  - Schätzung des nachhaltigen Geschäftsergebnisses als Prognosebasis
- **Vorgehensweise**:
  Gliederung der Aufwendungen und Erträge nach
  - ihren Entstehungsbereichen $\Rightarrow$ betriebsbedingt / nicht betriebsbedingt
  - ihrer Periodenzugehörigkeit $\Rightarrow$ periodenzugehörig / periodenfremd
  - ihrer Nachhaltigkeit $\Rightarrow$ ordentlich / außerordentlich

  zusätzlich: Segmentberichterstattung (Tätigkeitsbereiche / Regionen)

Übersicht 505

Handelsrechtliche Erfolgsspaltung – Komponenten I

1. **Betriebsergebnis** („Ergebnis aus betrieblicher Tätigkeit")
   - GKV: § 275 II Nr. 1 – 8 HGB; UKV § 275 III Nr. 1 – 7 HGB
2. **Finanzergebnis** („Ergebnis aus Finanzierungstätigkeit")
   - GKV: § 275 II Nr. 9 – 13 HGB; UKV § 275 III Nr. 8 – 12 HGB
3. **Ergebnis der gewöhnlichen Geschäftstätigkeit** („ordentliches Ergebnis")
   (= Betriebsergebnis + Finanzergebnis)
   - GKV: § 275 II Nr. 14 HGB; UKV § 275 III Nr. 13 HGB *(BilRUG: entfällt)*
4. **außerordentliches Ergebnis** („nicht nachhaltiges Ergebnis")
   - GKV: § 275 II Nr. 15 – 17 HGB; UKV § 275 III Nr. 14–16 HGB *(BilRUG: entfällt)*

Übersicht 506

Handelsrechtliche Erfolgsspaltung – Komponenten II

5. **Ergebnis vor (EE–)Steuern** („Ergebnis vor [Ertrags–]Besteuerung")
   (= Ergebnis der gewöhnlichen Geschäftstätigkeit
   + außerordentliches Ergebnis)
   - GKV: § 275 II Nr. 1–17 HGB; UKV § 275 III Nr. 1–16 HGB

   *(BilRUG: neuer Posten **Ergebnis nach Steuern** [vor sonstigen Steuern])*
6. **Steueraufwand** („[Ertrag–]Steuerbelastung")
   - GKV: § 275 II Nr. 18 – 19 HGB; UKV § 275 III Nr. 17 – 18 HGB
7. **Jahresüberschuss / Jahresfehlbetrag**
   - GKV: § 275 II Nr. 20 HGB; UKV § 275 III Nr. 19 HGB

12.2.2 Analyse der Gewinn- und Verlustrechnung   12.2.2.2 Erfolgsspaltung

Übersicht 507

Handelsrechtliche Erfolgsspaltung – Aussagefähigkeit I

- nur eingeschränkte Aussagefähigkeit der handelsrechtlichen Erfolgsspaltung:
  - **unvollkommene Trennung** der nachhaltigen und der nicht nachhaltigen Aufwendungen und Erträge
  - Ergebnis der gewöhnlichen Geschäftstätigkeit enthält nicht nachhaltige Erfolgskomponenten

⇒ keine nachhaltige Erfolgsgröße

12.2.2 Analyse der Gewinn- und Verlustrechnung   12.2.2.2 Erfolgsspaltung

Übersicht 508

Handelsrechtliche Erfolgsspaltung – Aussagefähigkeit II

- **Ursache:**
  enge Abgrenzung der außerordentlichen Erträge und Aufwendungen:
- **Analytische Behandlung:**
  Erweiterung der außerordentlichen Aufwendungen und Erträge um alle Erfolgskomponenten, die nicht nachhaltig anfallen

⇒ Betriebswirtschaftliche Erfolgsspaltung (einschließlich Erfolgskorrekturrechnung)

BilRUG: Erfolgsspaltung in der GuV entfällt; stattdessen zwingend im Anhang: Betrag und Art außerordentlicher Erträge und Aufwendungen

12.2.2 Analyse der Gewinn- und Verlustrechnung

12.2.2.2 Erfolgsspaltung

Übersicht 509

Handelsrechtliche / betriebswirtschaftliche Erfolgsspaltung – Ergebnisgrößen

	Betriebsergebnis	⇒	bereinigtes Betriebsergebnis
+	Finanzergebnis	⇒	bereinigtes Finanzergebnis
=	Ergebnis der gewöhnlichen Geschäftstätigkeit	⇒	bereinigtes Geschäftsergebnis
+	außerordentliches Ergebnis	⇒	bereinigtes außerordentliches Ergebnis
=	Ergebnis vor EE–Steuern	⇒	bereinigtes Ergebnis vor EE–Steuern
–	Steuerergebnis	⇒	bereinigtes Steuerergebnis
=	Jahresergebnis	⇒	bereinigtes Jahresergebnis

12.2.2 Analyse der Gewinn- und Verlustrechnung

12.2.2.2 Erfolgsspaltung

Übersicht 510

Betriebswirtschaftliche Erfolgsspaltung – Erweiterung der außerordentlichen Aufwendungen I

1. **Umgliederung aus den sonstigen betrieblichen Aufwendungen:**
   - Verluste aus Anlagenabgängen
   - Währungsverluste

2. **Umgliederung aus den Abschreibungen auf immaterielle Vermögensgegenstände des Anlagevermögens und Sachanlagen:**
   - außerplanmäßige Abschreibungen (IFRS: Wertminderungsaufwand)

   ⇒ im UKV Umgliederung aus den korrespondierenden Funktionsbereichen

12.2.2 Analyse der Gewinn- und Verlustrechnung 12.2.2.2 Erfolgsspaltung

Übersicht 511

Betriebswirtschaftliche Erfolgsspaltung –

Erweiterung der außerordentlichen Aufwendungen II

3. **Umgliederung der Abschreibungen auf Vermögensgegenstände des Umlaufvermögens, soweit diese die [...] üblichen Abschreibungen überschreiten**
   - im UKV Umgliederung aus den korrespondierenden Funktionsbereichen
4. **Umgliederung der Abschreibungen auf Finanzanlagevermögen**
5. **Umgliederung aus dem Steueraufwand:**
   - Steuernachzahlungen für frühere Jahre

12.2.2 Analyse der Gewinn- und Verlustrechnung 12.2.2.2 Erfolgsspaltung

Übersicht 512

Betriebswirtschaftliche Erfolgsspaltung –

Erweiterung der außerordentlichen Erträge

1. **Umgliederung aus den sonstigen betrieblichen Erträgen:**
   - Gewinne aus Anlagenabgängen / Zuschreibungen
   - Auflösungen von Rückstellungen
   - Währungsgewinne
   - Versicherungsentschädigungen
2. **Umgliederung aus dem Steueraufwand:**
   - Steuererstattungen für frühere Jahre
   - Auflösungen von Steuerrückstellungen

12.2 Postenanalyse   12.2.3 Analyse von Anhang und Lagebericht

Übersicht 513

Analyse des Anhangs – Grundlagen

- Analyse der Erläuterungen zu den Posten der Bilanz und der Gewinn- und Verlustrechnung
- Analyse der angewandten Bilanzierungs- und Bewertungsmethoden (§ 284 I HGB) ⇒ Analyse der Bilanzpolitik
- Analyse der Zusatzangaben, falls der Abschluss aufgrund besonderer Umstände kein den tatsächlichen Verhältnissen entsprechendes Bild vermittelt (§§ 264 II S. 2, 297 II S. 3 HGB)
- Analyse der verbalen Ausführungen ⇒ **Qualitative Bilanzanalyse**

12.2 Postenanalyse   12.2.3 Analyse von Anhang und Lagebericht

Übersicht 514

Analyse des Lageberichtes – Grundlagen

1. Analyseziel:
- qualitative Bilanzanalyse

2. Beispiele:
- Angaben zum Geschäftsverlauf und zur Lage der Gesellschaft („Wirtschaftsbericht")
- voraussichtliche Entwicklung der Kapitalgesellschaft („Prognosebericht")
- Vorgänge von besonderer Bedeutung nach Schluss des Geschäftsjahres („Nachtragsbericht"; *künftig im Anhang [BilRUG]*)
- Angaben zu Risiken von Finanzinstrumenten

12.3 Kennzahlenanalyse   12.3.1 Grundlagen

Übersicht 515

Kennzahlen – Begriff

- „Kombination von Zahlen, zwischen denen Beziehungen bestehen oder [...] hergestellt werden können, (so) dass eine neue Größe gebildet wird, die im Vergleich zu den Ausgangsgrößen einen zusätzlichen Erkenntniswert besitzt" (KERTH / WOLF)

⇒ **Verhältniskennzahlen**

⇒ Erkenntnisgewinn nur gewährleistet, wenn
  - Kennzahlen sinnvoll gebildet und
  - in Kennzahlen eingehende Komponenten bereinigt und aussagefähig, *„garbage in garbage out"*

12.3 Kennzahlenanalyse   12.3.1 Grundlagen

Übersicht 516

Kennzahlen – Arten

- **vertikale Kennzahlen:**
  Verhältnis von Größen einer Bilanzseite oder innerhalb der Gewinn- und Verlustrechnung, z.B. Eigenkapitalquote (Eigenkapital / Gesamtkapital)
- **horizontale Kennzahlen:**
  Verhältnis von Größen aus Aktiv- und Passivseite,
  z.B. Anlagendeckungsgrad (Eigenkapital / Anlagevermögen)
- **laterale Kennzahlen:**
  Verhältnis von Größen aus Bilanz und Gewinn- und Verlustrechnung, z.B. Eigenkapitalrentabilität (Jahresüberschuss / Eigenkapital)

12.3.2 Analyse der Vermögenslage 12.3.2.1 Strukturanalyse der Aktiva

Übersicht 517

Strukturanalyse der Aktiva – Intensitäten I

1. Analyseziel:

- Feststellung der Zusammensetzung des Vermögens

2. Bildung der Kennzahlen:

$$\text{Anlagenintensität} = \frac{\text{Anlagevermögen}}{\text{Gesamtvermögen}} \cdot 100$$

$$\text{Umlaufintensität} = \frac{\text{Umlaufvermögen}}{\text{Gesamtvermögen}} \cdot 100$$

- IFRS: statt AV langfristige und statt UV kurzfristige Vermögenswerte

12.3.2 Analyse der Vermögenslage 12.3.2.1 Strukturanalyse der Aktiva

Übersicht 518

Strukturanalyse der Aktiva – Intensitäten II

3. gewünschte Ausprägung:

- Anlagenintensität: möglichst niedrig
- Umlaufintensität: möglichst hoch

4. zugrundeliegende Annahmen:

- je geringer der Anteil langfristig gebundenen Vermögens, desto geringer das Illiquiditätsrisiko, da das Vermögen schneller zu Geld wird
  ⇒ Anpassungsfähigkeit des Unternehmens wird größer

Übersicht 519

Strukturanalyse der Aktiva – Intensitäten III

5. **Probleme:**
- Kennzahlen stark branchenabhängig (Bergbau vs. Wirtschaftsprüfung)
- nicht alle notwendigen Vermögensgegenstände bilanziert (z.b. Leasing)
- Zuordnung zum Anlage– oder Umlaufvermögen nicht konsistent nach Bindungsdauer, z.B.:
  - Bodensätze / eiserne Bestände bei den Vorräten
  - zur Veräußerung anstehendes Anlagevermögen
- Bewertung des Umlaufvermögens tendenziell zeitnäher
  $\Rightarrow$ bei steigenden Preisen Umlaufintensität zu hoch

Übersicht 520

Strukturanalyse der Aktiva – Abschreibungsgrad Anlagevermögen I

1. **Analyseziel:**
- Feststellung der Altersstruktur des Vermögens zur Abschätzung des künftigen Investitions- und Kapitalbedarfs

2. **Bildung der Kennzahl:**

$$\text{Anlagenabschreibungsgrad} = \frac{\text{kumulierte Abschreibungen auf SachAV}}{\text{SachAV zu historischen AHK}} \cdot 100$$

- SachAV zu historischen AHK: Bestand am Jahres**ende** (ggf. errechnen), da kumulierte Abschreibungen auf SachAV per Jahres**ende**

Übersicht 521

Strukturanalyse der Aktiva – Abschreibungsgrad Anlagevermögen II

3. **gewünschte Ausprägung:**
   - möglichst niedrig

4. **zugrundeliegende Annahmen:**
   - moderne Anlagen
     - sichern die Marktposition und
     - sind leichter zu veräußern

Übersicht 522

Strukturanalyse der Aktiva – Abschreibungsgrad Anlagevermögen III

5. **Probleme:**
   - Abschreibungsgrad nur Durchschnittswert
     ⇒ keine Ableitung des Ersatzbedarfs bestimmter Sachanlagen möglich
   - kumulierte Abschreibungen müssen nicht Altersstruktur widerspiegeln:
     - Nutzungsdauer lt. Afa-Tabelle u.U. unrealistisch
     - degressive Abschreibungen i.d.R. steuerlich motiviert
     ⇒ Verzerrung der Altersstruktur

Strukturanalyse der Aktiva –
Investitions– / Abschreibungs– / Wachstumsquote I

1. Analyseziel:

- Investitionspolitik des Unternehmens
- Reinvestitionsrate des Unternehmens
- Altersstruktur des Anlagevermögens zur Abschätzung des künftigen Investitions- und Kapitalbedarfs

Strukturanalyse der Aktiva –
Investitions– / Abschreibungs– / Wachstumsquote II

2. Bildung der Kennzahlen:

$$\text{Investitionsquote} = \frac{\text{Bruttoinvestitionen in SachAV}}{\varnothing \text{ SachAV zu historischen AHK}} \cdot 100$$

$$\text{Abschreibungsquote} = \frac{\text{Geschäftsjahresabschreibungen auf SachAV}}{\varnothing \text{ SachAV zu historischen AHK}} \cdot 100$$

$$\text{Wachstumsquote} = \frac{\text{Investitionsquote}}{\text{Abschreibungsquote}} \cdot 100$$

$$\text{Wachstumsquote} = \frac{\text{Bruttoinvestitionen in SachAV}}{\text{Geschäftsjahresabschreibungen auf SachAV}} \cdot 100$$

12.3.2 Analyse der Vermögenslage   12.3.2.1 Strukturanalyse der Aktiva

Übersicht 525

Strukturanalyse der Aktiva –

Investitions– / Abschreibungs– / Wachstumsquote III

3. **gewünschte Ausprägung:**
   - möglichst hoch

4. **zugrundeliegende Annahmen:**
   - hohe Investitionsquote deutet auf Wachstum, geringe auf Schrumpfung
   - hohe Abschreibungsquote deutet auf „junges" Sachanlagevermögen
   - aber: temporäre Erhöhung auch durch nachgeholte Investitionen möglich
   $\Rightarrow$ echtes Wachstum nur, wenn längerfristig Wachstumsquote > 100 %

12.3.2 Analyse der Vermögenslage   12.3.2.1 Strukturanalyse der Aktiva

Übersicht 526

Strukturanalyse der Aktiva –

Investitions– / Abschreibungs– / Wachstumsquote IV

5. **Probleme:**
   - Investitionen in Sachanlagen branchenabhängig
   - Investitionen in Sachanlagen häufig nicht kontinuierlich
   $\Rightarrow$ Verzerrung der Kennzahlen durch „Investitionsschübe"

12.3.2 Analyse der Vermögenslage   12.3.2.2 Bindungsanalyse der Aktiva

Übersicht 527

Bindungsanalyse – Grundlagen

- Messung der Verweildauer eines Postens in der Bilanz durch:

- $\text{Umschlaghäufigkeit (p.a.)} = \dfrac{\text{Abgang}}{\varnothing \text{Bestand}}$

- $\text{Umschlagdauer (in Tagen)} = \dfrac{\varnothing \text{Bestand}}{\text{Abgang}} \cdot 365$, wobei

- $\varnothing \text{Bestand} = \dfrac{\text{Bestand}_{t1} + \text{Bestand}_{t0}}{2}$

12.3.2 Analyse der Vermögenslage   12.3.2.2 Bindungsanalyse der Aktiva

Übersicht 528

Bindungsanalyse der Aktiva – Kundenziel I

1. **Analyseziel:**
   - Analyse der Forderungsqualität

2. **Bildung der Kennzahl:**

$$\text{Kundenziel (in Tagen)} = \dfrac{\varnothing \text{Bestand an Forderungen L/L}}{\text{Umsatzerlöse}} \cdot 365$$

- Umschlagdauer / days sales outstanding (DSO)

Bindungsanalyse der Aktiva – Kundenziel II

3. gewünschte Ausprägung:
- möglichst niedrig

4. zugrundeliegende Annahmen:
- steigende Werte im Zeitvergleich lassen Zahlungsschwierigkeiten der Kunden vermuten

Bindungsanalyse der Aktiva – Umschlag fertige Erzeugnisse I

1. Analyseziel:
- Analyse der Vorratshaltung

2. Bildung der Kennzahlen:

$$\text{Umschlagdauer (in Tagen)} = \frac{\varnothing \text{ Bestand fertige Erzeugnisse}}{\text{Umsatzerlöse}} \cdot 365$$

- days sales inventory (DSI)

$$\text{Umschlaghäufigkeit} = \frac{\text{Umsatzerlöse}}{\varnothing \text{ Bestand fertige Erzeugnisse}}$$

- auch für RHB–Stoffe $\Rightarrow$ Abgang$_t$ = Materialaufwand

Bindungsanalyse der Aktiva – Umschlag fertige Erzeugnisse II

3. **gewünschte Ausprägung:**
   - Umschlagdauer möglichst niedrig; Umschlaghäufigkeit möglichst hoch

4. **zugrundeliegende Annahmen:**
   - Umschlagdauer = Lagerverweildauer = Reichweite
   - steigende Werte im Zeitvergleich lassen Probleme der Vorratshaltung vermuten (schlechte Disposition / überschätzte Absatzmöglichkeiten)

   $\Rightarrow$ Gefahr der Überalterung des Lagers (Bodensatz / Ladenhüter)

   $\Rightarrow$ Kapitalbedarf / Kapitalkosten steigen

Strukturanalyse der Passiva – Quoten I

1. **Analyseziel:**
   - Feststellung der Zusammensetzung des Kapitals
   - Beurteilung der
     - Finanzierungsrisiken
     - Kreditwürdigkeit
     - Möglichkeiten der Beschaffung von Eigen– und Fremdkapital

Übersicht 533

Strukturanalyse der Passiva – Quoten II

2. **Bildung der Kennzahlen:**

$$\text{Eigenkapitalquote} = \frac{\text{Eigenkapital}}{\text{Gesamtkapital}} \cdot 100$$

$$\text{Fremdkapitalquote} = \frac{\text{Fremdkapital}}{\text{Gesamtkapital}} \cdot 100$$

- wenn im Nenner Bilanzsumme verwendet
  $\Rightarrow$ ggf. (Eigenkapital–)Bereinigung der Bilanzsumme

Übersicht 534

Strukturanalyse der Passiva – Quoten III

3. **gewünschte Ausprägung:**
   - Eigenkapitalquote möglichst hoch
   - Fremdkapitalquote möglichst niedrig

4. **zugrundeliegende Annahmen:**
   - Verlustabsorptionsfähigkeit: Eigenkapital = Haftungsmasse
   - Eigenkapital steht dem Unternehmen langfristig zur Verfügung

Übersicht 535

Strukturanalyse der Passiva – Quoten IV

5. Probleme:

- Kennzahlen abhängig von
  - Rechtsform
  - Branche / Vermögensstruktur (Durchschnitt aller Unternehmen 2012: 29,4 %, Baugewerbe 16,4 %, Bekleidung 44,9 %, [Bundesbank, 2014])
  - bilanzneutrale Finanzierung: Leasing / Factoring
- Eigenkapital nicht grundsätzlich langfristig: insbesondere bei Risiken der wirtschaftlichen Entwicklung Analyse ausschüttungsfähiger Anteile, da Eigner u.U. versuchen, „rechtzeitig" das entziehbare Eigenkapital zu retten

Übersicht 536

Strukturanalyse der Passiva – Quoten V

5. Probleme:

- möglichst **hohe** Eigenkapitalquote nur unter **Risikoaspekten** sinnvoll
  - geringere Überschuldungsgefahr / Vorteile in Krisenzeiten
  - größere Unabhängigkeit von Fremdkapitalgebern
  - determinierte Mittelabflüsse (Zins– und Tilgungszahlungen) geringer
  - einfachere Fremdkapitalbeschaffung / leichteres Wachstum
- unter **Rentabilitätsaspekten** möglichst **niedrige** Eigenkapitalquote sinnvoll:
  - Zinsen = steuerlich abzugsfähige Betriebsausgaben
  - Eigenkapital grundsätzlich teurer als Fremdkapital

12.3.2 Analyse der Vermögenslage 12.3.2.3 Strukturanalyse der Passiva

Übersicht 537

Strukturanalyse der Passiva – Quoten VI

5. Probleme:

- Leverage–Effekt ($r_{EK} = r_{GK} + (r_{GK} - i) \bullet FK / EK$)
    - solange Gesamtkapitalrentabilität (r_{GK}) > Fremdkapitalzins (i) steigt Eigenkapitalrentabilität (r_{EK}) mit zunehmender Verschuldung
    - sobald Gesamtkapitalrentabilität (r_{GK}) < Fremdkapitalzins (i) sinkt Eigenkapitalrentabilität (r_{EK}) mit zunehmender Verschuldung; wird sie negativ, mindert sie das (ohnehin geringe) Eigenkapital
- da Gesamtkapitalrentabilität unsicher, ist „optimale" Eigenkapitalquote nur unter Abwägung der Risiko– und Rentabilitätsaspekte zu schätzen

---

12.3.2 Analyse der Vermögenslage 12.3.2.4 Bindungsanalyse der Passiva

Übersicht 538

Bindungsanalyse der Passiva – Lieferantenziel I

1. Analyseziel:

- Analyse des Zahlungsverhaltens

2. Bildung der Kennzahl:

$$\text{Lieferantenziel (in Tagen)} = \frac{\varnothing \text{Bestand an Verbindlichkeiten L/L}}{\text{Materialaufwand}(+ BE_{RHB} / - BM_{RHB})} \bullet 365$$

- BE_{RHB} / BM_{RHB} = Bestandserhöhung/–minderung RHB–Stoffe
- Umschlagdauer / days payables outstanding (DPO)

12.3.2 Analyse der Vermögenslage   12.3.2.4 Bindungsanalyse der Passiva

Übersicht 539

Bindungsanalyse der Passiva – Lieferantenziel II

3. **gewünschte Ausprägung:**
   - möglichst niedrig

4. **zugrundeliegende Annahmen:**
   - steigende Werte im Zeitvergleich lassen Zahlungsschwierigkeiten des analysierten Unternehmens vermuten

12.3 Kennzahlenanalyse   12.3.3 Analyse der Finanzlage

Übersicht 540

Analyse der Finanzlage – Liquidität I

1. **Begriff:**
   - (relative) Zahlungsfähigkeit = Fähigkeit eines Rechtssubjekts, fällige Zahlungs**verpflichtungen** jederzeit zu erfüllen (§ 17 InsO)
   - Existenzbedingung / Nebenbedingung der Zielerreichung des Unternehmens
   - Anforderung:
     Zahlungsmittelbestand + künftige Einzahlungen ≥ künftige Auszahlungen

$$\sum_{t=0}^{n} E - \sum_{t=0}^{n} A \geq 0$$

12.3 Kennzahlenanalyse   12.3.3 Analyse der Finanzlage

Übersicht 541

Analyse der Finanzlage – Liquidität II

2. Analyse:

- **statische** (zeitpunktbezogene) Betrachtungsweise:
  - Vergleich von Bilanzposten nach ihrer Fristigkeit
    (Aktiva = künftige Einzahlungen, Passiva = künftige Auszahlungen)
- **dynamische** (zeitraumbezogene) Betrachtungsweise:
  - Vergleich von Zahlungsströmen

$\Rightarrow$ nur dynamische Betrachtungsweise bildet Liquidität im Sinne jederzeitiger Zahlungsfähigkeit zutreffend ab!

12.3.3 Analyse der Finanzlage   12.3.3.1 Analyse der Fristenkongruenz

Übersicht 542

Analyse der Fristenkongruenz – Liquiditätsgrade I

1. Analyseziel:
- Beurteilung der Zahlungsfähigkeit anhand der Bilanz

2. Bildung der Kennzahlen:

$$\text{Liquidität 1.Grades} = \frac{\text{liquide Mittel}}{\text{kurzfristiges Fremdkapital}} \cdot 100$$

$$\text{Liquidität 2.Grades} = \frac{\text{liquide Mittel} + \text{kurzfristige Forderungen}}{\text{kurzfristiges Fremdkapital}} \cdot 100$$

$$\text{Liquidität 3.Grades} = \frac{\text{kurzfristiges Umlaufvermögen}}{\text{kurzfristiges Fremdkapital}} \cdot 100$$

Analyse der Fristenkongruenz – Liquiditätsgrade II

3. gewünschte Ausprägung:
   - möglichst hoch, zumindest
   - Liquidität 3. Grades $\geq$ 100 %

4. zugrundeliegende Annahmen:
   - Sicherung der Liquidität durch Übereinstimmung in Höhe und Fälligkeit der einbezogenen Posten („umgekehrter Deckungsgrad")

   $\Rightarrow$ Deckung der Verbindlichkeiten ($\approx$ Auszahlungen) durch liquidierbares Vermögen ($\approx$ Einzahlungen)

Analyse der Fristenkongruenz – Liquiditätsgrade III

5. Probleme:
   - statische Betrachtungsweise, wenig geeignet für Liquiditätsprognose
   - in die Liquiditätsgrade eingehende Werte sind beeinflusst durch:
     - Stichtagsbezogenheit
     - Vergangenheitsbezogenheit
     - Bilanzpolitik
   - Tendenzaussagen durch Zeitvergleich / Unternehmensvergleich

Analyse der Fristenkongruenz – Deckungsgrade I

1. **Analyseziel:**
   - Beurteilung der Abstimmung von Kapitalverwendung und –beschaffung hinsichtlich ihrer Fristenkongruenz

2. **Bildung der Kennzahlen:**

$$\text{Anlagendeckung I} = \frac{\text{Eigenkapital}}{\text{Anlagevermögen}} \cdot 100$$

$$\text{Anlagendeckung II} = \frac{\text{Eigenkapital} + \text{langfristiges Fremdkapital}}{\text{Anlagevermögen}} \cdot 100$$

Analyse der Fristenkongruenz – Deckungsgrade II

3. **gewünschte Ausprägung:**
   - möglichst hoch, zumindest
   - Anlagendeckung II $\geq$ 100 %

4. **zugrundeliegende Annahmen (goldene Bilanzregel, 1854):**
   - langfristiges Vermögen muss langfristig finanziert werden
   - kurzfristiges Vermögen darf kurzfristig finanziert werden
   - $\Rightarrow$ mindestens Übereinstimmung zwischen Bindungsdauer der investierten Mittel und der Kapitalüberlassungsdauer

12.3.3 Analyse der Finanzlage — 12.3.3.1 Analyse der Fristenkongruenz

Übersicht 547

Analyse der Fristenkongruenz – Deckungsgrade III

5. Probleme:

- Einhaltung der goldenen Bilanzregel sichert nicht die jederzeitige Zahlungsfähigkeit
- Liquiditätsprognose erfordert dynamische / zukunftsbezogene Rechenwerke (Cash Flow– / Kapitalflussrechnungen / Finanzpläne), einschließlich
  - geplanter Investitionen sowie
  - künftiger Prolongation / Substitution des Kapitals (= Anschlussfinanzierung)

12.3.3 Analyse der Finanzlage — 12.3.3.1 Analyse der Fristenkongruenz

Übersicht 548

Analyse der Fristenkongruenz – Working Capital I

1. Analyseziel:
   - Beurteilung der Zahlungsfähigkeit anhand der Bilanz
   - Beurteilung der Abstimmung von Kapitalverwendung und –beschaffung hinsichtlich ihrer Fristenkongruenz

2. Bildung der Kennzahl:

    Umlaufvermögen
    – kurzfristiges Fremdkapital
    = (Net) Working Capital / Nettoumlaufvermögen

12.3.3 Analyse der Finanzlage   12.3.3.1 Analyse der Fristenkongruenz

Übersicht 549

Analyse der Fristenkongruenz – Working Capital II

2. Bildung der Kennzahl:

- besser: statt Umlaufvermögen kurzfristige Aktiva

	Zahlungsmittel
+	Wertpapiere des Umlaufvermögens
+	kurzfristige Forderungen (Restlaufzeit $\leq$ 1 Jahr)
+	Vorräte
+	kurzfristige aktive Rechnungsabgrenzungsposten
–	kurzfristiges Fremdkapital (Restlaufzeit $\leq$ 1 Jahr)
=	(Net) Working Capital / Nettoumlaufvermögen

12.3.3 Analyse der Finanzlage   12.3.3.1 Analyse der Fristenkongruenz

Übersicht 550

Analyse der Fristenkongruenz – Working Capital III

3. gewünschte Ausprägung:

- möglichst hoch ($\Rightarrow$ langfristig finanzierter Teil des Umlaufvermögens)

4. zugrundeliegende Annahmen:

$\Rightarrow$ Sicherung der Liquidität durch Deckung des kurzfristigen Fremdkapitals durch kurzfristig liquidierbare Vermögensgegenstände

- vergleichbar der Liquidität 3. Grades („*working capital ratio*")
- Zeitvergleich: Anstieg deutet verbesserte Finanzkraft an

5. Probleme:

- vgl. Liquiditätsgrade

12.3.3 Analyse der Finanzlage   12.3.3.1 Analyse der Fristenkongruenz

Übersicht 551

Analyse der Fristenkongruenz – Nettoverschuldung I

1. **Analyseziel:**
   - Beurteilung der effektiven Verschuldung
   - Beurteilung der Zahlungsfähigkeit

2. **Bildung der Kennzahl:**

       Schulden
   - liquide Mittel
   - Wertpapiere des UV
   = Nettoverschuldung

12.3.3 Analyse der Finanzlage   12.3.3.1 Analyse der Fristenkongruenz

Übersicht 552

Analyse der Fristenkongruenz – Nettoverschuldung II

3. **gewünschte Ausprägung:**
   - möglichst niedrig

4. **zugrundeliegende Annahmen:**
   - Sicherung der Liquidität durch Deckung des Fremdkapitals durch kurzfristig liquidierbare Vermögensgegenstände
   - Zeitvergleich: Anstieg deutet auf verschlechterte Liquidität hin

5. **Probleme:**
   - vgl. Liquiditätsgrade

Übersicht 553

Analyse der Zahlungsströme – Betrieblicher Cash Flow I

1. **Analyseziel:**
   - Ermittlung der Zahlungsströme aus der betrieblichen Tätigkeit
   $\Rightarrow$ aus Innenfinanzierung verfügbare Zahlungsmittel
   $\Rightarrow$ daneben: Cash Flow aus Investitions–/Finanzierungstätigkeit

2. **Bildung der Kennzahl:**
   - direkt: einzahlungswirksame Erträge
     – auszahlungswirksame Aufwendungen
   - extern nicht möglich, deswegen
     - retrograd aus dem Jahresergebnis (keine einheitliche Vorgehensweise)
     - oder Betrag laut Kapitalflussrechnung

Übersicht 554

Analyse der Zahlungsströme – Betrieblicher Cash Flow II

3. **gewünschte Ausprägung:**
   - möglichst hoch

4. **zugrundeliegende Annahmen:**
   - Sicherung der Liquidität nur durch Zahlungsmittel möglich
   - *„profit is an opinion, cash is fact"*
   $\Rightarrow$ Cash Flow (CF) unabhängig von Bilanzpolitik

5. **Probleme:**
   - in Abhängigkeit von der Ermittlung (s.u.)

12.3.3 Analyse der Finanzlage   12.3.3.2 Analyse der Zahlungsströme

Übersicht 555

Betrieblicher Cash Flow – Vereinfachte retrograde Ermittlung I

- Korrektur des Jahresüberschusses um nicht einzahlungswirksame Erträge und nicht auszahlungswirksame Aufwendungen:

    Jahresüberschuss
    +   Ertragssteuern
    +   (planmäßige) Abschreibungen auf Anlagevermögen
    +/–   Erhöhung/Verminderung der Rückstellungen
    +/–   außerordentliche Aufwendungen/Erträge
    =   betrieblicher / ordentlicher (Brutto)–Cash Flow

12.3.3 Analyse der Finanzlage   12.3.3.2 Analyse der Zahlungsströme

Übersicht 556

Betrieblicher Cash Flow – Vereinfachte retrograde Ermittlung II

- **Probleme:**
  - Erträge und Aufwendungen nur z.T. in der Periode liquiditätswirksam
    - nur unvollständige Korrektur (Abschreibungen / Rückstellungen), z.B.
      - Bestandserhöhungen ≠ Einzahlung
      - Materialaufwand ≠ Auszahlung (Korrektur: Verbindlichkeiten L/L)
  - Auszahlungen / Einzahlungen außerhalb der Gewinn– und Verlustrechnung nicht erfasst:
    - z.B. Veränderungen der Forderungen / Verbindlichkeiten L/L

Übersicht 557

Analyse der Zahlungsströme – Grundlagen der Kapitalflussrechnung

- **HGB** (kein Teil des Jahresabschlusses):
  - Teil des Konzernabschlusses (§ 297 I S. 1 HGB)
  - keine gesetzlichen Vorschriften über Aufgaben, Inhalt und Gestaltung
  - DRS 21 (Deutscher Rechnungslegungsstandard Nr. 21) des DSR (Deutscher Standardisierungsrat) im Auftrag des DRSC (Deutsches Rechnungslegungs Standards Committee e.V., Berlin)
  ⇒ „GoB" zur Konzernrechnungslegung
- **IFRS:** (Pflichtbestandteil des Abschlusses; IAS 7):
  - *statement of cash flows* ⇒ weitgehende Übereinstimmung mit DRS 21

Übersicht 558

Kapitalflussrechnung DRS 21 – Grundlagen

1. **Begriff:**
   - Darstellung der Zahlungsströme des abgelaufenen Geschäftsjahrs:
     - Cashflow aus laufender Geschäftstätigkeit (betrieblicher CF)
     - Cashflow aus Investitionstätigkeit (einschl. Desinvestitionen)
     - Cashflow aus Finanzierungstätigkeit
   ⇒ Summe der drei Cashflows = Veränderung der Zahlungsmittel
2. **Zweck:**
   - Prognose künftiger finanzieller Überschüsse
   - Prognose künftiger Zahlungs– und Ausschüttungsfähigkeit

12.3.3 Analyse der Finanzlage   12.3.3.2 Analyse der Zahlungsströme

Übersicht 559

Kapitalflussrechnung DRS 21 – Cashflows aus laufender Geschäftstätigkeit

Cashflows aus laufender Geschäftstätigkeit (DRS 21.40)
= Periodenergebnis vor a.o. Posten
+/– Abschreibungen / Zuschreibungen auf Gegenstände des AV
+/– Zunahme / Abnahme der Rückstellungen
+/– sonstige zahlungsunwirksame Aufwendungen / Erträge
    (z.B. Abschreibung auf Forderungen)
–/+ Zunahme / Abnahme der Vorräte, Forderungen (L+L) sowie anderer Aktiva
    (nicht Investitions- oder Finanzierungstätigkeit)
+/– Zunahme / Abnahme der Verbindlichkeiten (L+L) sowie anderer Passiva
    (nicht Investitions- oder Finanzierungstätigkeit)
–/+ Gewinn / Verlust aus dem Abgang von Gegenständen des AV
+/– Ein- und Auszahlungen aus außerordentlichen Posten
+/– Zinsaufwendungen/Zinserträge

12.3.3 Analyse der Finanzlage   12.3.3.2 Analyse der Zahlungsströme

Übersicht 560

Kapitalflussrechnung DRS 21 – Cashflows aus Investitions–/ Finanzierungstätigkeit

Cashflows aus Investitionstätigkeit (DRS 21.46) verkürzt
= Einzahlungen aus Abgängen von Gegenständen des Anlagevermögens
– Auszahlungen für Investitionen in das Anlagevermögen
+ erhaltene Zinsen / Dividenden

Cashflows aus Finanzierungstätigkeit (DRS 21.50)
= Einzahlungen aus Eigenkapitalzuführungen (z.B. Kapitalerhöhungen)
– Auszahlungen an Unternehmenseigner (z.B. Dividenden, Erwerb eigener Aktien, Eigenkapitalherabsetzungen)
+ Einzahlungen aus der Begebung von Anleihen und der Aufnahme von (Finanz-)Krediten
– Auszahlungen aus der Tilgung von Anleihen und (Finanz-)Krediten
– gezahlte Zinsen / Dividenden

Analyse der Zahlungsströme – dynamischer Verschuldungsgrad I

1. **Analyseziel:**
   - Ermittlung der Kapitaldienstfähigkeit
2. **Bildung der Kennzahl:**

$$\text{dynamischer Verschuldungsgrad (in Jahren)} = \frac{\text{Nettoverschuldung}}{\text{betrieblicher Cash Flow}}$$

3. **gewünschte Ausprägung:**
   - möglichst gering (Erfahrungswert $\leq$ 8 Jahre)

Analyse der Zahlungsströme – dynamischer Verschuldungsgrad II

4. **zugrundeliegende Annahmen:**
   - Ermittlung des (fiktiven) Zeitraums (in Jahren), den das Unternehmen zur Schuldentilgung aus Innenfinanzierung benötigt
   $\Rightarrow$ Maßstab der Schuldentilgungskraft / Ermittlung der Verschuldungsgrenze
   - im Zeitvergleich guter Indikator zur Insolvenzprognose, da in Krisensituationen die Nettoverschuldung steigt und gleichzeitig der Cash Flow sinkt
5. **Probleme:**
   - Kennzahl stark branchenabhängig
   - außerbilanzielle finanzielle (z.B. Leasing-)Verpflichtungen unberücksichtigt

12.3.4 Analyse der Ertragslage   12.3.4.1 Analyse der Aufwands- und Ertragsstruktur

Übersicht 563

Analyse der Aufwands- und Ertragsstruktur – Teilergebnisquoten I

1. Analyseziel:

- Ermittlung des Anteils der verschiedenen Ergebnisquellen aus der Erfolgsspaltung am Gesamtergebnis des Geschäftsjahres (bereinigtes Ergebnis vor EE–Steuern)
- Prognose zukünftiger Ergebnisse

12.3.4 Analyse der Ertragslage   12.3.4.1 Analyse der Aufwands- und Ertragsstruktur

Übersicht 564

Analyse der Aufwands- und Ertragsstruktur – Teilergebnisquoten II

2. Ermittlung der Kennzahlen:

$$\text{Betriebsergebnisquote} = \frac{\text{bereinigtes Betriebsergebnis}}{\text{bereinigtes Ergebnis vor EE} - \text{Steuern}} \cdot 100$$

$$\text{Finanzergebnisquote} = \frac{\text{bereinigtes Finanzergebnis}}{\text{bereinigtes Ergebnis vor EE} - \text{Steuern}} \cdot 100$$

$$\text{Geschäftsergebnisquote} = \frac{\text{bereinigtes Geschäftsergebnis}}{\text{bereinigtes Ergebnis vor EE} - \text{Steuern}} \cdot 100$$

$$\text{außerordentliche Quote} = \frac{\text{bereinigtes außerordentliches Ergebnis}}{\text{bereinigtes Ergebnis vor EE} - \text{Steuern}} \cdot 100$$

12.3.4 Analyse der Ertragslage   12.3.4.1 Analyse der Aufwands- und
Ertragsstruktur

Übersicht 565

Analyse der Aufwands- und Ertragsstruktur – Teilergebnisquoten III

3. **gewünschte Ausprägungen:**

- Betriebsergebnisquote / Geschäftsergebnisquote: möglichst hoch
- Finanzergebnisquote: branchenabhängig (hoch / niedrig)
- außerordentliche Quote: möglichst niedrig

12.3.4 Analyse der Ertragslage   12.3.4.1 Analyse der Aufwands- und
Ertragsstruktur

Übersicht 566

Analyse der Aufwands- und Ertragsstruktur – Teilergebnisquoten IV

4. **zugrundeliegende Annahmen:**

- hohe / im Zeitablauf stabile Betriebsergebnisquote positiv, da dann künftiger Erfolg auf Basis des eigentlichen Betriebszweckes prognostizierbar
- hohe / im Zeitablauf stabile Geschäftsergebnisquote positiv, da dann (auch) stabile Finanzverhältnisse unterstellbar

5. **Probleme:**

- kompensatorische Effekte bei der Geschäftsergebnisquote, insbesondere, wenn Betriebsergebnisquote oder Finanzergebnisquote negativ

Analyse der Aufwands- und Ertragsstruktur – Aufwandsstrukturanalyse

1. **Analyseziel:**
   - Analyse der Bedeutung der Produktionsfaktoren (Werkstoffe, Arbeit und Betriebsmittel)
   - Analyse der Auswirkungen von Preis- / Mengenänderungen auf den Erfolg des Unternehmens

Aufwandsstrukturanalyse – Materialaufwandsquote I

2. **Bildung der Kennzahl:**

$$\text{Materialaufwandsquote} = \frac{\text{Materialaufwand}}{\text{Umsatz(UKV)/Gesamtleistung(GKV)}} \cdot 100$$

   - auch als **Materialintensität** bezeichnet
   - Umsatz +/− Bestandsveränderungen + andere aktivierte Eigenleistungen = Gesamtleistung (GKV)

3. **gewünschte Ausprägung:**
   - möglichst niedrig

12.3.4 Analyse der Ertragslage   12.3.4.1 Analyse der Aufwands– und Ertragsstruktur

Übersicht 569

Aufwandsstrukturanalyse – Materialaufwandsquote II

4. **zugrundeliegende Annahmen:**
   - die Materialaufwandsquote steigt / sinkt, wenn
     - bei gleichem Mengengerüst (input–output–Relation) die Einkaufspreise stärker / schwächer als die Verkaufspreise steigen und / oder
     - sich das Mengengerüst (input–output–Relation = Wirtschaftlichkeit) bei gleichen Preisverhältnissen verschlechtert / verbessert
   - Veränderungen der Materialaufwandsquote können auch auf eine veränderte Fertigungstiefe hinweisen

12.3.4 Analyse der Ertragslage   12.3.4.1 Analyse der Aufwands– und Ertragsstruktur

Übersicht 570

Aufwandsstrukturanalyse – Personalaufwandsquote I

2. **Bildung der Kennzahl:**

$$\text{Personalaufwandsquote} = \frac{\text{Personalaufwand}}{\text{Umsatz(UKV) / Gesamtleistung(GKV)}} \cdot 100$$

   - auch als Personalintensität bezeichnet

Erweiterung:

$$\frac{\text{Personalaufwand} : \varnothing \text{Beschäftigte}}{\text{Umsatz / Gesamtleistung} : \varnothing \text{Beschäftigte}} = \frac{\varnothing \text{Lohnniveau}}{\varnothing \text{Produktivität}} \cdot 100$$

3. **gewünschte Ausprägung:**
   - möglichst niedrig

12.3.4 Analyse der Ertragslage   12.3.4.1 Analyse der Aufwands- und Ertragsstruktur

Übersicht 571

Aufwandsstrukturanalyse – Personalaufwandsquote II

4. zugrundeliegende Annahmen:

- hohe Personalintensität = große Abhängigkeit des Erfolgs von der Entwicklung der Personalkosten / des Arbeitsmarktes
- erweiterte Kennzahl gute Prognosegrundlage:
  Aufspaltung in Preis- / Mengenkomponente erlaubt Prognose auf Basis erwarteter Tarifabschlüsse / branchenüblicher Produktivitätssteigerungen
- vgl. auch Annahmen bei Materialaufwandsquote

12.3.4 Analyse der Ertragslage   12.3.4.1 Analyse der Aufwands- und Ertragsstruktur

Übersicht 572

Aufwandsstrukturanalyse – Abschreibungsintensität

2. Bildung der Kennzahl:

$$\text{Abschreibungsintensität} = \frac{\text{(planmäßige) Abschreibungen auf SachAV}}{\text{Umsatz (UKV) / Gesamtleistung (GKV)}} \cdot 100$$

- auch als Abschreibungs(aufwands)quote bezeichnet

3. gewünschte Ausprägung:

- möglichst niedrig

4. zugrundeliegende Annahmen:

- Anstieg im Zeitablauf kann auf Rationalisierungsinvestitionen deuten und sollte mit (überproportional) sinkender Personalintensität einhergehen

12.3.4 Analyse der Ertragslage   12.3.4.1 Analyse der Aufwands- und Ertragsstruktur

Übersicht 573

Analyse der Aufwands- und Ertragsstruktur – Probleme der Aufwandsstrukturanalyse

5. Probleme:

- Aufwandsstrukturkennzahlen sind stark branchenabhängig

  ⇒ Branchenvergleiche nur eingeschränkt möglich

- Veränderungen der Aufwandsstrukturkennzahlen sind i.d.R. auf eine Vielzahl möglicher, sich zum Teil kompensierender Einflussfaktoren zurückzuführen

  ⇒ Zeitvergleiche nicht immer aussagefähig

  ⇒ hohe Sorgfalt bei der Analyse erforderlich

12.3.4 Analyse der Ertragslage   12.3.4.1 Analyse der Aufwands- und Ertragsstruktur

Übersicht 574

Analyse der Aufwands- und Ertragsstruktur – Aufwandsstruktur UKV I

1. Analyseziel:

- zusätzliche Analyse der Bedeutung der Funktionsbereiche

2. Bildung der Kennzahlen:

$$\text{Herstellungsintensität} = \frac{\text{Herstellungskosten}}{\text{Umsatz}} \bullet 100$$

$$\text{Verwaltungsintensität} = \frac{\text{Verwaltungskosten}}{\text{Umsatz}} \bullet 100$$

12.3.4 Analyse der Ertragslage   12.3.4.1 Analyse der Aufwands– und
                                      Ertragsstruktur

Übersicht 575

Analyse der Aufwands- und Ertragsstruktur – Aufwandsstruktur UKV II

2. Bildung der Kennzahlen:

$$\text{Vertriebsintensität} = \frac{\text{Vertriebskosten}}{\text{Umsatz}} \cdot 100$$

$$\text{Forschungs- und Entwicklungsintensität} = \frac{\text{FuE} - \text{Kosten}}{\text{Umsatz}} \cdot 100$$

3. gewünschte Ausprägung:
- grundsätzlich möglichst niedrig (Ausnahme ggf. FuE–Intensität)

12.3.4 Analyse der Ertragslage   12.3.4.1 Analyse der Aufwands– und
                                      Ertragsstruktur

Übersicht 576

Analyse der Aufwands- und Ertragsstruktur – Aufwandsstruktur UKV III

4. zugrundeliegende Annahmen:
- Zeitvergleich kann Hinweise geben auf
  - Belastung der Ertragslage bei Anstieg der Herstellungsintensität
  - neue Produkte / Entwicklungsprobleme bei Anstieg der FuE-Intensität
  - Rationalisierung der Verwaltung bei Sinken der Verwaltungsintensität
  - neue Produkte / Absatzprobleme bei Anstieg der Vertriebsintensität

5. Probleme:
- Betriebsvergleich nur innerhalb einer Branche sinnvoll
- Abgrenzung Herstellungskosten uneinheitlich (z.B. Ausweis FuE–Kosten)

12.3.4 Analyse der Ertragslage 12.3.4.1 Analyse der Aufwands– und Ertragsstruktur

Übersicht 577

Analyse der Aufwands- und Ertragsstruktur – Ertragsstrukturanalyse I

1. **Analyseziel:**
   - Bedeutung von Produkt(grupp)en, Sparten oder Regionen

2. **Bildung der Kennzahlen:**

$$\text{Umsatzanteil} = \frac{\text{Produkt(gruppen)- / Sparten- / Auslandsumsatz}}{\text{Umsatz}} \cdot 100$$

3. **gewünschte Ausprägung:**
   - nicht eindeutig (Diversifikation vs. Konzentration auf Kernkompetenzen)

12.3.4 Analyse der Ertragslage 12.3.4.1 Analyse der Aufwands– und Ertragsstruktur

Übersicht 578

Analyse der Aufwands- und Ertragsstruktur – Ertragsstrukturanalyse II

4. **zugrundeliegende Annahmen:**
   - Darstellung der Abhängigkeiten der Erlöse von
     - Produkt(grupp)en
     - Märkten und ggf.
     - Währungen

5. **Probleme:**
   - Segmentberichterstattung nicht einheitlich gestaltet

Rentabilitätskennzahlen – Grundlagen I

1. **Analyseziele:**

- Vergleich der Ertragslage des Unternehmens
  - im Zeitvergleich
  - im Unternehmens–/ Branchenvergleich
- Formulierung von Richtwerten / Zielgrößen

$\Rightarrow$ Verhältniskennzahlen erforderlich

Rentabilitätskennzahlen – Grundlagen II

2. **Bildung der Kennzahlen:**

- Rentabilität = Verhältniszahl zwischen Ergebnisgröße und Einflussgröße

  $\Rightarrow$ Mittel–Zweck–Beziehung

- Wertgrößen, d.h. Maß für Ergiebigkeit / Effizienz / Wirtschaftlichkeit; *input-output–Relation*
- Mengengrößen $\Rightarrow$ Produktivität

  (= Ausbringungsmenge / Einsatzmenge Produktionsfaktor)
- für das ganze Unternehmen oder für Teilbereiche (z.B. Sparten)

Rentabilitätsanalyse – Eigenkapitalrentabilität I

1. **Analyseziel:**
   - Analyse der Verzinsung des von den Anteilseignern investierten Kapitals
2. **Bildung der Kennzahl:**

$$\text{Eigenkapitarentabilität} = \frac{\text{bereinigtes Geschäftsergebnis}}{\varnothing \, \text{bereinigtes Eigenkapital}} \cdot 100$$

3. **gewünschte Ausprägung:**
   - möglichst hoch

Rentabilitätsanalyse – Eigenkapitalrentabilität II

4. **zugrundeliegende Annahmen:**
   - Zielgröße von Unternehmen (Gewinnmaximierung als Ziel unterstellt) $\Rightarrow$ Mittel–Zweck–Beziehung
   - Vergleich mit einer langfristigen (risikofreien) Kapitalmarktrendite zeigt verdiente Risikoprämie
5. **Probleme:**
   - Kennzahl durch Finanzierungsstruktur beeinflusst (Leverage–Effekt, s.o.)

12.3.4 Analyse der Ertragslage   12.3.4.2 Analyse der Rentabilität

Übersicht 583

Rentabilitätsanalyse – Gesamtkapitalrentabilität I

1. **Analyseziel:**
   - Analyse der Verzinsung des im Unternehmen investierten Kapitals

2. **Bildung der Kennzahl:**

$$\text{Gesamtkapitalrentabilität} = \frac{\text{bereinigtes Geschäftsergebnis} + \text{Zinsaufwand}}{\varnothing \text{ bereinigtes (Eigenkapital} + \text{Fremdkapital)}} \cdot 100$$

3. **gewünschte Ausprägung:**
   - möglichst hoch

12.3.4 Analyse der Ertragslage   12.3.4.2 Analyse der Rentabilität

Übersicht 584

Rentabilitätsanalyse – Gesamtkapitalrentabilität II

4. **zugrundeliegende Annahmen:**
   - Mittel–Zweck–Beziehung
   - Kennzahl durch Finanzierungsstruktur unbeeinflusst
   - Vergleich mit einer langfristigen (risikofreien) Kapitalmarktrendite

   $\Rightarrow$ gute Prognosekennzahl

5. **Probleme:**
   - Kreditsurrogate (z.B. Leasing) nicht berücksichtigt, wenn das Leasinggut nicht vom Leasingnehmer bilanziert wird

Übersicht 585

Rentabilitätsanalyse – Umsatzrentabilität I

1. Analyseziel:

- Analyse der nachhaltigen betrieblichen Ertragskraft

2. Bildung der Kennzahl:

$$\text{Umsatzrentabilität} = \frac{\text{bereinigtes Betriebsergebnis}}{\text{Umsatz}} \cdot 100$$

3. gewünschte Ausprägung:

- möglichst hoch

Übersicht 586

Rentabilitätsanalyse – Umsatzrentabilität II

4. zugrundeliegende Annahmen:

- Umsatzerlöse resultieren aus eigentlicher Geschäftstätigkeit

⇒ Mittel–Zweck–Beziehung

- gute Kennzahl für Unternehmens– und Branchenvergleiche

12.3.4 Analyse der Ertragslage   12.3.4.2 Analyse der Rentabilität

Übersicht 587

Rentabilitätsanalyse – Kennzahlensysteme I

- **Begriff:**
  - geordnete Gesamtheit gegenseitig abhängiger und sich ergänzender Kennzahlen (KÜTING) $\Rightarrow$ **Kennzahlenkombination**
- **Beispiel:**
  - Du Pont–Kennzahlensystem (seit 1919 verwendet)
  - Rechensystem $\Rightarrow$ Ausgangskennzahl (hier *return on investment*, **ROI**) wird rechnerisch in Unterkennzahlen zerlegt

---

12.3.4 Analyse der Ertragslage   12.3.4.2 Analyse der Rentabilität

Übersicht 588

Rentabilitätsanalyse – Kennzahlensysteme II

1. **Analyseziel:**
   - Aufzeigen von Ansatzpunkten zur Verbesserung des ROI
2. **Bildung des Kennzahlensystems (hier nur erste Ebene):**

$$ROI = \frac{\text{bereinigtes Jahresergebnis}}{\text{bereinigtes (Eigenkapital + Fremdkapital)}} \cdot 100$$

$$ROI = \frac{\text{return}}{\text{investment}} \cdot 100 = \frac{\text{return}}{\text{turnover}} \cdot 100 \cdot \frac{\text{turnover}}{\text{investment}}$$

ROI = Umsatzrendite • Kapitalumschlag

12.3.4 Analyse der Ertragslage   12.3.4.2 Analyse der Rentabilität

Übersicht 589

Rentabilitätsanalyse – Cash Flow I

1. Analyseziel:

- auch bereinigtes Betriebsergebnis durch Bilanzpolitik beeinflussbar

⇒ von der Bilanzpolitik nicht zu beeinflussender Einblick in die Ertragslage

2. Bildung der Kennzahl:

- in der Regel retrograd ⇒ ordentlicher Brutto–Cash Flow (s.o.)

3. gewünschte Ausprägung:

- möglichst hoch

12.3.4 Analyse der Ertragslage   12.3.4.2 Analyse der Rentabilität

Übersicht 590

Rentabilitätsanalyse – Cash Flow II

4. zugrundeliegende Annahmen:

- insbesondere bei zahlungsunwirksamen Erträgen und Aufwendungen großer bilanzpolitischer Spielraum

⇒ ordentlicher Brutto–Cash Flow ist unbeeinflusst von:

- Abschreibungen auf Anlagevermögen
- Bildung / Auflösung (nicht Inanspruchnahme !) von Rückstellungen

Rentabilitätsanalyse – Cash Flow III

5. Probleme:

- absoluter Betrag ist nicht aussagefähig, da der Brutto–Cash Flow keine Ergebnisgröße ist (durch retrograde Ermittlung wurden bestimmte Aufwendungen eben nicht verrechnet)
  $\Rightarrow$ lediglich Indikatorfunktion
- ordentlicher Brutto–Cash Flow entspricht nicht der Veränderung der Zahlungsmittel (s.o.)
- es wird nur ein Teil der Bilanzpolitik erfasst

Stichwortverzeichnis

A

Absatzerfolgsrechnung .... 284 ff.
Absatzmarktpreis 148, 437
Abschreibung 93, 110, 112, 121, 123,
128 f., 135, 140 f., 144 - 150, 154, 156, 158,
171, 177, 181, 214, 238, 256, 269, 288, 294,
297 - 300, 306 f., 320, 381, 383, 385, 388,
393, 395, 400, 407, 412 f., 439, 444 - 452,
499, 510 f., 520, 522, 555 f., 559, 590
Abschreibungen
  außerplanmäßig .... 93, 138, 140 - 144,
  290, 297 f., 306, 510
  planmäßig .... 93, 123 f.,
Abschreibungen auf Finanzanlagen 306
Abschreibungsausgangswert . 124 f., 131, 134, 138
Abschreibungsintensität 572
Abschreibungsmethode .... 124, 128 - 131,
136 ff., 452
Abschreibungsplan 124, 126, 130, 136
Abschreibungsquote .... 523 - 526
Abschreibungszeitraum .... 124, 126 f.
Absetzung für Abnutzung 132, 137, 270, 522
abstrakte Aktivierungsfähigkeit 63
abstrakte Bilanzierungsfähigkeit 422, 426
abstrakte Passivierungsfähigkeit 184, 203,
  208, 211, 213 f.
Agio 226, 245, 251, 307
AK/HK–Prinzip 53, 94
Aktiengesetz 20, 244, 245, 247,
251, 254, 257 - 260, 334, 336

Aktiva 11, 60, 67, 71, 241, 261, 372, 379,
424 f., 435, 451, 452, 477 - 482, 491, 493,
496, 517 - 531, 541, 549, 559
aktive Rechnungsabgrenzung 65
Aktivierung 68, 95, 97, 102, 105, 118, 238
Aktivierungsfähigkeit 62, 66, 183
Aktivierungsgrundsatz 62, 67, 183
allgemeine Verwaltungskosten (UKV) 319
andere aktivierte Eigenleistungen .... 285 - 288,
  291, 568
andere Gewinnrücklagen 253, 258
Anhang .... 21, 41, 155, 207, 222, 269, 323 - 329,
  332, 407, 420, 431, 463, 483, 486, 494, 508,
  514
Anlagenabschreibungsgrad .... 520 - 522
Anlagendeckung .... 545 - 547
Anlagendeckungsgrad 516
Anlagenintensität .... 517 f.
Anlagenspiegel .... 155 - 158
Anlagevermögen .... 61, 64, 71 - 74, 77, 80, 103,
  108 f., 123, 132, 140, 142, 147, 149,
  150 - 155, 269, 291, 293, 297, 299, 304, 341,
  366 f., 487, 493, 496, 510, 516, 519, 523,
  555, 560, 590
Anleihen 194, 560
Ansatz 32, 40, 43, 60, 68, 162, 226, 238,
  272, 274, 276, 329, 365, 425, 429 f., 480
Ansatzgrundsätze .... 34, 43 - 45, 50
Anschaffungskosten .... 92 - 98, 102, 179, 248,
  267, 317, 371, 433, 440, 455 f., 460
Anschaffungsnebenkosten .... 96, 104 f., 248, 455
Anschaffungspreis .... 96 ff.

– LXXXIX –

Stichwortverzeichnis

Anschaffungspreisminderungen .... 96, 99 - 103
Anteile anderer Gesellschafter 377, 382, 403, 485f. 488
asset deal .... 267, 366 f.
Aufrechnung .... 350 f., 365
Aufwand .... 2, 5, 10, 12, 55, 57, 75, 107 f., 112 - 116, 122, 128, 146, 160, 169, 205, 212, 215 - 219, 237, 248 f., 263 - 266, 279 ff., 284, 286, 288, 294 - 299, 307, 309, 312, 316, 318, 319 f., 325, 342, 351, 381, 385, 388 f., 395, 397, 398, 400, 403, 434, 458, 471, 501, 503 f., 507 f., 510f., 553, 555 f., 559, 590 f.
Aufwands– und Ertragskonsolidierung .... 342, 351, 397 - 401
Aufwandsrückstellungen .... 190, 202, 212 - 217, 234, 426, 430, 487 f., 495, 501 ff.
Aufwandsstruktur .... 574 ff.
Aufwandsstrukturanalyse .... 567 - 573
Aufwendungen für freiwillige soziale Leistungen .... 113 f., 122
Ausgabe ..... 2, 4 f., 9, 104, 106, 117, 213, 233, 256
Ausleihungen .... 80, 303 f.
Ausschüttungssperre 32, 74, 255, 274
Außenverpflichtung .... 185, 190 f.
außerordentliche Quote .... 563 - 566
außerordentliches Ergebnis .... 287, 309 ff. 322, 505 f., 509
ausstehende Einlagen 246
Ausweis .... 60 f., 69 - 73, 80, 89, 176, 181, 186, 193, 220, 222, 240, 242, 245 f., 248, 251, 261, 266 f., 269, 275, 280 - 283, 298, 302, 309, 312, 315, 324, 329, 342, 344, 383, 406,

414, 431 f., 435, 481, 483, 485, 491, 493, 494 f., 504, 576
Auszahlung .... 2 f., 9, 30, 51, 199, 263 f., 266, 459 f., 471, 540 f., 543, 556, 559 f.
Auszahlungsbetrag .... 179, 223 - 226, 425

B

befreiender Konzernabschluss 359
beherrschender Einfluss 402, 404
Beherrschungsvertrag 334
beizulegender Zeitwert (fair value) .... 433, 437 f., 440 f., 446, 449 f., 454, 456
Beleggrundsatz 36
Beschaffungsmarktpreis 146
Bestandserhöhungen .... 285, 288, 381, 388, 395 f, 400, 556
Bestandsgröße 10
Bestandsminderungen .... 174 f., 288
Bestandsveränderungen .... 290 f., 298
Beteiligungen. 80, 83, 123, 152, 301, 406, 410, 439
Beteiligungserträge .... 300 - 303, 412, 414
Betriebs– und Geschäftsausstattung 79
Betriebsausgaben 536
Betriebsergebnis .... 287 f., 314 ff., 505, 509, 589
Betriebsergebnisquote .... 563 - 566
Betriebsstoffe 84, 110, 294, 298
Betriebsvermögen .... 45 f., 50
Bewertung ... 38, 42, 60, 91 ff, 118, 148, 160, 162, 168 f., 172 - 181, 225 - 231, 234, 267 f., 275, 329, 365, 368, 371, 374, 391, 406, 422, 425, 427, 429, 443, 454 f., 519
Bewertungseinheit 39, 181

Stichwortverzeichnis

Bewertungsvereinfachungsverfahren 159, 164
Bilanz .... 10 f., 21, 41, 43, 51, 53, 60 f., 67, 155, 173, 193, 251 f., 256, 261, 276, 279, 286, 318, 323, 327, 329, 339 ff., 349, 350, 366 f., 373, 376, 380, 384, 387, 389, 394, 396, 409, 431 f., 447 ff., 463, 493, 495, 497, 502, 513, 516, 527, 542, 548
Bilanzbereinigungen .... 476 f., 497
Bilanzierungsproblem 13
Bilanzsumme 19, 22, 360, 414, 481, 533
Bilanztheorie 213, 263
Boni 99
Börsenpreis 141
Bruttoergebnis vom Umsatz 318
Buchführung .... 19, 25 f., 29, 33, 35 f.
Buchwert .... 93, 132, 137, 369 ff., 406 f., 410 - 413, 439, 441, 446, 449 f., 460, 479
Buchwertabschreibung .... 132, 136 f.
Bundesfinanzhof 186, 209
Bürgschaft 204, 276

C

Cash Flow .... 414, 547, 553 - 556, 562, 589 ff.
control–Konzept 352

D

decision usefulness 27, 418, 464
Deckungsgrade .... 545 ff.
degressive Abschreibung .... 129, 132 f.
Disagio .... 65, 67, 172, 179, 224 f., 307, 425, 480, 488, 500

Dividenden .... 301, 304 f., 560
Dokumentationsgrundsätze .... 34 ff., 58
Drohverlustrückstellungen .... 202, 208ff., 217, 234, 237 f.
dualistische Bilanztheorie 24
dynamische Bilanztheorie 24, 212

E

eigene Anteile .... 247ff.
Eigenkapital .... 11, 61, 241 - 244, 261, 339 ff., 345, 366 - 370, 374, 377, 382, 407, 428, 444, 455, 477 - 480, 484 f., 487 ff., 494, 496, 516, 533 - 537
Eigenkapitalbereinigungen .... 488 f.
Eigenkapitalquote .... 516, 532, 533 - 537
Eigenkapitalrentabilität .... 516, 537, 581 f.
Eigenkapitalveränderungsrechnung 431
Eigentumsvorbehalt 200
Einbeziehung at Equity .... 404 - 414
Einheitstheorie 333, 338, 384, 390, 397, 484
Einnahme 2, 4, 5, 9, 106
Einnahmen 2, 5, 9, 106
Einzahlung .... 2, 3, 9, 263 f., 266, 471, 540 f., 543, 556, 560
Einzelabschluss 416
Einzelbewertung 39, 159, 181
Einzelbewertungsprinzip 59
Einzelkosten 105, 111
Einzelveräußerbarkeit 63
Einzelverwertbarkeit 50, 63, 423
Entwicklungskosten .... 118 f. 424
Erfolgsbemessungsgrundsätze .... 34, 51 - 55

– XCI –

Stichwortverzeichnis

Erfolgskorrekturrechnung ....497 - 503, 508
Erfolgsspaltung ....280 f., 287, 504 - 512, 563
Erfüllungsbetrag ....223 - 228, 231 - 236
Ergebnis der gewöhnlichen Geschäftstätigkeit........ 308, 322, 505 ff.,
erhaltene Anzahlungen 195, 481
Erläuterungspflichten ....199 f., 222
Erstkonsolidierung..........371 - 377, 382 f, 437, 479
Ertrag .... 2, 5, 10, 12, 55, 99, 220 f., 228, 237, 263 f., 266, 280 f., 285, 288 - 293, 301 - 305, 309, 312 f., 316, 325, 342 f., 351, 397 f., 403, 450, 457, 501 - 508, 512, 553, 555 f., 559
Erträge aus anderen Wertpapieren... ....303 f.
Ertragslage........... 29, 52, 170, 224, 279, 338, 347, 406, 463, 471, 473, 576, 579, 589
Ertragsstruktur........................563 - 567, 573 - 578
Ertragsstrukturanalyse ....577 f.
Ertragswert.. 149, 152, 369
Erwerbsmethode 365
erzielbarer Betrag......................................438 f., 441

F

faktischer Konzern 334
fertige Erzeugnisse 85, 298
Fertigungseinzelkosten 110, 121
Fertigungsgemeinkosten ....109 f., 396
Festwert ....159 ff.
Fifo–Verfahren 165
Finanzanlagen...........80 - 83, 140, 197, 303, 305 f.
Finanzbuchführung ....7 f., 8, 10
Finanzergebnis 287, 300, 314, 321, 505, 509
Finanzergebnisquote ....563 - 566

Finanzinstrumente ....39, 437, 453 ff.
Finanzlage............................277, 463, 469 f., 540 f.
Finanzplanung ....7 ff.
Firmenwert .... 65, 67, 93, 154, 267, 320, 367, 373 f., 376 - 383, 387, 394, 407, 412 f.
Folgekonsolidierung .... 378 - 383, 386
Forderungen............4, 86, 87, 172 - 181, 200, 246, 298 f., 304 f., 344, 351, 384 f., 389, 435, 453 f., 461 f., 482, 493, 496, 549, 556, 559
Forderungen aus Lieferungen/Leistungen...86, 181
Forschungs– und Entwicklungsintensität.......574 ff.
Forschungskosten 122, 320
Fortführungsprämisse (going concern).........38, 59, 150, 418
Fremdkapital................11, 61, 115, 307, 366 f., 409, 411 ff., 483 f., 494, 496, 532, 536, 548 ff, 552
Fremdkapitalquote.................................. 532 - 537
Fremdkapitalzinsen 102, 115, 122
Fremdwährung 97, 177, 229
Fristenkongruenz.................................... 542 - 552
Fristenstrukturbilanz .... 490 - 496

G

Gebäude 78
Geld 3, 223, 518
geleistete Anzahlungen 77, 79, 85
Gemeinkosten ....111 f.
gemildertes Niederstwertprinzip 140
Gesamtkapitalrentabilität..........472, 537, 583 - 586
Gesamtkostenverfahren .... 284 - 322
Geschäftsergebnisquote .... 563 - 566
Geschäftsvorfall.........................1, 35 f., 42, 437

Stichwortverzeichnis

Geschäfts- oder Firmenwert .... 65, 75, 77, 127, 267 - 270, 367, 369, 374, 377, 408, 410 f., 439, 451, 479, 488 f., 499

gesetzliche Rücklage .... 253 f.

Gewährleistung 490

Gewinn- und Verlustrechnung .... 12, 21, 41, 51, 53, 57, 120, 279, 282, 286, 309, 323, 327, 329, 340 f., 346, 349 f., 381, 383, 388 f., 395 f., 400, 412 ff., 432, 455, 463, 486, 497 - 501, 508, 513, 556

Gliederung 280

Gewinnrücklagen .... 242, 243, 250 - 260, 445 - 449, 483

Gewinnvortrag 243, 256, 260, 413

gezeichnetes Kapital .... 242 - 249, 372, 379

Größenklassen 22, 360

Grundkapital 244

Grundsatz der Abgrenzung der Sache nach 55, 128, 133, 212, 235

Grundsatz der Abgrenzung der Zeit nach ... 55, 224

Grundsätze ordnungsmäßiger Buchführung ...... 29, 33 f., 37, 58, 59, 62, 94, 128, 130, 136, 147, 159, 166, 183, 188 f., 212, 224, 263, 329, 419, 557

Grundstücke 78, 123, 443

Gruppenbewertung .... 159, 162 f.

H

Haftungsverhältnisse .... 186, 276 f., 385

Handelsbilanz II .... 349 f., 368, 372, 379, 391

Handelsbilanz III 350, 368, 372, 374, 379, 382

Herstellungsintensität .... 574 ff.

Herstellungskosten .... 53, 75, 92, 94, 107 f., 112 - 125, 173, 237, 290, 316 - 321, 391, 433 ff., 445, 576

Herstellungskosten (UKV) 317

HGB

Aufbau .... 16 ff.

EG-Richtlinien .... 14 f., 359

Hilfsstoffe 84, 110

Höchstwertprinzip .... 228 ff.

I

IASB 415, 417

IFRS .... 27, 315, 352, 357 f., 361, 415 - 464, 478 - 483, 487, 489, 492, 498, 510, 517, 557

immaterielle Vermögensgegenstände ... 64, 73, 297

immaterielle Vermögenswerte 424, 451

Impairment 451

Imparitätsprinzip .... 56 f., 59, 140, 228, 234

Informationsgrundsätze .... 34, 40 ff.

Innenverpflichtung 213

Insolvenz 8

Inventar 160

Inventur 36

Inventurdifferenzen 294, 297

Investitionsquote .... 523 - 526

Investitionsrechnung .... 7 - 9

J

Jahresabschluss .... 8, 14, 19 ff., 23, 25 f., 28 f., 32 f., 35, 69, 159, 193, 205, 252, 279, 323, 326 f., 330, 360, 408, 416, 465, 499, 557

– XCIII –

Stichwortverzeichnis

Jahresabschlussanalyse ....463 - 475
Jahresergebnis.............251, 256, 259 f., 322, 365,
    483, 486, 509, 553
Jahresfehlbetrag ....242 f., 260, 314, 413, 506
Jahresüberschuss ....19, 242 f., 252, 260, 314,
    340 f., 372, 379, 381, 388 f., 395, 400, 412,
    506, 516, 555

K

Kalkulation..8
Kapital ....11, 244, 246 ff., 251, 334, 345, 350,
    365, 368 - 383, 429 f.
Kapitalerhaltungsgrundsätze...........................34, 56 f.
Kapitalflussrechnung..........21, 328, 337, 431, 553,
    557 - 560
Kapitalgesellschaft ......15, 17, 19 - 22, 41, 46, 69 f,
    82 f., 115, 155, 207, 222, 235, 244, 257, 262,
    277, 281 ff., 289, 297, 301 f., 323, 330, 339,
    352 f., 366, 371, 408, 514
Kapitalkonsolidierung 345, 350, 365,
    368 - 383, 429, 430
Kapitalrücklage........242 f., 249 ff., 254, 256, 259 f.
Kapitalstruktur 468
Kaufmann
    Definition 17, 33, 41
Kennzahlen ....472 ff., 515 - 519, 524 ff., 530,
    533 ff., 542, 545, 564, 574 f., 577, 580, 587
    horizontale 516
    laterale...516
    vertikale 516
Kennzahlenanalyse 473
Kennzahlensysteme 587, 588

Klarheit / Übersichtlichkeit des Jahresabschlusses
    ....41, 58, 130, 282, 327, 329, 419
konkrete Aktivierungsfähigkeit..........................64 ff.
konkrete Bilanzierungsfähigkeit.................422, 427
konkrete Passivierungsfähigkeit............188 ff., 215
Konsolidierungskreis ....349, 362 ff., 497, 502
Konsolidierungswahlrechte............................362ff.
Konzern................. 333 - 336, 339, 342 - 347, 381,
    383 f., 388, 390, 393, 395 - 400, 412 ff., 421
Konzernabschluss 14, 81, 82, 274, 328,
    336 - 353, 357 - 363, 371, 384, 390, 397,
    403 f., 408, 416, 499, 557
Konzernherstellungskosten 396
Körperschaftsteuer 205
Kosten ....2, 6, 9, 38, 107, 111 - 114, 122, 148 f.,
    149, 151, 317, 319, 363, 393, 396, 418, 435,
    438, 440 ff., 576
Kostenrechnung ....7 ff., 111
Kulanzrückstellungen 202, 211, 234
Kundenziel...528 f.

L

Lagebericht...............................21, 330 ff. 463
langfristige Fertigung 435
latente Steuern ....65, 67, 241, 261, 271 f.,
    273 ff., 425, 478, 488, 493 f.,496, 498
Leasing................424, 519, 535, 562, 584
Leistung................2, 5 f, 9, 54, 85, 99 f. 134, 181,
    191 ff., 195, 197, 210, 234, 237 f., 295, 298,
    317, 351, 397, 401
Leistungsabschreibung ....129, 134 f.
Leitungsmacht..334

Stichwortverzeichnis

Leverage–Effekt 537, 582
Lieferantenziel .... 538 f.
Lifo–Verfahren .... 165 - 171
lineare Abschreibung .... 129 ff. 133, 136 f., 378, 440, 446
liquide Mittel 3, 90, 551
Liquidität ..... 8, 469, 471, 540 f., 543, 550, 552, 554
Liquiditätsgrade .... 542 ff., 550, 552
Liquiditätskennzahl 470
Lizenzen 76

M

Marktpreis 141, 171, 306
Maschinen .... 79, 446 - 450
Maßgeblichkeit 36, 42, 270, 272
matching principle 55, 123, 128, 212
Materialaufwand .... 55, 219, 288, 294 f., 325, 341, 381, 388, 395, 400 f., 530, 556
Materialaufwandsquote .... 568 f., 571
Materialeinzelkosten 110, 121, 393
Materialgemeinkosten 109 f.,121

N

nachträgliche Anschaffungskosten 96, 106
nachträgliche Herstellungskosten 120
Nettoveräußerungswert 442
Nettoverschuldung .... 551 f., 562
Neubewertung .... 437, 443 - 452
Neubewertungsmethode 368, 474
Neubewertungsrücklage .... 444 - 450

Nicht durch Eigenkapital gedeckter Fehlbetrag ...... 261 f.
Niederstwertprinzip 57
Nutzungsdauer .... 47, 103, 123, 126 f., 131, 139, 269, 451, 452, 522
Nutzungswert 438, 441

O

Offenlegung 20, 29, 222, 324, 416

P

Pagatorik 38, 64, 97
Passiva .... 11, 60, 372, 379, 428 ff., 436, 477, 483 - 487, 491, 494 ff., 532 - 541, 559
passiver Unterschiedsbetrag 370
Passivierung 68, 208
Passivierungsfähigkeit 62, 183
Passivierungsgrundsatz 62, 183, 384
Patente .... 75 f., 371, 378
Pensionsrückstellungen .... 206, 207, 222, 232, 236, 239 f., 296, 436, 488, 494
Personalaufwand 288, 296, 312, 325, 381, 388, 395, 400
Personalaufwandsquote .... 570 f.
personelle Zuordnung 48
Personengesellschaft .... 20, 46, 301 f., 428
Postenanalyse .... 473, 476 f., 497
Privatvermögen 45
Produktionserfolgsrechnung .... 284 ff.
Prüfung 20, 205, 359, 473

– XCV –

Stichwortverzeichnis

Q

qualitative Bilanzanalyse 475, 513
Quantifizierbarkeit 50, 184, 187, 208
Quotenkonsolidierung .... 402 ff.

R

Rabatte 100
Rahmenkonzept .... 418 f.
Realisationsprinzip .... 51 - 56, 59, 94, 178, 226, 230, 390, 397
Realisationszeitpunkt 54
Rechengrößen .... 2 - 6, 9 f.
Rechnungsabgrenzungsposten .... 61, 226, 263 ff., 327, 385, 403, 423, 427, 549
  antizipativ 88, 198, 266
  transitorisch .... 264 f.
Rechnungswesen 1, 2, 7 f.,114, 319
rechtliche Verpflichtungen .... 185, 204 f.
Rechtsquellen .... 14 f.
Reinvermögen .... 11, 24, 268, 350, 367, 369 f., 429
Rentabilitätsanalyse .... 581 - 591
Rentabilitätskennzahlen .... 579 f.
Restlaufzeit .... 87, 178, 192, 199, 230, 236, 493 ff., 549
retrograde Bewertung .... 148 f., 151, 238, 414, 442, 553, 589
Richtigkeit des Jahresabschlusses 40, 159, 212, 419
Risikoposten .... 478 - 487
Rohstoffe 84
ROI .... 587 f.

Rücklagen .... 243, 248 ff., 257, 372, 379, 428
Rückstellungen .... 57, 186, 189 f., 201 f. 210, 212, 215 - 222, 231, 236, 238 f., 293, 307, 371, 385, 430, 436, 475, 495, 512, 555 f., 559, 590
  Abzinsung 233, 236, 436
  Ansammlung 233, 235
  Auflösung ..... 52, 98, 103, 170, 179, 216, 221, 226, 293, 312, 326, 407, 501 f., 590
  Inanspruchnahme .... 5, 101 f., 107, 203 f., 216 - 221, 227, 240, 276, 501 f., 590
Rückzahlungsbetrag 179

S

Sachanlagen .... 152, 297, 371, 378, 409, 411 ff., 437, 452, 510, 522, 526
Saldierungsverbot 41, 58, 481
Sammelbewertung .... 159, 164 - 167
satzungsmäßige Rücklagen 253, 257
Schenkung 98
Schuld .... 10 f., 43 ff., 50, 61, 63, 68 f., 162 f., 184, 187 f., 190, 201, 241, 261, 266 ff., 344, 351, 365, 368, 371 f., 378 f., 384 - 389, 392, 403, 426 ff., 432, 435, 437, 481, 487, 551
Schuldenkonsolidierung ... 344, 351, 384 - 389, 392
schwebendes Geschäft 86, 195, 209
Segmentberichterstattung 21, 280, 328, 337, 504, 578
selbständige Bewertbarkeit 187
share deal 267, 479
Sicherheiten 200, 276
Sicherungsübereignung 200

Stichwortverzeichnis

Skonti .... 101 f., 172 - 176

Sondereinzelkosten der Fertigung 110, 117, 121

sonstige betriebliche Aufwendungen .... 288, 295, 298 f., 316, 320, 326, 386, 389, 401, 510

sonstige betriebliche Erträge .... 219, 288, 289, 292 f., 316, 320, 381, 388, 395, 400 f., 512

sonstige finanzielle Verpflichtungen .... 277 f.

sonstige Verbindlichkeiten 266

sonstige Vermögensgegenstände 88, 266, 298

Stammkapital 244

statische Bilanztheorie 24

Stetigkeit 59

    formell 40

    materiell 40

Steuerergebnis 287, 312, 313, 322, 509

Steuerrecht. 98, 121 f., 131 f., 137, 144, 153 f., 167

Stichtag 42, 154, 187, 199, 201, 225, 279

Stichtagsprinzip 42, 58, 228

stille Reserven 52, 98, 170, 262, 326, 366, 371, 410

strenges Niederstwertprinzip 141

Stromgröße 10

Summenbilanz .... 350 f., 373 f., 376, 380, 382, 387, 394, 403

Systemgrundsätze .... 34, 37 ff.

T

Tageswert 178, 230

Tausch 98, 227, 433

Teilwertvermutungen 144

true and fair view 29, 273

U

Überleitungsrechnung 251, 256, 260

Überschuldung 262, 468

Umlaufintensität .... 517 ff.

Umlaufvermögen .... 61, 71 f., 74, 123, 141, 143 f., 146, 149, 246, 297, 305 f., 341, 366 f., 493, 496, 548 ff.,

Umsatzerlöse .... 22, 55, 174 f., 285, 288 f., 292, 316 f., 360, 381, 388, 397 f., 400 f., 435, 586

Umsatzkostenverfahren .... 281, 284 ff., 315 - 322

Umsatzsteuer 97, 172, 289

Umschlagdauer 527, 530, 531

Umschlaghäufigkeit 527, 530, 531

unfertige Erzeugnisse 85

unterverzinsliche Forderungen 172, 180

Ursprungslaufzeit 199

V

Veräußerungswert .... 149, 151 f.

Verbindlichkeiten .... 4, 186, 190 - 202, 217 f., 223 - 230, 244, 276, 341, 385, 389, 415, 425, 453, 480 - 485, 489, 494 f., 543, 556, 559

Verbindlichkeiten aus Lieferungen/Leistungen .. 195

Verbindlichkeiten gegenüber Kreditinstituten 194

Verbindlichkeitsrückstellungen .... 202 - 205, 234

verbundene Unternehmen .... 80 ff, 87, 89, 192, 197, 301 - 307, 385, 389

Vergleichbarkeit des Jahresabschlusses 40, 417, 419

Verlustvortrag .... 242 f., 254, 260

Vermerkpflichten .... 199 f. 222

– XCVII –

Stichwortverzeichnis

Vermögen .... 10 f., 46, 61, 67, 211, 478 f., 490, 518, 543, 546

Vermögensgegenstand .... 43 f., 47, 50, 65, 67, 71 - 75, 79, 94, 97 - 101, 105, 108, 116, 118, 123, 147, 160 - 164, 168, 241, 266 - 269, 291, 297, 368, 372, 379, 391, 403, 423, 480,

Vermögenslage 463, 468

Vermögenswert .... 422 ff., 432, 433 ff., 439, 443 f., 452, 453, 517

Verpflichtung .... 50, 184, 185, 187, 190, 202 f., 208, 211, 213, 217, 223, 234, 237, 276, 384, 430, 435, 483

Verschuldungsgrad .... 561 f.

Verständlichkeit 419

Vertragskonzern 334

Vertriebsintensität .... 574 ff.

Vertriebskosten 117, 122, 316, 318, 396, 442

Vertriebskosten (UKV) 318

Verwaltungsgemeinkosten 114

Verwaltungsintensität .... 574 ff.

Vollständigkeit des Jahresabschlusses ....42 - 45, 58, 188, 419

Vorräte 84, 171, 442, 481, 549, 559

Vorsichtsprinzip .... 32, 51 f., 56, 59, 119, 133, 139, 421

W

Wachstumsquote .... 523 - 526

Waren 85, 149, 151, 167, 289, 294, 298, 317

Wechsel 196

Wertaufhellung 42, 231

Wertaufholung 154, 439, 442, 450

Wertaufholungen 154, 439

Wertbegründung 42

Wertminderung 47, 93, 144, 306, 440, 444

Dauerhaftigkeit 153

Wertminderungsaufwand 439, 441, 448, 510

Wertpapier .... 22, 72, 80, 89, 304 ff., 361, 456 ff., 549, 551

Wiederbeschaffungszeitwert .... 149 ff.

Willkürfreiheit des Jahresabschlusses ... 40, 64, 419

wirtschaftliche Belastung 50, 186, 203, 208, 211, 213

wirtschaftliche Verpflichtungen 45, 185

wirtschaftliches Eigentum .... 45 f., 48, 58, 63

Wirtschaftlichkeit 8, 42, 59, 159, 418, 569, 580

Wirtschaftsgut 132, 144, 270

Working Capital .... 548 ff.

Z

Zahlungsmittel .... 3, 461, 462, 549, 553 f., 558, 591

Zinsaufwendungen 307, 321

Zinsen .... 115, 176, 226 f., 304 f., 307, 321, 455, 461 f., 536, 560

Zuschreibungen . 138, 154, 156, 158, 293, 512, 559

Zuwendungen 103

Zwecke der Rechnungslegung

Dokumentation 25, 26

Information .... 25, 27 ff., 9, 32, 330, 347

Kapitalerhaltung 25, 30

Rechenschaft .... 25, 27 ff., 465

Zahlungsbemessung 25, 30ff., 56

zweifelhafte Forderungen 172

Zwischengewinneliminierung 343